新工科建设·电气工程及自动化专业规划教材

电力系统分析与仿真

张 静 编

U0380207

东南大学出版社
SOUTHEAST UNIVERSITY PRESS
·南京·

内 容 简 介

本书共分 10 章,分别介绍了电力系统稳态分析方法、系统元件特性及模型、简单和复杂电力系统的潮流计算、有功功率平衡和频率的调整、无功补偿和电压调整、电力系统三相对称短路故障和不对称故障计算原理和方法、电力系统静态稳定性和暂态稳定性分析。

本书依据应用型本科、新工科专业的培养要求编写,注重对基本理论和概念的讲解,强调学生对基本技能的掌握,培养学生的分析能力和解决综合问题的能力。结合电力系统仿真软件,在每章都配有对应理论知识的案例分析和仿真练习,有助于锻炼初学者分析电力系统问题的能力,可作为电力系统分析课程的实验参考用书。另,本书在每章后配有习题和思政元素的案例拓展,有利于学生在掌握基本知识、基本概念的同时,进一步了解所学内容及相关领域的工程背景和发展趋势。

本书可作为高等院校电气工程及其自动化专业的教学用书,也可作为高职高专相关专业教材,同时可为从事电力系统及相关行业的工程技术人员提供参考。

图书在版编目(CIP)数据

电力系统分析与仿真 / 张静编. —南京:东南大学出版社,2022.12(2024.12 重印)

ISBN 978 - 7 - 5766 - 0326 - 2

Ⅰ. ①电… Ⅱ. ①张… Ⅲ. ①电力系统-系统分析-高等学校-教材②电力系统-系统仿真-高等学校-教材 Ⅳ. ①TM7

中国版本图书馆 CIP 数据核字(2022)第 207883 号

责任编辑:姜晓乐   责任校对:韩小亮   封面设计:余武莉   责任印制:周荣虎

电力系统分析与仿真

Dianli Xitong Fenxi Yu Fangzhen

编　　者:张　静
出版发行:东南大学出版社
社　　址:南京市四牌楼 2 号(邮编 210096)　电话:025 - 83793330
经　　销:全国各地新华书店
印　　刷:江苏凤凰数码印务有限公司
开　　本:787mm×1092mm　1/16
印　　张:19.5
字　　数:448 千
版　　次:2022 年 12 月第 1 版
印　　次:2024 年 12 月第 2 次印刷
书　　号:ISBN 978 - 7 - 5766 - 0326 - 2
定　　价:59.00 元

本社图书若有印装质量问题,请直接与营销部联系,电话:025-83791830。

前　言

PREFACE

　　近年来应用型本科院校在努力寻求特色发展,如何培养"应用型""素质型"的本科人才,关键点还是需要落实到相关课程建设中,而适合应用型本科院校的专业课教材成为重中之重。本书将作为一本以电力系统分析基础理论与工程应用仿真实例相结合的教材,重点突出"应用－理论－应用"的教学思路,结合工程案例与仿真分析,在"新工科"的教育理念和背景下,着重配合电力系统创新改革新思路,让学生获得有关电力系统分析、规划、设计、建设、运行和管理的基本知识,同时培养学生运用基础知识与仿真工具解决工程实际问题的综合能力。

　　本书的编写特点:

　　1. 沿用经典理论体系,优化教学内容,强化综合素养。本书沿用了传统理论架构,保留必要的理论体系和基本数学模型推导,同时结合工程应用对电力系统常见问题进行理论分析和仿真验证,以便更好掌握复杂理论系统和数学模型。

　　2. 章后案例分析与仿真练习,体现"理论-仿真-应用"模式。本书分为10章,每章的章节安排为:理论知识、应用工程计算与仿真、案例综合仿真练习、习题、思政元素扩展,共五个部分。章后的案例分析与仿真练习充分结合本章所学知识,模拟该章仿真计算部分,体现学以致用的思路,有助于读者学会分析复杂电力系统的运行问题。

　　3. 融入课程思政案例元素,构建电力系统分析教学的思政建设框架。本书在每章末放置思政元素案例来进行专业知识扩展,以专家的人物视角、多维探索的伟大工程、可持续发展的关键技术、自主创新的技术前沿等,扩展电力系统分析领域的发展特点,预测行业发展趋势,让读者知晓科技创新是国之利器,全方位立德树人。

　　本书由张静副教授编写,东南大学余海涛教授担任审稿人,孙建军、陈晓杰、成苏南参与部分编写工作。

　　本书结合作者本人多年教学经验,在语言表述和架构设计上力求深入浅出、条理清晰、层次分明、理论与实践结合,以减少读者学习电力系统分析课程的难度。囿于编者本人学识与水平,书中如有不妥之处,望各位同行、读者不吝赐教。

目 录

CONTENTS

第**1**章
电力系统分析绪论

电能是现代工业社会与生活的主要能源,由于电能的生产、输送、分配和使用是同时进行的,且电能传输方便,易于转换成其他形式能量,因此被广泛用于工业、农业、通信、交通运输、商务及居民日常生活中。相比于其他能源形式,电能具有清洁、高效、便于转换、易于控制等优点,本章主要介绍电力系统的组成、运行特点、基本概念以及电力系统常见的几种接地方式。

1.1 电力系统基本概述

1.1.1 电力系统定义和组成

系统是指若干相互作用和相互依赖的事物组成具有特定功能的整体。电力系统就是由发电厂(电源)、电力网(变压器、输电线路和配电线路)以及负荷用户(用电设备)三部分组成,完成电能的生产、传输、分配和使用的整体系统,这三部分都带有相应的监测、保护设备。其中,由变电所和不同电压等级的输配电线路组成的网络称为电力网;由各类发电厂、电力网及用户组成的一个系统,能够完成发电、输电、变电、配电直到用电的全过程,称为电力系统;如果考虑结合发电厂的动力设备,如火力发电厂的锅炉、汽轮机等,水力发电厂的水库和水轮机等,核电站的反应堆等,则统称为动力系统。电力系统是围绕着电能的"发输配用(即生产、传输、分配和使用)"而形成的大型系统,具有处理能量规模巨大,覆盖地域广阔,深度服务于全社会生产生活,多层级网络协调运行特点,电力系统在现代社会中具有公用性特点和基础性、战略性地位。

电力系统组成关系如图 1-1 所示。其中,锅炉产生的热能通过汽轮机转化为机械能,再通过汽轮机转化为机械能,水轮机则直接将水能转化为机械能。发电机将机械能转化为电能,而变压器和电力线路则实现电能的变换、输送、分配,电动机、电热炉、电灯等负荷使用电能。在这些负荷设备中,电能又分别转化为力、热能、光能等其他能量形式,满足人们生产生活中各种不同的需求。

电力网根据电压的高低和供电范围的大小,可分为地方电力网、区域电力网及超高压远距离输电网三种。地方电力网通常是指电压等级在 35 kV 及以下、供电半径在 20～50 km 以内的中压电力网,又称配电网;区域电力网是指电压等级在 35 kV 以上、供电半径在 50～300 km 的电力网,如各省区的高压电力网;超高压远距离输电网是指电压等级为 330～750 kV、供电半径在 300～1 000 km 的电力网。

此外,通常将 220 kV 及以上的电力线路称为输电线路,110 kV 及以下的电力线路称为配电线路。配电线路又分为高压配电线路(110 kV)、中压配电线路(6～35 kV)和低压配电线路(380/220 V)。

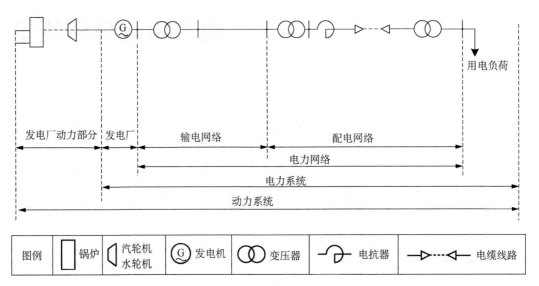

图 1-1　电力系统的组成

1.1.2　电力系统参数和接线图

描述电力系统的基本参量有总装机容量、年发电量、最大负荷、额定频率和电压等级等。电力系统的总装机容量是指该系统中实际安装的发电机组额定有功功率的总和,以千瓦(kW)、兆瓦(MW)、吉瓦(GW)计。电力系统的年发电量是指该系统中所有发电机组全年实际发出电能的总和,以千瓦时(kWh)、兆瓦时(MWh)、吉瓦时(GWh)、太瓦时(TWh)计。最大负荷一般是指特定时段内负荷功率的最大值,可以有某系统的日最大负荷、月最大负荷或年最大负荷,以千瓦(kW)、兆瓦(MW)、吉瓦(GW)等单位来计量。我国交流电力系统额定频率为 50 Hz,有些国家的电力系统以 60 Hz 为额定频率。但在日本,电力系统则具有两种不同的额定频率,经变频装置可以实现不同频率系统之间的互联。电压等级是指在电力系统运行中不同电网的额定电压,是按照标准规定的电压序列,是电力系统分析中的一项重要参数,将在本章第四节中详细介绍。

电力系统分析中的接线图主要分为地理接线图和电气接线图。电力系统地理接线图能表示系统中发电厂、变电所和电力线路相互之间的连接关系和地理位置。如图 1-2 所示为某区域电力系统的地理接线图,包括不同电压等级的输配电线路和变配电站,但是无法详细表述具体线路、电气元件的连接方法,故需要电气连接图来表述。

电力系统电气接线图主要显示该系统中发电机、变压器、输电线路、母线、断路器、电抗器和电力负荷之间的电气连接关系,如图 1-3 所示为一个按照 IEEE(Institute of Electrical and Electronics Engineers,国际电气与电子工程师协会)标准绘制的 39 节点电气接线图。根据此图可以看出发电机、变压器、电力负荷和输电线路的连接关系,这个图可以和电力系统地理接线图配合使用,便于对电力系统设计与分析的理解。

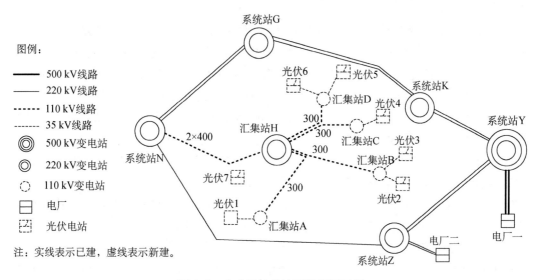

图 1-2　电力系统的地理接线图示例

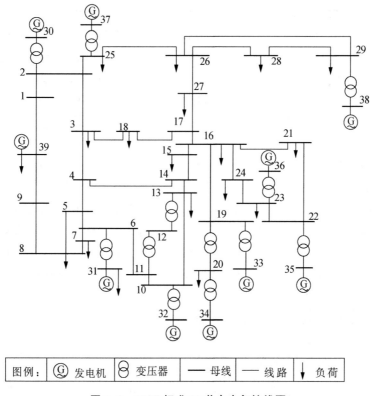

图 1-3　IEEE 标准 39 节点电气接线图

1.2 电力系统的发展现状

早在公元前 6 世纪人类便发现了摩擦生电现象,18 世纪电磁理论的研究取得了重大进展。此后,在法拉第发现电磁感应定律的基础上出现了交流发电机、直流发电机,发电机可将其他形式的能转变为电能。1882 年,第一座发电厂在英国伦敦建成,原始的电力线路输送的是 100 V 和 400 V 的低压直流电,同年法国人德普列茨提高了直流输电电压,使之达到 1 500 V 至 2 000 V,输送功率约 2 kW,输电距离为 57 km,一般认为这是世界上第一个电力系统。生产的发展对输送功率和输送距离提出了进一步的要求,直流输电已不能适应要求,到 1885 年出现了变压器,接着实现了单相交流输电。1891 年在制造出三相变压器和三相异步电动机基础上,实现了二相交流输电。第一条三相交流输电线路于 1891 年在德国运行,电压为 12 kV,线路长度达 180 多千米。从此三相交流制的优越性很快显示出来,三相交流制使输送功率、输电电压、输送距离日益增大。

现代电力系统不仅在输电电压、输送距离、输送功率等方面有了千百倍的增长,而且在电源构成、负荷成分等方面也有了很大变化。近几十年来,为了应对大规模利用化石能源导致的全球气候变化,大力开发太阳能、风能、潮汐能、地下热能等可再生能源发电成为新的趋势,原来以火力发电、水力发电和核能发电为主导的系统逐渐发展为目前的多种新型混合能源发电结构。2019 年,我国风电、光伏发电装机容量都超过 2 亿 kW,双双位列世界第一,而在负荷方面,不仅有电动机、电灯等,也出现了带有各种控制功能的新型用电设备。

现代电力系统的另一特点是其运行管理的高度自动化。如今,电力系统的各主要装备都配备数字化的测量、保护、控制装置,实现对装备状态的精准监视和快速保护。几乎所有层级的电力系统调度中心都配有称为能量管理系统的计算机系统,用于实时监测系统的各种运行状态、制定调度方案、提供紧急情况的辅助决策,成为电力系统安全稳定经济运行的重要支撑平台。

在电压等级、输电距离和输送功率方面,我国保持了世界领先的地位。我国发展了世界上投入商业运行电压最高的交流特高压输电技术,交流输电的最高电压等级已达到 1 000 kV,输送距离近 1 000 km,输送功率超过 5 000 MW。在远距离大容量输电需求的牵引下,随着电力电子技术的发展进步,超高压、特高压直流输电已成为大规模远距离输电的主力军。我国已经建成十几条超特高压直流输电线路。新疆昌吉至安徽宣城的世界首条 ±1 100 kV 直流输电线已经投运,该线路全长 3 293 km,输电功率达 1 200 万 kW。

1.3 电力系统的运行特点和要求

1.3.1 电力系统的运行特点

与工业生产的其他行业相比较,电力系统运行有以下几个特点:

(1) 电能与国民经济各部门及人民生活关系密切

电能是最方便的能源,容易进行大量生产、远距离传输和控制,容易转换成其他能量,在工业与民用中应用非常广泛。如果电力系统不能正常运行,会对国民经济和人民生活造成不可估量的损失。

（2）电能不能大量储存

电能的生产、输送、分配和使用实际上是同时进行的,即电力系统中每一时刻所发的总电能等于用电设备消耗的电能和电力网中电能损耗之和。如果不能达到平衡,电力系统会出现各点的电压波动和频率波动超出允许范围。

（3）电力系统中的暂态过程十分迅速

在电力系统中,因开关操作等引起的从一种状态到另一种状态的过渡过程只需要几微秒到几毫秒,当电力系统某处发生故障而处理不当时,只要几秒到几分钟就可能造成系统的一系列故障甚至整个电力系统的崩溃,因此电力系统中广泛采用各种控制、保护设备并要求这些设备能快速响应,这也是暂态分析所要讨论的内容。

（4）对电能质量要求较高

电能质量主要指频率、供电电压偏移和电压波形。我国电力系统的额定频率规定为50 Hz。当实际频率与额定频率之间的偏差过大,或者实际供电电压与额定电压之间有较大偏差时,都将可能导致工业生产上的减产、设备损坏,甚至可能导致系统发生频率或电压崩溃。频率和电压的具体要求和相应调节措施将在后续的第 5 章中介绍。此外,电网中谐波含量过高会导致电网正弦波形发生畸变,严重时同样会影响设备的正常运行,甚至会对通信造成严重的干扰;电压闪变、电压凹陷和凸起、电压间断等现象也都属于电能质量问题。

电力系统具有的上述特点对电力系统的运行相应提出了严格的要求。

1.3.2　电力系统的基本要求

根据电力系统的运行特点,在设计和分析电力系统时就有以下三个基本要求:

（1）提高电力系统供电的安全可靠性

电力系统供电的安全可靠性主要体现在三个方面:一是保证一定的备用容量,电力系统中的发电设备容量,除满足用电负荷容量外,还要留有一定的负荷备用、事故备用和检修备用。二是电网的结构要合理,例如高压输电网一般都采用环形网络,使得即使其中某一线路因故退出运行时,各变电站仍可以继续供电,并要求所采用的设备安全可靠,在发生故障时能及时动作。三是加强对电力系统运行的监控,对电力系统在不同的运行方式下各节点的电网参数进行分析计算(稳态分析的任务)及时采取各种措施保证电力系统稳定运行。

此外,根据负荷对供电可靠性的要求可以分为:一级负荷、二级负荷和三级负荷。其中,一级负荷中断供电将造成人身伤亡,重大设备损坏,重大产品报废,或在政治、经济上造成重大损失;二级负荷中断供电将造成主要设备损坏,大量产品报废,重点企业大量减产,或在政治、经济上造成较大损失;三级负荷是指所有不属于一、二级负荷的电力负荷。因此在供电方式上,一级负荷由两个独立电源供电,二级负荷由双回路供电,三级负荷对供电电源无特殊要求。

（2）保证良好电能质量

电力系统中描述电能质量的最基本的指标是频率和电压。在同一个电力系统中,一般情况下认为各点的电压频率是一致的,各发电机的转子角速度等于电力系统的电压角频率,称为发电机同步并列运行。我国规定电力系统的额定频率为 50 Hz,电力系统正常运行条件下频率偏差限值为±0.2 Hz,在电网容量比较小(装机容量小于 300 万 kW)时,允许偏差可以放宽到±0.5 Hz。随着电力系统自动化水平的提高,频率的允许偏差范围也将逐步缩小。

在同一个电力系统中,各点的电压大小是不同的,我国一般规定各点的电压允许变化范围为该点额定电压的±5%。除了这两个基本指标外,电能质量指标还有谐波含量、三相电压的不对称(不平衡)度、电压的闪变、暂时过电压和瞬态过电压等。

（3）提高电力系统运行的经济性

在电能生产过程中要尽量降低能耗,充分利用水资源进行水力发电,火力发电厂要尽量提高用电率。在电力网规划设计中要考虑降低电力网在电能传输过程中的损耗,使电力网运行在最经济的状态。另外,环境保护问题也越来越受到人们的关注,在"绿色能源,低碳能源"的口号下,比较环保的能源如风能、太阳能及潮汐发电等成为人们研究的热点,研究取得了一系列的进展。

1.4　电力设备额定电压、负荷和电力系统接线方式

1.4.1　电力设备额定电压

电力线路输送的功率一定时,输电电压越高,线路电流越小,导线截面积越小;但电压越高,对设备绝缘水平的要求越高,设备的投资越大。综合上述考虑,对应一定的输送功率和输送距离有一个最合理的线路电压,即电压等级。电压等级是一种按标准规定的电压序列。电力系统中,为了大规模远距离输电,需要升压变压器和高电压等级的输电线路;到了负荷端,为了便于安全地分配和使用电能,又需要降压变压器和低压配电线路。我国交流系统的电压等级为 1 000 kV、750 kV、500 kV、330 kV、220 kV、110 kV、66 kV、35 kV、10 kV。高压直流输电的电压等级有±1 000 kV、±800 kV、±500 kV 等。近年来,直流配电网的研究引起了广泛的关注,直流配电网的电压标准尚未统一规范。

电力系统用电设备是按照一定的额定电压来设计制造的,在额定电压下运行,设备的各项性能指标均能达到较好的效果。通常电力系统用电设备的额定电压与所在同级电网的额定电压相同,但又不完全一致。常见电力设备的额定电压如表 1-1 所示。

表 1-1　常见电力设备额定电压值　　　　　　　　　单位:kV

电力线路及用电设备的额定电压	电力线路平均额定电压	交流发电机线电压（额定电压）	变压器额定电压	
			一次绕组	二次绕组
3	3.15	3.15	3　　3.15	3　　3.3
6	6.3	6.3	6　　6.3	6.6　　6.3
10	10.5	10.5	10　　10.5	10.5　　11
15	15.75	15.75	15.75	

电力线路及用电设备的额定电压	电力线路平均额定电压	交流发电机线电压（额定电压）	变压器额定电压	
			一次绕组	二次绕组
35	37		35	38.5
60	63		60	66
110	115		110	121
154	162		154	169
220	230		220	242
330	345		330	345
500	525		500	525

用电设备和电力线路的额定电压相同，并允许电压偏移±5%，而沿线路电压降落一般为 10%，这就要求线路始端电压额定值为额定电压的 105%，才能保证末端电压不低于额定值的 95%。

如表 1-1 所示的电力线路平均额定电压，是指电力线路首末端所连接电气设备额定电压的平均值，计算如下：

$$U_{av} = (U_N + 1.1U_N)/2 = 1.05U_N \qquad (1-1)$$

发电机的额定电压比同级电网的额定电压高出 5%，用于补偿线路上的电压损失。

变压器额定电压分为一次绕组侧和二次绕组侧的额定电压，其中变压器的一次绕组相当于是用电设备，其额定电压应与电网的额定电压相同（当变压器一次绕组直接与发电机相连时，其额定电压应与发电机的额定电压相同）；变压器的二次绕组对于用电设备而言，相当于电源，当变压器二次侧供电线路较长时应比同级电网额定电压高 10%，当变压器二次侧供电线路较短时应比同级电网额定电压高 5%。

按照规定变压器二次绕组的额定电压是空载时的电压，而在额定负荷运行时，大中容量变压器内部的电压降落约为 5%，为了使在额定运行时变压器二次绕组侧电压较电力线路额定电压值高出 5%，故一般大中容量变压器的二次绕组侧额定电压就应较电力线路额定电压值高出 10%。只有漏抗较小的小容量变压器（$U_K < 7\%$），或者二次绕组侧直接与用电设备相连的厂用电变压器其二次绕组侧额定电压值才较电力线路额定电压值高出 5%，见表 1-2 所示。

表 1-2　电力线路的额定电压与输送功率和输送距离的关系

额定电压/kV	输送功率/kW	输送距离/km	额定电压/kV	输送功率/kW	输送距离/km
3	100～1 000	1～3	60	3 500～30 000	30～100
6	100～1 200	4～15	110	10 000～50 000	50～150
10	200～2 000	6～20	220	100 000～500 000	100～300
35	2 000～10 000	20～50			

此外输电网络的电压等级要与系统的规模(功率和供电范围)相适应,表 1-2 给出根据电能输送功率、输送距离电压等级的选择。

【例 1-1】 已知图 1-4 所示系统中电网的额定电压,试确定发电机和变压器的额定电压。

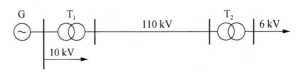

图 1-4　电力系统接线图

发电机 G 的额定电压:$U_{N \cdot G} = 1.05 \times 10 = 10.5(kV)$

变压器 T_1 的额定电压:$U_{1N} = 10.5(kV)$

$$U_{2N} = 1.1 \times 110 = 121(kV)$$

变压器 T_1 的变比为:10.5/121

变压器 T_2 的额定电压:$U_{1N} = 110(kV)$

$$U_{2N} = 1.05 \times 6 = 6.3(kV)$$

变压器 T2 的变比为:110/6.3

1.4.2　电力系统中的负荷

电力系统的负荷又称为电力负荷,是指系统中千万个用电设备消耗功率的总和。电力系统负荷按照物理特性也可以分为有功负荷和无功负荷,按照电能的生产、传输和使用又可分为发电负荷、供电负荷和综合用电负荷。综合用电负荷是指工业、农业、交通运输、民用生活等所消耗的功率之和,供电负荷是综合用电负荷加上电网传输中的网络损耗,发电负荷是供电负荷加上发电厂用电负荷,电力系统负荷之间的关系见图 1-5。

此外,电力负荷根据供电可靠性的要求又可以分为一级负荷、二级负荷和三级负荷。

一级负荷:中断供电将造成人身伤亡,重大设备损坏,重大产品报废,或在政治、经济上造成重大损失。供电方式一般采用两个独立电源供电。

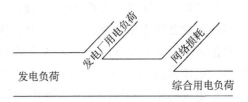

图 1-5　电力系统负荷之间的关系

二级负荷:中断供电将造成主要设备损坏,大量产品报废,重点企业大量减产,或在政治、经济上造成较大损失。供电方式一般采用双回路供电。

三级负荷:所有不属于一、二级负荷的电力负荷。此时三级负荷对系统供电电源无特殊要求,采用一个电源供电即可。

电力系统分析通常采用负荷曲线表示某一时间段内负荷随着时间变化的情况。按照负荷的分类,负荷曲线也分为有功负荷曲线和无功负荷曲线,按照负荷持续时间可分为日负荷曲线、月负荷曲线和年负荷曲线,按照计量地点可分为用户负荷曲线、电力线路负荷曲线及整个电力系统的负荷曲线等。负荷曲线在外形上分为逐点描绘法和梯形曲线法两种，下面对典型负荷曲线及物理量做简单描述。

（1）日负荷曲线

如图 1-6 所示为电力系统有功功率日负荷曲线和无功率日负荷曲线，均表示在一天 24 h 内有功功率负荷和无功功率负荷变化情况。有功功率日负荷曲线是制定系统发电厂发电计划和系统运行的基本依据。无功功率日负荷曲线相对用途较小。此外，一日内有功功率和无功功率负荷的最大值出现的时间不尽相同，这有助于系统无功功率平衡分析。

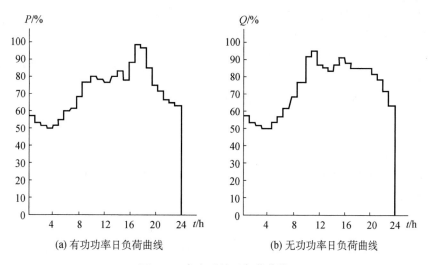

(a) 有功功率日负荷曲线　　　　(b) 无功功率日负荷曲线

图 1-6　电力系统日负荷曲线

（2）年负荷曲线

图 1-7 为某系统年最大负荷曲线或称运行年负荷曲线，是指一年中每日（月）最大负荷的变动情况。通常作为扩建发电机组，新建电厂（决定系统的装机容量）以及安排全年发电设备检修计划的依据。

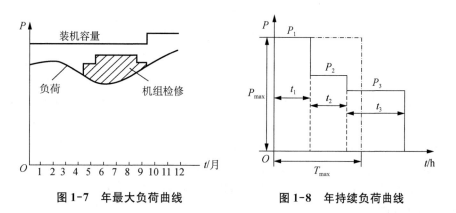

图 1-7　年最大负荷曲线　　　　**图 1-8　年持续负荷曲线**

图 1-8 为年持续负荷曲线，按全年的负荷变化，根据各个不同的负荷值在一年中的累计持续时间排列组成，反映了全年负荷变动与负荷持续时间的关系，或称全年时间负荷曲

线。变电所的全年时间负荷曲线表示该变电所在一年内各种不同大小负荷所持续的时间，该曲线所包围的面积为变电所一年内消耗的有功电能。

（3）常见物理量

年最大负荷 P_{max}：全年中消耗电能最多的半小时的平均功率（P_{30}），即年负荷曲线的最高点。

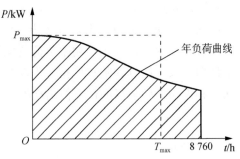

图 1-9　年最大负荷与年最大负荷利用小时数

年最大负荷利用小时数 T_{max}：假定在某段时间（T_{max}）内，用户以年最大负荷持续运行所消耗的电能恰好等于全年实际消耗的电能，即如图 1-9 中曲线与两个坐标轴之间的面积。

根据年持续负荷曲线计算出负荷全年的耗电量为：

$$W = \int_0^{8760} P \, dt \tag{1-2}$$

假定在此时间内，用户以年最大负荷持续运行所消耗的电能恰好等于全年实际消耗的电能，则此时 T_{max} 计算为：

$$T_{max} = \frac{W}{P_{max}} = \frac{\int_0^{8760} P \, dt}{P_{max}} \tag{1-3}$$

由图 1-9 和计算公式（1-3）可见，年负荷曲线越平坦，T_{max} 越大；年负荷曲线越陡，T_{max} 越小。此外 T_{max} 可根据用户行业性质从相关技术手册中查得。

1.4.3　电力系统接地方式

电力系统中性点接地方式是指电力系统中星型接线的变压器或发电机的中性点与大地之间的连接方式。这些中性点的接地方式是一个复杂问题，它关系到系统的绝缘水平、供电可靠性、继电保护、通信干扰、接地保护方式、电压等级、系统接线和系统稳定性等多方面问题，须经过合理的技术、经济对比后才能确定电力系统中性点的接地方式。

电力系统中性点接地方式从大方面可分为大电流接地方式、小电流接地方式。凡是需要断路器遮断单相接地故障电流的接地方式都属于大电流接地方式；凡是单相接地电弧能够瞬间熄灭的都属于小电流接地方式。其中大电流接地方式中主要有中性点直接接地方式；中性点全接地方式；中性点经低电抗、中/低电阻接地方式。小电流接地方式包括中性点不接地、中性点经消弧线圈接地、中性点经高阻抗接地。

现代电力系统中性点接地方式通常采取以下三种：中性点直接接地、中性点不接地和中性点经消弧线圈接地。

（1）中性点直接接地

中性点直接接地的系统特点是中性点始终保持零电位，非故障相对地电压不变。其优点是节约绝缘投资，当发生单相短路时，非故障相对地电压不变，电气设备绝缘水平可按相电压考虑。因此,我国 110 kV 及以上的电力系统基本上都采用中性点直接接地的方式。存在的缺点主要是供电可靠性不高。单相短路时,接地相短路电流很大,保护装置迅速跳闸,因此系统不能继续运行。常用加装自动重合闸装置来提高供电可靠性。

在 110 kV 及以上电力网和 380/220 V 电力网中均采用中性点直接接地。其中,110 kV 及以上电力网采用中性点直接接地方式是为了降低工程造价,而在 380/220 V 低压电力网中是为了保证人身安全。

(2) 中性点不接地

中性点不接地系统的中性点对地电压大小和相位与各相对地电容是否对称有关。当电容相等时,中性点电压为 0。当中性点不接地系统发生单相接地故障时,中性点对地电压升高为相电压,非故障相对地电压升高为线电压,线电压不变,此时单相接地电流等于正常时一相对地电容电流的 3 倍。

中性点不接地系统的优点是运行可靠性高。发生故障时线电压仍然对称,三相用电设备仍能照常运行一段时间。但由于非故障相的对地电压升高易发生对地闪络造成另一相又发生接地故障形成两相接地短路。其缺点为绝缘投资大,发生单相故障时,非故障相对地电压升为相电压的 $\sqrt{3}$ 倍,为确保设备的绝缘安全,系统相对地绝缘按线电压设计,中性点绝缘按相电压设计。

中性点不接地系统适用范围:单相接地电流小于 30 A 的 3～10 kV 电力网、单相接地电流小于 10 A 的 35～60 kV 电力网。

(3) 中性点经消弧线圈接地

中性点不接地的电力系统发生单相短路时,产生的接地电流为纯电容电流,当这个电流达到一定值时就会产间歇性电弧,使得系统产生过电压烧坏电气设备。为减小该电容电流,通常在中性点位置连接消弧线圈 L,来补偿电容电流。消弧线圈的补偿方式有全补偿、欠补偿和过补偿。在电力系统中一般采用过补偿运行方式,该方式能有效减小单相接地电流,迅速熄灭电弧,运行可靠。

中性点经消弧线圈接地系统适用范围:单相接地电流大于 30 A 的 3～10 kV 电力网、单相接地电流大于 10 A 的 35 kV 电力网。

1.4.4　电力系统分析课程内容

本课程介绍电力系统的基本概念和常用的分析方法,电力系统分析通常又可以分为稳态分析、暂态分析和稳定性分析三个部分。第一部分是稳态分析,是指在电力系统运行的某一段时间内如果运行参数只在某一恒定值的平均值附近发生微小的变化,就称这种状态为稳态,这时可以认为电力系统各点的运行参数为常数,通过分析求出这些参数就是稳态分析的工作。第二部分是电力系统暂态分析,是指电力网从一种运行状态切换到另一种运行状态的过渡过程。这种运行状态的变化可以是由电力系统的实际需求变化引起的切换,也可以是由于电力系统某处发生了故障引起的。通过对电力系统暂态过程分析,求出暂态过程中电路的参数变化,并选择相关的保护设备和措施,这就是暂态分析的工作。第三部分是电力系统的稳定性分析,主要讨论电力系统在受到一定的扰动后能否继续运行以及保证电力系统稳定运行的条件。本书在每章后面结合仿真计算工具给出电力系统分析案例,包括该章的主要理论知识点、关键计算、模型化的电力系统分析等,可为电力系统分析实践教学、小组教学实验等课程改革提供基础。

1.5 电力系统仿真分析工具

随着现代电力工业向大系统、超高压、远距离、大容量方向发展,电力网架结构和运行方式更加复杂,系统运行的各种约束条件日益强化。电力系统分析课程的实践和实验教学受到电力系统规模及复杂性的限制,多采用数字仿真工具。目前常用的有美国 EPRI 开发的 PSAPAC、电磁暂态分析软件 EMTP、加拿大曼尼托巴水电局开发的 PSCAD 以及中国电力科学研究院自主研发的 PSASP 等。MathWorks(美国的科学技术研发中心)推出了 Power System Block,使得 MATLAB/Simulink 计算日趋完善,同时 MATLAB 在高校理工科学生中的应用基础较好,因此在电力系统分析教学中融入仿真内容,将使学生更好地掌握和学习电力系统分析课程的内容。

Simulink 基于图形化模型仿真设计环境,可以提供对动态系统建模、仿真和分析的软件包,可支持线性和非线性、连续时间系统、离散时间系统、连续和离散混合系统。Simulink 提供了友好的图形用户界面,模型由模块组成的框图来表示,可以通过简单操作完成相关建模,Simulink 模块库中提供了基本模块和扩散模块,覆盖了通信、控制、信号处理、电力系统、机电系统等诸多领域。目前,介绍基于 Simulink 建模与仿真的相关书籍较多也较为详细,读者可自行参考。在本书中主要介绍应用 Simulink 模块库下的电力系统和机电系统模块,实现电力系统的稳态与暂态情况下的系统计算与分析,如在后续章节中的潮流计算分析、短路故障分析等。在本小节中主要介绍仿真模块的基础操作和电力系统仿真分析所用到的算法基础。

1.5.1 仿真模块的基本操作

点击 Simulink Library,在搜索框中直接搜索需要的模块即可(这里以 Scope 为例)。将搜索到的模块,直接拖曳到新建的仿真页面中即可完成模块的移动,如图 1-10 所示。如果需要几个相同的模块,可以按住鼠标右键并拖曳基本模块进行复制,也可以在选中所需的模块后,使用"Edit"菜单上的 Copy 和 Paste 选项或使用"Ctrl+C"键和"Ctrl+V"键完成同样的功能。这种操作也可分为以下两种不同情况:

(1)不同模型窗(包括库窗口在内)之间的模块复制方法

在窗口选中模块,将其拖至另一模型窗口,再释放鼠标。在窗口选中模块,单击"复制"图标,然后用鼠标左键单击目标模型窗中需要复制的模块的位置,最后单击"粘贴"图标即可。此方法也适用于同一窗口内的复制。

(2)在同一模型窗口内的模块复制

按下鼠标右键,拖动鼠标到合适的地方,再释放鼠标即完成。按住"Ctrl"键,再按下鼠标左键,拖曳鼠标至合适的地方,再释放鼠标。当然由于是单一的一个模块,亦可以直接从模块库里连续提出两次。

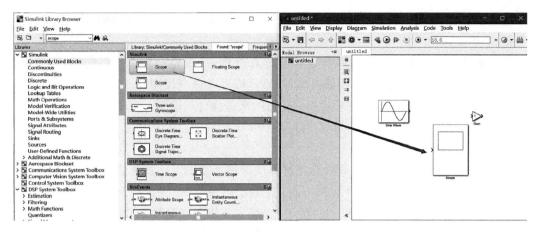

图 1-10　模块查找和移动

1.5.2　仿真模型的搭建

上一小节中给出了仿真模块的基本操作，包括模块的选择、拖曳和连接，均为模型搭建的基本操作。当在实际的工程仿真中，单一的模块有时并不能反映某一过程，需要考虑的因素会更复杂，读者需要进一步学习和掌握 Simulink 中深层的内容。

利用 Simulink 仿真分析工具进行系统建模来解决实际工程问题时，具体建模与分析的步骤如下：

（1）画出系统草图。将所要仿真的系统根据功能划分成一个个小的子系统，然后用多个小模块来搭建每个子系统。这一步体现了用 Simulink 进行系统建模的层次性特点。所选用的模块最好是 Simulink 的库里现有的模块，这样用户就不必进行烦琐的代码编写，这也要求用户必须熟悉这些库的内容。

（2）启动 Simulink 模块库浏览器，新建一个空白模型。

（3）在库中找到所需模块并拖到空白模型窗口中，按系统草图的布局摆放好各模块并连接各模块。

（4）如果系统较复杂、模块太多，可以将实现同一功能的模块封装成一个子系统，使系统的模型看起来更简洁。

（5）设置各模块的参数以及与仿真有关的各种参数。

（6）保存模型，模型文件的后缀名为".mdl"。

（7）运行仿真，观察结果。如果仿真出错，请按照弹出的错误提示框来查看出错的原因，然后进行修改；如果仿真结果与预想的结果不符，首先是要检查模块的连接是否有误、选择的模块是否合适，然后检查模块参数和仿真参数的设置是否合理。

（8）调试模型。如果仿真结果与预想的结果不符且在上一步中没有检查出任何错误，那么就有必要进行调试，以查看系统在每个仿真步骤的运行情况，找到出现仿真结果与预想的或实际情况不符的地方，修改后再进行仿真，直至结果符合要求，然后保存模型。

本节主要对在仿真中经常使用的 Simulink 知识进行简介，如果对 Simulink 的掌握有更深入的要求(尤其是学习模型的调试等知识),读者可以阅读其他相关的书籍。

在利用 Simulink 进行电力系统建模与仿真过程中,更要合理选择系统中各元件模块,主要包括发电机模型、输电线路模型、变压器模型及负荷模型等。有些元件会有多个模块可供选择,要根据系统分析环境和分析目的来选择合适模型。

1.5.3 仿真算法简介

在 Simulink 的仿真过程中选择合适的算法是很重要的。仿真算法是求常微分方程、传递函数、状态方程解的数值计算方法,这些方法主要有欧拉(Euler)法、阿达姆斯(Adams)法、龙格-库塔(Rung-Kutta)法,它们都主要建立在泰勒级数的基础上。欧拉法是最早出现的一种数值计算方法,它是数值计算的基础,用矩形面积来进行积分近似计算。欧拉法比较简单,但精度不高,现在已经较少使用。阿达姆斯法是欧拉法的改进,它用梯形面积进行积分近似计算,所以也称梯形法。梯形法计算每步都需要经过多次迭代,计算量较大,采用预报-校正后只要迭代一次,其计算量减少,但是计算时要用其他算法计算开始的几步。龙格-库塔法是间接使用泰勒级数展开式的方法,它在积分区间内预报几个点的斜率,然后进行加权平均,用作计算下一点的依据,从而构造了精度更高的数值积分计算方法。如果取两个点的斜率就是二阶龙格-库塔法,取 4 个点的斜率就是四阶龙格-库塔法。

Simulink 汇集了各种求解常微分方程数值解的方法,这些方法由不同的函数来完成。在介绍这些函数的适用范围之前,首先介绍一个概念——刚性(Stiff)。定性地讲,对于一个常微分方程组,如果其雅可比矩阵(Jacobian)的特征值相差悬殊,那么这个方程组就称为刚性方程组。对于刚性方程组,为了保持解法的稳定,步长选取很困难。有些解法不能用来解刚性方程组,有些解法则出于对稳定性的要求并不严格,可以用来解决刚性问题。下面对常用算法的特点进行简单介绍。

Simulink 求解常微分方程数值解的方法,分为可变步长(Variable-step)类算法和固定步长类算法两大类。

(1) 可变步长类算法

可变步长类算法在解算模型(方程)时可以自动调整步长,并通过减小步长来提高计算的精度。在 Simulink 的算法中,可变步长类算法有如下几种:

➢ Ode45:基于显式四/五阶 Rung-Kutla 算法,它是一种单步解法,即只要知道前一步的解,就可以计算出当前的解,不需要附加初始值。对大多数仿真模型来说,首先使用 Ode45 来解算模型是最佳的选择,所以在 Simulink 的算法选择中将 Ode45 设为默认的算法。

➢ Ode23:基于显式二阶/三阶 Rung-Kutta 算法,它也是一种单步解法。在允许误差和计算略带刚性的问题方面,该算法比 Ode45 要好。

➢ Ode113:可变阶数的 Adams-Bashforth-Moulton(ABM)算法,Ode113 是一种多步算法,也就是需要知道前几步的解,才能计算出当前的解。在对误差要求很严格时,Ode113 算法较 Ode45 更适合。此算法不能解算刚性问题。

- ➢ Ode15s：一种可变阶数的 Numerical Differentiation Formulas（NDFs）算法，它是一种多步算法，当遇到刚性问题时或者使用 Ode45 算法行不通时，可以考虑这种算法。
- ➢ Ode23s：这是一种改进的二阶 Rosenbrock 算法。它是一种多步算法，在允许误差较大时，Ode23s 比 Ode15s 有效，所以在解算一类带刚性的问题无法使用 Ode15s 算法时，可以使用 Ode23s 算法。

（2）固定步长类算法

固定步长类算法，顾名思义，是指在解算模型（方程）的过程中步长是固定不变的。Simulink 的算法中，固定步长类算法有如下几种：

- ➢ Ode5：固定步长的 Ode45 算法。
- ➢ Ode4：四阶的龙格-库塔法。
- ➢ Ode3：采用 Bogacki-Shampine 算法。
- ➢ Ode2：一种改进的欧拉算法。
- ➢ Ode1：欧拉算法。

案例分析与仿真练习

（一）电力系统基本概念及仿真平台认识

任务一：知识点巩固

1. 电能质量的参数是指什么？

2. 列出我国常见的电压等级有哪些？（不少于 5 个）

3. 电力系统中性点的接地方式有哪些？各自的优缺点有哪些？请查阅相关资料用文字或图形对其原理及应用进行说明。

任务二：仿真实践与练习

1. 利用仿真软件绘图功能输出曲线，曲线数据为：

表 1-3　曲线数据表

X 方向	1	2	3	4	5	6	7	8	9
Y 方向	0.5	1.0	1.1	1.5	1.8	2.5	3.0	3.8	4

2. 在 Simulink 中完成以下基本操作：

（1）常见仿真模块的查找、复制、移动。

（2）通过 Subsystem 模块来创建子模块。

（3）根据已存在的模块创建子模块。

（4）子模块的封装操作。

习题

1-1 什么是电力系统、电力网？电力系统为什么要采用高压输电？

1-2 电力系统运行的基本要求是什么？

1-3 电力系统的运行特点有哪些？

1-4 电力系统的额定电压是如何确定的？我国的电压等级有哪些？

1-5 电力线路、发电机、变压器和用电设备的额定电压是如何确定的？

1-6 电力系统负荷曲线有哪些？什么是年持续负荷曲线和最大负荷利用小时数？

1-7 电力系统中性点接地方式有哪些？各自的特点和使用条件是什么？

专家视角——中科院院士周孝信

习近平总书记2014年6月在中央财经领导小组第六次会议上发表重要讲话，提出推动能源消费革命、能源供给革命、能源技术革命、能源体制革命和全方位加强国际合作的重大战略思想。党的十九大报告进一步提出推进能源生产和消费革命，构建清洁低碳、安全高效的能源体系，这为我国能源发展改革指明了方向。

新一代电力系统是从21世纪初至21世纪中叶，以可再生能源和清洁能源发电为主（占比超过$60\% \sim 70\%$），骨干电源与分布式电源相结合，主干电网与局域配电网、微电网相结合的系统。在这期间，供电可靠性大幅提高，基本可以排除用户意外停电的风险，且新一代电力系统是以非化石能源为主的综合能源电力系统，是一种可持续的发展模式。主要有以下四大特征：

（1）拥有高比例的可再生能源

我国新能源近些年呈现爆发式增长，2005—2017年风电装机容量增长近150倍，2010—2015年光伏发电装机容量增长100倍，2015年后每年装机量接近翻倍增长。未来，可再生能源发电量占比仍将逐步提高，预计2040年超过50%，2050年达到67%左右，可再生能源发电逐步成为电力系统第一大主力电源。

（2）拥有高比例的电力电子装置

随着风力、光伏发电产业的快速发展，新能源大量替代传统火电，风力、光伏发电装机量持续增加，在总发电装机容量中的占比不断提高。预计2050年，风力、光伏发电总装机容量占比将接近70%。与此同时，电力电子装置在源端的应用将日益广泛，如直驱式风力发电机组变流器、光伏电站与分布式光伏逆变器、非水储能电站和分布式储能逆变器。此外，超/特高压直流输电、柔性直流输电和直流电网建设快速发展。2010年以来，我国已先后投入了12条± 800 kV以上电压等级的特高压直流工程，现在还有一条淮东—皖南特高压直流输电线路没有正式投运。截至2018年1月，在运± 800 kV直流输电线路已达20 647 km。在西电东输的带动下，将来的输电容量还要继续增大，线路还要继续向前铺设，因此电力电子装置在电力系统的比例将会越来越高。另外，变频负荷的大量使用也是其中一个特点，这将依赖于现代电力电子换流与功率控制技术。预计未来将有90%

的电能需要经过电力变换后使用,含有电力变换中间接口装置的多样性、强非线性负荷数量将急剧增加。比如民用、工业和交通等各领域,都要使用电力电子装置。

（3）多能互补的综合能源电力系统

电力系统要扩展范围,除了提供电力以外,在多种能源互补的情况下,未来将向综合能源供应商的角色转型。有两方面内容,一是源端基地综合能源电力系统,其中包括:水电、风电、光伏发电、灵活煤电等能源基地及储能,通过直流输电网实现多能互补向中东部输电;通过电力供热制冷、产业耗电及多种途径实现电力就地消纳;电解制氢、制甲烷就地利用或通过天然气管道东送。二是终端消费综合能源电力系统,其中包括:基于各类清洁能源满足用户多元需求的区域综合能源系统和清洁能源微电网;主动配电网架构下直接面向各类用户的分布式能源加各类储能、新能源微电网;基于天然气和清洁能源的分布式冷热电联产系统。

（4）信息物理融合的智能电力系统

在能源互联网中,信息系统和物理系统将渗透到每个设备,信息流通过系统网络与电力流进行有效结合。以电网为核心构建能源互联网,整合各种可再生能源和传统能源。这里很重要的一点就是互联网思维和理念的渗透,不是单纯的多能互补,而是要体现以用户为中心来构建能源共享平台,使信息流和电力流有效结合,真正实现开放、共享和高效用能。

未来30年,建成高比例可再生能源、高比例电力电子装备的电力系统,既是重要机遇,也面临着一系列严峻的难题和挑战。电力系统结构形态的深刻变革,带来了电力系统特性的巨大变化,也会对电力系统的相关研究及教学内容产生重要影响。"善建者不拔,善抱者不脱"抓住机遇乘势而上,迎接挑战前行,奋勇向前,必能迎来光明的未来!

——本内容参考了中国科学院院士周孝信《新一代电力系统与互联网》学术报告

第2章

电力系统元件模型与参数计算

　　构成电力系统的各组成部件称为电力系统元件,包括各种一次设备元件、二次设备元件及各种控制元件等。电力系统分析和计算一般只需计及主要元件或对所分析问题起较大作用的元件参数及其数学模型。在电力系统正常运行时,可以近似地认为系统的三相结构和三相负荷完全对称,因此可以用任一相的电路分析和计算来进行系统模型等效。在传统电力系统分析中,与稳态及暂态分析计算有关的元件,主要包括同步发电机、电力变压器、输电线路及电力负荷。表述元件电气特征的参量称为元件参数,元件特征不同,其表述特征的参数亦不同,如线路参数为电阻、电抗、电纳、电导,变压器除上述参数外还有变比,发电机有时间常数等。根据元件或系统的特征、运行状态及求解问题不同,可将不同元件等效成不同的元件模型(或称为数学模型)。本章主要讨论电力系统元件及系统建模问题,在分析过程中认为稳态运行时电力系统是三相对称的,分别建立各元件一相模型,最后根据元件连接关系形成电力系统的等效电路和数学模型。

2.1　同步发电机、负荷和电抗器等效模型和参数

　　发电机和负荷是电力系统中两个重要元素,它们运行特性很复杂,这里只介绍一些基本的概念和计算公式。电力系统分析、运行和控制都要涉及三相交流电路的分析,特别是要考虑能量在电网传输中对运行变量的影响。因此,需要对有功功率、无功功率和复功率的符号和方向做统一说明。瞬时功率的有功功率分量的大小表明无源网络消耗电能的速率,单位一般用瓦(W)、千瓦(kW)、兆瓦(MW)表示。

　　瞬时功率的无功功率分量大小是指在一个周期内吸收和发出的电能,即一个周期内消耗电能的平均值为零。对于感性负荷,是磁场能和电能相互转化;对于容性负荷,是电场能和电能相互转化。无功功率的单位用乏(var)、千乏(kvar)、兆乏(Mvar)表示,一般规定无功功率 $Q > 0$ 时为吸收感性无功,是无功负荷;无功功率 $Q < 0$ 时为发出感性无功,是无功电源。

2.1.1　同步发电机等效模型和参数

　　电力系统中的电源主要为三相同步发电机,当忽略电机绕组电阻时,发电机的等值电路可以用电压源表示或电流源表示。发电机的等值电路如图 2-1 所示。其中隐极式同步

发电机通常采用电压源模式,如图 2-1(a)所示,凸极式发电机采用电流源模式,如图 2-1(b)所示。

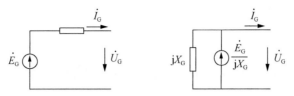

　　(a)隐极式发电机的电压源表示电路　　(b)凸极式发电机的电流源表示电路

图 2-1　发电机等值电路

　　发电机厂家提供的参数有发电机额定容量 S_N(MVA),额定有功功率 P_N(MW),额定功率因数 $\cos\varphi_N$,额定电压 U_N(kV)及电抗百分数 $X_G\%$,据此可求得发电机的电抗:

$$X_G = \frac{X_G\%}{100}\frac{U_N^2}{S_N} = \frac{X_G\%}{100}\frac{U_N^2\cos\varphi_N}{P_N} \tag{2-1}$$

　　发电机的电动势为:

$$\dot{E}_G = \dot{U}_G + j\dot{I}_G X_G \tag{2-2}$$

其中,$\dot{E}_G$ 为发电机相电动势(kV),$\dot{U}_G$ 为发电机端相电压(kV),$\dot{I}_G$ 为发电机定子的相电流(kA)。发电机的等值电路为单相等值电路,它的两个等值电路完全等效,按照其用途使用。

2.1.2　电力负荷等效模型和参数

　　从电力系统分析的角度来看,电力负荷是指某节点所接的所有用电设备从电网侧取用的有功功率和无功功率,分别用 $P(t)$、$Q(t)$ 表示,通常采用恒定功率表示,或者恒定阻抗(导纳)表示。如图 2-2(a)为功率表示形式的负荷,图 2-2(b)为阻抗表示形式表的负荷,图 2-2(c)为导纳表示形式的负荷。

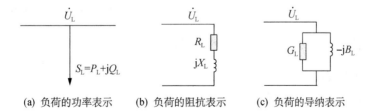

　(a) 负荷的功率表示　　(b) 负荷的阻抗表示　　(c) 负荷的导纳表示

图 2-2　负荷表示

　　通常定义感性负荷吸收无功功率,即无功功率为正;容性负荷发出功率,即无功功率为负。感性负荷的功率表示为:

$$\widetilde{S}_L = \dot{U}_L \dot{I}_L^* = U_L I_L \angle\varphi_L = U_L I_L \cos\varphi_L + jU_L I_L \sin\varphi_L = P_L + jQ_L \tag{2-3}$$

式中，$\dot{U}_L$ 为负荷端的电压相量，其大小为 U_L；$\dot{I}_L^*$ 为流入负荷电流相量的共轭，其大小为 I_L；φ_L 为电压和电流的相位角差；P_L 为负荷的有功功率，Q_L 为负荷的无功功率。

同理，容性负荷的功率表示为：

$$\widetilde{S}_L = P_L - jQ_L \tag{2-4}$$

在稳态分析中，负荷还可以用复阻抗形式来表示。当已知负荷消耗的有功功率和无功功率时，感性负荷的阻抗可以表示为公式（2-5）：

$$Z_L = R_L + jX_L = \frac{U_L^2}{S_L}(\cos\varphi_L + j\sin\varphi_L) = \frac{U_L^2}{S_L^2}(P_L + jQ_L) \tag{2-5}$$

感性负荷的导纳形式可以表示为公式（2-6）：

$$Y_L = \frac{1}{Z_L} = \frac{S_L}{U_L^2}(\cos\varphi_L - j\sin\phi_L) = \frac{1}{U_L^2}(P_L - jQ_L) = G_L - jB_L \tag{2-6}$$

同理，可以推出容性负荷的阻抗表示形式和容性负荷导纳表示形式，如公式（2-7）。

$$\begin{cases} Z_L = R_L - jX_L \\ Y_L = G_L + jB_L \end{cases} \tag{2-7}$$

2.1.3　电抗器等效模型和参数

一般厂商给出电抗器的参数是电抗百分比 $X_L\%$，额定电压 U_N(kV)，额定电流 I_N (kA)，根据这些参数可以计算出电抗器的电抗(Ω)，其计算如下：

$$X_L = \frac{X_L\% U_N}{100\sqrt{3}\,I_N} \tag{2-8}$$

由于电抗器的电阻可以忽略不计，故电抗器的等效电路模型是一个纯电抗电路，图 2-3(a)为电抗器电路符号，图 2-3(b)为电抗器等效电路模型。

(a) 电抗器电路符号　　(b) 电抗器等效电路模型

图 2-3　电抗器等效电路

2.1.4　发电机、电力负荷仿真模型和参数

（1）发电机仿真模型

在 Simulink 仿真系统中提供了 3 种同步电机模块，用于三相隐极和凸极同步发电机的动态建模，三个基本模型分别是国际单位制下的基本模型、标幺制下的同步电机的基本模型、标幺制下的标准模型，如图 2-4 所示。其中，发电机模型的端子功能如下：

Pm：此端子为发电机轴的机械功率。P_m 的值是大于零的，它可以是函数也可以是原动机的输出。

Vf：此端子为发电机的励磁电压，它由发电机励磁系统的调压器提供。

m：此端子为包含 22 个信号的矢量，在仿真库中，可利用总线对 22 个信号进行分离。

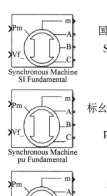

国际单位制下的基本模型
SI 基本同步电机模块

标幺制下的同步电机的基本模型
pu 基本同步电机模块

标幺制下的标准模型
pu 标准同步电机模块

图 2-4　同步发电机仿真模型

图 2-5　标幺制下同步发电机模块参数设置

以标幺制下同步电机模块为例,其内部基本参数的设定如图 2-5 所示,具体参数定义如下。

> Preset model(设定模型):它提供给定额定容量、线电压、频率和额定速度的发电机机械和电气系统参数。若不选用内部设定的发电机,就选择"No"。

> Mechanical input(驱动输入):设定发电机的机械驱动量。发电机的驱动量有两个,即机械转矩和发电机转子转速。Show detailed parameters(显示详细参数):若在 Preset model 中选择"No",则 Show detailed parameters 激活。

> Rotor type(转子类型):有两种选择,即凸极机和隐极机。

> Nominal power,line-to-line voltage and frequency(额定功率、电压、频率和励磁电流):设定同步发电机总的三相额定功率 P_n(VA)、额定线电压有效值 V_n(V)、额定频率 f_n(Hz)和励磁电流 I_n(A)。

> Stator(定子参数):归算到定子侧的发电机定子电阻 R_s(pu)、漏抗 L_1(pu)和 d、q 轴的励磁电抗 L_{md}、L_{mq}(p.u.)。

> Field(励磁参数):归算到定子侧的励磁绕组电阻 R_f(p.u.)和漏抗 L_{1fd}(p.u.)。

> Dampers(阻尼绕组):归算到定子侧的阻尼绕组 d、q 轴电阻 R_{kd}、R_{kq1}(pu)和漏抗 L_{1kd}、L_{1kq1}(pu)。

> Inertia coeficient,friction factor and pole pairs(惯量、阻尼系数和极对数):给定发电机的转动惯量 J(kg·m^2)或惯性时间常数 H(s)、衰减系数 F(pu)和极对数 p()。

> Inititial conditions(初始条件):发电机的初始速度偏移 d_w(%),转子初始角 th(°)、线电流幅值 i_a、i_b、i_c(p.u.)和相角 ph_a、ph_b、ph_c(°)和励磁电压 V_f(pu)。初始条件可由 Powergui 模块自动获取。

➢ Simulate saturation(饱和状态的仿真):设定发电机定子和转子铁芯是否处于饱和状态。若需要考虑定子和转子的饱和情况,则选中该复选框,在出现的文本框中输入代表空载饱和特性的矩阵。先输入饱和后的励磁电流值(p.u.),再输入饱和后的输出电压值(p.u.),相邻两个电流、电压值之间用空格或逗号分隔,电流和电压值之间用分号分隔。电压基准值为额定线电压的有效值,电流基准值为额定励磁电流值。

(2)负荷仿真模型

在电力系统计算中,每一个负荷都代表一定数量的各类用电设备及相关变配电设备的组合,这样的组合称为综合负荷。负荷模块在仿真系统中主要有静态负荷模型、动态负荷模型,如图 2-6 所示。图 2-6(a)是三相 RLC 并联静态负荷,图 2-6(b)是三相动态负荷,具体参数设置如图 2-7、图 2-8 所示。

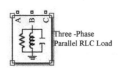

(a) 静态负荷模型　　　　　　　　　　(b) 动态负荷模型

图 2-6　电力负荷模块

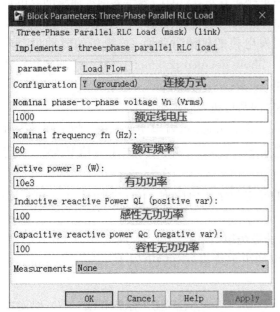

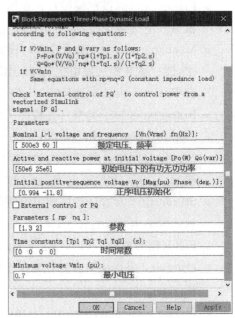

图 2-7　静态负荷参数设置　　　　　　　**图 2-8　动态负荷参数设置**

当负荷为电动机时,仿真分析的模块通常为异步电动机模型。异步电动机模块在仿真系统中有两个基本模型,分别是有名制下的异步电动机模型模块、标幺制下的异步电动机模型模块,具体模块及其参数设置如图 2-9 所示。

有名制下的异步电动机模型模块

Asynchronous Machine
SI Units

标幺制下的异步电动机模型模块

Asynchronous Machine
pu Units

(a) 异步电动机模块　　　　　　　　　　(b) 有名制下的异步电动机模块参数设置

图 2-9　电动机负荷

2.2　输电线路等效模型和参数

2.2.1　电力线路的种类

电力线路是将变、配电所和电能用户及用电设备连接起来,用以将电能由电源侧输送到负荷侧。电力线路是三相电路,且具有不同电压等级,用来输送电能的称为输电线路,用来分配电能的称为配电线路。电力系统中的电力线路按结构可分为架空线和电缆两大类。

（1）架空线

架空线路主要指架空明线,架设在地面之上,利用空气绝缘,设备简单、建设费用较低,检修与维护方便;但容易遭受雷击和风雨冰雪等自然灾害的侵袭,占地面积大,对交通、建筑、市容和人身安全有影响。架空线结构包括导线、避雷线、杆塔、绝缘子和金具等,如图 2-10 所示。

导线用来传导电流、输送电能,主要种类有铜绞线、铝绞线、钢芯铝绞线、绝缘导线、分裂导线等。避雷线作用是将雷电流引入大地以保护线路免受雷击,一般采用钢绞线结构。杆塔用来支持导线和避雷线,并使导线之间、导线和杆塔以及大地间保持一定的距离,主要种类有木杆、钢筋混凝土杆和铁塔等。绝缘子即瓷瓶,用来支承或悬挂导线,又能起到绝缘作用。线路金具主要用来连接架空导线和绝缘子,种类上可分为悬垂线夹、耐张线夹、保护金具和接续金具等。

（2）电缆

电缆线路一般直埋敷设在土壤、敷设在电缆沟或电缆隧道、采用穿管敷设等,占地少,受气候和环境的影响小,故障少,供电可靠性高,维护工作量少;但造价高,线路不易变动,发生故障时寻测故障点难、检修费用大等。电缆结构包括导线、绝缘层、保护层等,如图2-11所示,常见的电缆有充油电缆等。

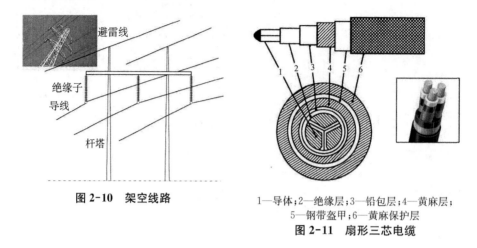

图 2-10　架空线路

1—导体;2—绝缘层;3—铅包层;4—黄麻层;
5—钢带盔甲;6—黄麻保护层
图 2-11　扇形三芯电缆

2.2.2　电力线路的参数

架空线路传输电能时,伴随着一系列的物理现象,在电力系统分析中,通常用一些电气参数来反映这些物理现象:

首先,当电流流过导线时会因电阻损耗而产生热量,电流愈大损耗愈大,发热也愈大,故用电阻 R 来反映电力系统的发热效应。

其次,当交流电流通过电力线路时在三相导线内部和周围都要产生交变的磁场,而交变磁通匝链导线后,将在导线中产生感应电动势,此时用电抗 X 来反映线路的磁场效应。

再次,当交流电压加在电力线路上时,在三相导线的周围会产生交变的电场,在电场作用下不同相导线间、导线与大地间将产生位移电流,从而形成容性电流和容性功率,此时用电纳 B 来反映线路的电场效应。

最后,在高电压的作用下,当导线表面的电场强度过高时,将导致输电线周围的空气游离放电(电晕现象);而且由于绝缘的不完善,可能引起少量的电流泄漏等,此时用电导 G 来反映线路的电晕现象和泄漏现象。

(1) 电阻

有色金属导线的直流电阻可以用式(2-9)计算:

$$R = \frac{\rho}{S}L \tag{2-9}$$

式中,ρ 为导线材料的电阻率($\Omega \cdot mm^2/km$);S 为导线的额定截面积(mm^2);L 为导线的长度(km)。

计算时,导线材料电阻率的取值:铜的电阻率为 18.8 $\Omega \cdot mm^2/km$,铝的电阻率为 31.5 $\Omega \cdot mm^2/km$(铜的直流电阻率为 17.5 $\Omega \cdot mm^2/km$,铝的直流电阻率为 28.5 $\Omega \cdot mm^2/km$)。

在交流电路中计算电阻时还应考虑交流集肤效应和邻近效应,此外绞线的实际长度比导线长度长 2%～3%,导线的实际截面比标称截面略小,故交流电阻率比直流电阻率略有增大。

在实际工程计算时中,可根据手册查出各种电阻的电阻值,手册中给出的是指温度为 20℃时的导线电阻,在要求较高的情况下对不同温度下的电阻值进行修正,修正公式为:

$$r_\text{t} = r_{20}[1 + \alpha(t - 20)] \tag{2-10}$$

式中,r_{20} 为温度 20℃时导线单位长度的电阻值(Ω/km);t 为导线的实际运行的大气温度;α 为温度系数,铜对应 α 为 0.003 821/℃,铝对应 α 为 0.003 61/℃。

（2）电抗

对于三相导线对称排列,或者虽不对称排列但经过完整换位后,每相单位长度的单回线路(铜或铝)每相电抗 x_1 计算公式为:

$$x_1 = 2\pi f\left(4.6\lg\frac{D_\text{m}}{r} + 0.5\mu_\text{r}\right) \times 10^{-4}(\Omega/\text{km})$$

式中,μ_r 为导线材料的相对磁导率系数,对于非磁性物质的铝和铜 $\mu_\text{r}=1$;f 为交流电频率(Hz),取 $f=50$ Hz,此时导线单位电抗计算如下:

$$x_1 = 0.144 5\lg\frac{D_\text{m}}{r} + 0.015 7\mu_\text{r}(\Omega/\text{km}) \tag{2-11}$$

式中,D_m 为三相导线的几何平均距离(mm),r 为导线的几何半径(cm 或 mm)。D_m 计算公式为:$D_\text{m} = \sqrt[3]{D_{ab}D_{bc}D_{ca}}$,$D_{ab}$、$D_{bc}$、$D_{ca}$ 分别为导线 ab、bc、ca 相之间的距离,如图 2-12(a)和图 2-12(b)所示。由此可见,电抗 x_1 与几何平均距离 D_m、导线半径 r 为对数关系,因而 D_m、r 对 x_1 的影响不大,在工程计算中对于高压架空电力线路一般近似取 $x_1 = 0.4\ \Omega/\text{km}$。

一般在工程计算中采用分裂导线来改变导线周围的磁场分布,等效地增大导线半径,从而减小每相导线的电抗,具体做法是将每相的导线分成若干根,相互之间保持一定的距离,如图 2-12(c)所示为一相八分裂线路。

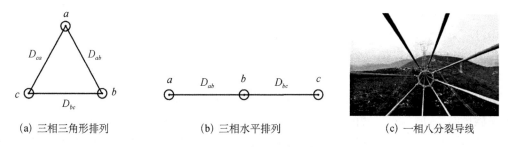

(a) 三相三角形排列　　　　(b) 三相水平排列　　　　(c) 一相八分裂导线

图 2-12　电力线路分布

分裂导线单位长度的电抗 x_1:

$$x_1 = 0.144 5\lg\frac{D_\text{m}}{r_\text{eq}} + \frac{0.015 7}{n}(\Omega/\text{km}) \tag{2-12}$$

式中,等值半径为 r_{eq} 的计算公式如下:

$$r_{eq} = \sqrt[n]{r \prod_{k=2}^{n} d_{1k}} \qquad (2-13)$$

式中,r 为每根导线的实际半径(mm);d_{1k} 为每一根分裂导线中各导线的几何距离(mm);n 为每一相分裂导线的根数。

由此可见,分裂的根数越多,电抗下降也越多,在同一电压等级下,采用单根导线与二分裂导线,输电线路单位长度的电抗降低了约 27%,最大输电能力提高约 45.2%。但当分裂根数超过三、四根时,电抗下降已逐渐减缓,实际运用中,导线的分裂根数 n 一般取 2~4 为宜。工程中分裂导线主要应用在 220 kV 及以上电压的线路,220 kV 输电线路一般采用二分裂导线,500 kV 输电线路一般采用四分裂导线,我国西北电网 750 kV 输电线路多为六分裂,1 000 kV 输电线路可采用八分裂。

(3)电导

当电力线路运行电压高于电晕临界电压时,与电晕相对应的单位长度线路的电导计算为:

$$g_1 = \frac{\Delta P_g}{U^2} \times 10^{-3} (\text{S/km}) \qquad (2-14)$$

式中,ΔP_g 为实测三相电力线路电晕损耗和泄漏损耗的总有功功率(kW/km),U 为电力线路的工作电压(kV)。当晴天电力线路正常运行,相电压小于电晕临界电压时,认定电导为零。在电力线路设计时,220 kV 以下电力线路按照避免出现电晕的原则选择导线半径,220 kV 及以上线路分裂导线应增加导线半径 r,而对于 60 kV 及以下电压的电力线路不必验算电晕临界电压。

(4)电纳

导线每相单位长度的电纳 b_1 计算为:

$$b_1 = \omega_N C_1 = \frac{7.58}{\lg \dfrac{D_m}{r}} \times 10^{-6} (\text{S/km}) \qquad (2-15)$$

式中,D_m 为导线几何平均距离,r 为导线的几何半径。当导线为分裂导线时,计算每相单位长度的电纳 b_1 时可仍按照式(2-15)计算,需将导线的半径取等值半径 r_{eq},等值半径的计算可按照式(2-13)来计算。

当架空线路的导线采用钢材质时,由于钢导线是导磁物质,它的电阻、电抗这两个参数与磁场有关,所以钢导线的电阻、电抗与铝导线和铜导线不同。在交流电流经过钢导线时,集肤效应和磁效应都很突出,因此钢导线的交流电阻比直流电阻大很多,且两者为非线性关系,故一般钢导线的电阻难以计算,只能依靠实测或从手册中查得。钢导线的电纳和电导计算公式与铜导线和铝导线的计算公式相同,钢导线每相单位长度的电抗计算为:

$$x_1 = 0.144\,5 \lg \frac{D_m}{r} + 0.015\,7\mu_r (\Omega/\text{km})$$

　　电缆电力线路与架空电力线路在结构上是截然不同的,由于电缆结构的复杂性使得电缆参数的计算也较为复杂,一般从手册中查取或从试验中确定,无须计算。

　　【例 2-1】　某一回 110 kV 架空电力线路,长度为 60 km,导线型号为 LGJ-120,导线计算外径为 15.2 mm,三相导线水平排列,两相邻导线之间的距离为 4 m。求该电力线路的参数。

　　解：每千米电力线路的参数

$$r_1 = \frac{\rho}{S} = \frac{31.5}{120} = 0.262\,5(\Omega/\text{km})$$

三相导线间的几何均距:

$$D_{\text{m}} = \sqrt[3]{D_{ab}D_{bc}D_{ca}} = \sqrt[3]{4 \times 4 \times 8} = 5.039\,68(\text{m}) = 5\,039.68(\text{mm})$$

$$x_1 = 0.144\,5\lg\frac{5\,039.68}{7.6} + 0.015\,7 = 0.423(\Omega/\text{km})$$

$$b_1 = \frac{7.58}{\lg\dfrac{D_{\text{m}}}{r}} \times 10^{-6} = 2.686 \times 10^{-6}(\text{S/km})$$

得电力线路的实际参数:

$$R = r_1l = 0.262\,5 \times 60 = 15.75(\Omega)$$

$$X = x_1l = 25.38(\Omega)$$

$$B = b_1l = 1.612 \times 10^{-4}(\text{S})$$

　　【例 2-2】　某一回 220 kV 架空线路,长度为 100 km,采用每相双分裂导线,其导线型号为 LGJ-185,每一根导线计算外径为 19 mm,三相导线以不等边三角形排列,线间距离 $D_{ab} = 9$ m,$D_{bc} = 8.5$ m,$D_{ca} = 6.1$ m。分裂间距 $d = 400$ mm。求该电力线路的参数。

　　解：电阻：$r_1 = \dfrac{\rho}{2S} = \dfrac{31.5}{2 \times 185} = 0.085(\Omega/\text{km})$　　$R = r_1l = 0.085 \times 100 = 8.5(\Omega)$

　　几何均距：$D_{\text{m}} = \sqrt[3]{D_{ab}D_{bc}D_{ca}} = \sqrt[3]{9 \times 8.5 \times 6.1} = 7.756(\text{m}) = 7\,756(\text{mm})$

　　等值半径：$r_{\text{eq}} = \sqrt{rd} = \sqrt{9.5 \times 400} = 61.644(\text{mm})$

　　电抗：$x_1 = 0.144\,5\lg\dfrac{D_{\text{m}}}{r_{\text{eq}}} + \dfrac{0.015\,7}{n} = 0.144\,5\lg\dfrac{7\,756}{61.644} + \dfrac{0.015\,7}{2} = 0.311(\Omega/\text{km})$

　　$X = x_1l = 31.1(\Omega)$

　　电纳：$b_1 = \dfrac{7.58}{\lg\dfrac{D_{\text{m}}}{r_{\text{eq}}}} \times 10^{-6} = 3.61 \times 10^{-6}(\text{S/km})$　　$B = b_1l = 3.61 \times 10^{-4}(\text{S})$

2.2.3 电力线路等值电路模型

正常运行时电力线路三相参数对称,可以只对单相等值电路进行分析,即用单相回路的等值电阻、电抗、电导和电纳来表示。电力线路的模型按照线路长度分为短线路等值电路模型、中等长度线路等值电路模型、长线路等值电路模型,按照模型结构分为一字形等值电路、π形等值电路和 T形等值电路。

(1) 短电力线路的等值电路

对于不超过 100 km 长的架空线路,线路电压不高时可不计电导和电纳,$g_1=0$, $b_1=0$,仅用电阻和电抗表示一字形等值电路,如图 2-13 所示,阻抗表达式计算如公式(2-16)所示。

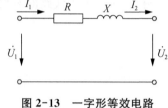

图 2-13 一字形等效电路

$$Z_L = z_1 l = (r_1 + jx_1)l \tag{2-16}$$

(2) 中等长度电力线路的等值电路

长度在 $100 \sim 300$ km 之间的架空线和不超过 100 km 的电缆线,称为中等长度电力线路。其等效电路采用用 π形或 T形等值电路,电导为零,电纳不可忽略。

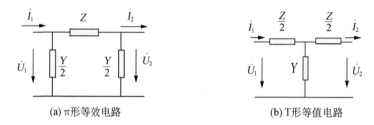

(a) π形等效电路   (b) T形等值电路

图 2-14 π形和 T形等值电路

等效电路中的参数近似计算为:

$$\begin{cases} Z = R + jX = (r_1 + jx_1)l \\ Y = G + jB = (g_1 + jb_1)l \end{cases} \tag{2-17}$$

(3) 长线路的等值电路

电压为 330 kV 及以上,线长大于 300 km 的架空线路和线长大于 100 km 的电缆线路。由于线路为长线路故要考虑分布参数特性的影响,可以将每个单位长度的参数串联起来,构成该线路的等效模型,即电力线路分布参数等效模型。

设长为 l 的输电线路其参数沿线均匀分布,单位长度阻抗和导纳分别为 $z_1 = r_1 + jx_1$, $y_1 = g_1 + jb_1$。在距离线路末端 x 处取一微段 dx,作出等值电路,如图 2-15 所示。

由此可见长度为 dx 的线路,串联阻抗中的电压降为 $d\dot{U} = \dot{I}(r_1 + jx_1)dx$;并联导纳中分流的电流为 $d\dot{I} = (\dot{U} + d\dot{U})(g_1 + jb_1)dx$,由此得出:

$$\frac{d^2\dot{U}}{dx^2} = (r_1 + jx_1)(g_1 + jb_1)\dot{U} = z_1 y_1 \dot{U} \tag{2-18}$$

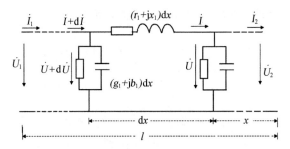

图 2-15　长线路的等值电路

解此二阶常系数齐次微分方程,其通解方程为:

$$\begin{cases} \dot{U}=C_1\mathrm{e}^{\gamma x}+C_2\mathrm{e}^{-\gamma x} \\ \dot{I}=\dfrac{C_1}{Z_C}\mathrm{e}^{\gamma x}-\dfrac{C_2}{Z_C}\mathrm{e}^{-\gamma x} \end{cases} \tag{2-19}$$

其中:

$$\begin{cases} \gamma=\sqrt{(r_1+\mathrm{j}x_1)(g_1+\mathrm{j}b_1)}=\sqrt{z_1y_1}=\alpha+\mathrm{j}\beta \\ Z_\mathrm{c}=\sqrt{\dfrac{r_1+\mathrm{j}x_1}{g_1+\mathrm{j}b_1}}=\sqrt{z_1/y_1} \end{cases} \tag{2-20}$$

式中,Z_c 为线路中的特性阻抗;γ 为线路的传播常数;α 为衰减常数;β 为相移常数。稳态解中的常数 C_1、C_2 可由线路的边界条件确定。当在线路末端即 $x=0$ 时,有 $\dot{U}=\dot{U}_2$、$\dot{I}=\dot{I}_2$,代入通解方程式,并得出 C_1、C_2。

$$\begin{cases} \dot{U}=C_1\mathrm{e}^{\gamma x}+C_2\mathrm{e}^{-\gamma x} \\ \dot{I}=\dfrac{C_1}{Z_\mathrm{c}}\mathrm{e}^{\gamma x}-\dfrac{C_2}{Z_\mathrm{c}}\mathrm{e}^{-\gamma x} \end{cases} \Rightarrow \begin{cases} \dot{U}_2=C_1+C_2 \\ \dot{I}_2=\dfrac{C_1-C_2}{Z_\mathrm{c}} \end{cases} \Rightarrow \begin{cases} C_1=\dfrac{1}{2}(\dot{U}_2+Z_\mathrm{c}\dot{I}_2) \\ C_2=\dfrac{1}{2}(\dot{U}_2-Z_\mathrm{c}\dot{I}_2) \end{cases} \tag{2-21}$$

由得到的 C_1、C_2 值,通解方程式(2-19)可表示为:

$$\begin{cases} \dot{U}=\dfrac{\dot{U}_2+Z_\mathrm{c}\dot{I}_2}{2}\mathrm{e}^{\gamma x}+\dfrac{\dot{U}_2-Z_\mathrm{c}\dot{I}_2}{2}\mathrm{e}^{-\gamma x} \\ \dot{I}=\dfrac{\dfrac{\dot{U}_2}{Z_\mathrm{c}}+\dot{I}_2}{2}\mathrm{e}^{\gamma x}-\dfrac{\dfrac{\dot{U}_2}{Z_\mathrm{c}}-\dot{I}_2}{2}\mathrm{e}^{-\gamma x} \end{cases} \tag{2-22}$$

考虑到双曲函数有如下定义:

$$\sinh\gamma x=\frac{\mathrm{e}^{\gamma x}-\mathrm{e}^{-\gamma x}}{2};\cosh\gamma x=\frac{\mathrm{e}^{\gamma x}+\mathrm{e}^{-\gamma x}}{2} \tag{2-23}$$

那么电压和电流的通解方程式(2-22)又可以表示为：

$$
\begin{bmatrix} \dot{U} \\ \dot{I} \end{bmatrix} = \begin{bmatrix} \cosh \gamma x & Z_c \sinh \gamma x \\ \dfrac{\sinh \gamma x}{Z_c} & \cosh \gamma x \end{bmatrix} \begin{bmatrix} \dot{U}_2 \\ \dot{I}_2 \end{bmatrix}
\tag{2-24}
$$

根据上述公式就可以在已知末端电压、电流时计算沿线任意点的电压、电流，计算首端时 $x=l$ 及末端时 $x=0$ 代入上式即可得到。例如可得到线路首端的电压和电流为：

$$
\begin{bmatrix} \dot{U} \\ \dot{I} \end{bmatrix} = \begin{bmatrix} \cosh \gamma l & Z_c \sinh \gamma l \\ \dfrac{\sinh \gamma l}{Z_c} & \cosh \gamma l \end{bmatrix} \begin{bmatrix} \dot{U}_2 \\ \dot{I}_2 \end{bmatrix}
\tag{2-25}
$$

在电力系统计算分析中关心的是电力线路两端的电压、电流和功率，因此可利用已知的电力线路两端的电压、电流构建其等效的二端口模型，如图 2-16 所示。

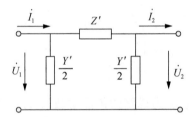

图 2-16　基于分布参数表示的输电线路无源二端口网络等效电路

由该等效电路得出：

$$
\dot{U}_1 = \dot{U}_2 + Z'(\dot{I}_2 + \dot{U}_2 \frac{Y'}{2}) \Rightarrow \dot{U}_1 = \left(Z' \frac{Y'}{2} + 1\right)\dot{U}_2 + Z'\dot{I}_2
\tag{2-26}
$$

根据通解矩阵方程(2-25)得出：

$$
Z' = Z_c \sinh \gamma l \qquad \frac{Y'}{2} = \frac{(\cosh \gamma l - 1)}{Z_c \sinh \gamma l}
\tag{2-27}
$$

式中，线路的传播常数 γ 和线路的特性阻抗 Z_c 计算表达式如下：

$$
Z_c = \sqrt{z_1 / y_1} \qquad \gamma = \sqrt{z_1 y_1}
\tag{2-28}
$$

式中 z_1、y_1 为线路的单位长度的阻抗和单位长度的导纳。分布参数电路的特性阻抗 Z_c 和传播系数 γ 常被用以估计超高压线路的运行特性。

此外，长线路的电阻、电抗和电纳也可以分别乘以修正系数，作出简化的 π 形等值电路，如图 2-17 所示，其修正系数计算如公式(2-29)所示。

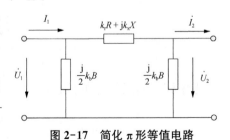

图 2-17　简化 π 形等值电路

$$\begin{cases} k_{\mathrm{r}} = 1 - x_1 b_1 \dfrac{l^2}{3} \\[2mm] k_{\mathrm{x}} = 1 - \left(x_1 b_1 - \dfrac{r_1^2 b_1}{x_1} \right) \dfrac{l^2}{6} \\[2mm] k_{\mathrm{b}} = 1 + x_1 b_1 \dfrac{l^2}{12} \end{cases} \tag{2-29}$$

【例 2-3】　500 kV 架空线路的参数为 $r_1 = 0.026\,25\ \Omega/\mathrm{km}$，$x_1 = 0.281\ \Omega/\mathrm{km}$，$g_1 = 0$，$b_1 = 3.956 \times 10^{-6}\ \mathrm{S/km}$，设线路长 600 km，试计算线路参数，并画出等值电路。

1. 不考虑分布参数特性（参数的近似值）；

2. 近似考虑分布参数特性（参数的修正值）；

3. 精确考虑线路分布参数特性（参数的精确值）。

解：

1. 参数的近似值：

$$z = (r_1 + \mathrm{j}x_1)l = (0.026\,25 + \mathrm{j}0.281) \times 600 = 15.75 + \mathrm{j}168.6\,(\Omega)$$

$$Y = (g_1 + \mathrm{j}b_1)l = \mathrm{j}3.956 \times 10^{-6} \times 600 = \mathrm{j}2.374 \times 10^{-3}\,(\mathrm{S})$$

2. 参数的修正值：

$$k_{\mathrm{r}} = 1 - \frac{1}{3} x_1 b_1 l^2 = 1 - \frac{1}{3} \times 0.281 \times 3.956 \times 10^{-6} \times 600^2 = 0.867$$

$$k_{\mathrm{x}} = 1 - \frac{1}{6}\left(x_1 b_1 - r_1^2 \frac{b_1}{x_1} \right) l^2 = 0.934$$

$$k_{\mathrm{b}} = 1 + \frac{1}{12} x_1 b_1 l^2 = 1 + \frac{1}{12} \times 0.281 \times 3.956 \times 10^{-6} \times 600^2 = 1.033$$

$$Z' = (k_{\mathrm{r}} r_1 + \mathrm{j} k_{\mathrm{x}} x_1)l = 13.65 + \mathrm{j}157.5\,(\Omega)$$

$$Y' = \mathrm{j} k_{\mathrm{b}} b_1 l = \mathrm{j}2.452 \times 10^{-3}\,(\mathrm{S})$$

3. 参数的精确值：

$$z_1 = r_1 + \mathrm{j}x_1 = 0.026\,25 + \mathrm{j}0.281 = 0.282 \angle 84.66°\,(\Omega/\mathrm{km})$$

$$y_1 = \mathrm{j}b_1 = \mathrm{j}3.956 \times 10^{-6} = 3.956 \times 10^{-6} \angle 90°\,(\mathrm{S/km})$$

$$Z_{\mathrm{c}} = \sqrt{z_1/y_1} = \sqrt{\frac{0.282}{3.956 \times 10^{-6}}}\, \mathrm{e}^{\mathrm{j}(84.66°-90°)/2} = 267.1 \mathrm{e}^{-\mathrm{j}2.67°}\,(\Omega)$$

$$\gamma l = \sqrt{z_1 y_1}\, l = 600 \times \sqrt{0.282 \times 3.956 \times 10^{-6}}\, \mathrm{e}^{\mathrm{j}(84.66°+90°)/2} = 0.634 \mathrm{e}^{\mathrm{j}87.33°}$$
$$= 0.029\,5 + \mathrm{j}0.633$$

$$\sinh \gamma l = \sinh(0.029\,5 + \mathrm{j}0.633)$$

$$=\sinh 0.029\ 5\cos 0.633+j\cosh 0.029\ 5\sin 0.633$$
$$=0.593\angle 87.7°$$

$$\cosh \gamma l =\cosh(0.029\ 5+j0.633)$$
$$=\cosh 0.029\ 5\cos 0.633+j\sinh 0.029\ 5\sin 0.633$$
$$=0.806\angle 1.24°=0.806+j0.017\ 5°$$

于是可得：

$$Z'=Z_c\sinh \gamma l =267.1\angle -2.67°\times 0.593\angle 87.7°=13.72+j157.8(\Omega)$$

$$Y'=\frac{2(\cosh \gamma l -1)}{Z_c\sinh \gamma l}=0.002\ 46\angle 89.82°\approx j2.46\times 10^{-3}(\text{S})$$

上述三种作等值电路模型如图 2-18 所示：

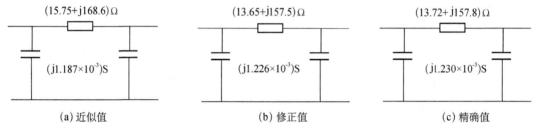

图 2-18 三种等值电路模型参数

2.2.4 电力线路的自然功率

分布参数电路的特性阻抗和传播系数是表示线路输电特性的两个重要参量，常被用来估计超高压线路的运行特性，由于超高压线路的电阻往往远远小于电抗，电导则可忽略不计，此时可近似认为线路上没有功率损耗，是"无损耗"线路，特性阻抗和传播系数分别表示为：

$$\gamma =\sqrt{(r_1+jx_1)(g_1+jb_1)}=\alpha +j\beta; \quad Z_c=\sqrt{\frac{r_1+jx_1}{g_1+jb_1}} \tag{2-30}$$

此时特性阻抗为纯电阻，称为特性阻抗；而此时的传播系数则仅有虚部 β，即相位系数。

自然功率也称为波阻抗负荷，它是指负荷阻抗为波阻抗时，入射波输送到末端的功率完全被负荷吸收，即负荷所消耗的功率。如果负荷端电压为线路的额定电压，则相应的自然功率为：

$$S_n=P_n=U_2^2/Z_c \tag{2-31}$$

由于此时的 Z_c 为纯电阻，相应的自然功率显然为纯有功功率。且 $\gamma =j\beta =j\omega\sqrt{L_1C_1}$，那么由式（2-25）得到：

$$\begin{bmatrix} \dot{U} \\ \dot{I} \end{bmatrix} = \begin{bmatrix} \cos \beta l & jZ_c \sin \beta l \\ j\dfrac{\sin \beta l}{Z_c} & \cos \beta l \end{bmatrix} \begin{bmatrix} \dot{U}_2 \\ \dot{I}_2 \end{bmatrix} \tag{2-32}$$

同时考虑到 $\dot{U}_2 = Z_2 \dot{I}_2$ 可得到:

$$\begin{cases} \dot{U}_1 = (\cos \beta l + j\sin \beta l)\dot{U}_2 = \dot{U}_2 e^{j\beta l} \\ \dot{I}_1 = (\cos \beta l + j\sin \beta l)\dot{I}_2 = \dot{I}_2 e^{j\beta l} \end{cases} \tag{2-33}$$

由式(2-32)和式(2-33)可见,当输送的功率为自然功率(即在无损耗线路中)时,沿线各点电压和电流有效值分别相等,而且同一点的电压和电流都是同相位的,即线路中各点的无功功率都等于零。

粗略估计超高压线路的运行时,可参考上例结论。例如,长度超过 300 km 的 500 kV 线路,输送的功率通常约等于自然功率 1 000 MW,因而线路末端电压接近始端。输送功率大于自然功率时,线路末端电压将低于始端,需要考虑装设无功补偿装置;反之,输送功率小于自然功率时,线路末端电压将高于始端,可采用并联电抗等措施抑制沿线电压升高。综上所述,线路在输送功率为自然功率时,经济性能最好、最合理。只有采取了其他提高输送能力的措施,输送容量才能超过自然功率,所以自然功率可以用来表征输电线路输送能力的一个基准参量。

电力线路的波阻抗变动幅值不大,自然功率随线路额定电压的提高而以接近二次方的关系增大。表 2-1 列出了典型电压等级线路的自然功率及其相关参数。可以看出,自然功率随额定电压等级的提高而提高,同时也从另一个方面表明,高电压等级的输电网络,其输送功率的能力有很大提升,这也是电力系统采用高电压进行远距离输送的根本原因。另外,随着电压等级的提高,线路充电功率也显著增长。

表 2-1 典型电压等级线路的波阻抗、自然功率与充电功率

额定电压/kV	230	500	765	1 100
Z_c/Ω	380	250	257	230
自然功率/MW	140	1 000	2 280	5 260
充电功率/(MVA·km^{-1})	0.18	1.30	2.92	6.71

2.2.5 电力线路仿真模型和参数

在电力系统仿真中,对线路的精确建模是非常复杂的,为简化计算将模型主要分为集中参数模型和分布参数模型(行波模型)两大类。

(1) 集中参数模型输电线路

在库中主要有两个等值电路模块用来表征集中参数线路模型,即单相"π"形等值电路模块(Single-phase Line)和三相"π"形等值电路模块(Three-phase Line),两个电路模块如图 2-19 所示。

　　其中集中参数单相等值电路模块的参数设置如图 2-20 所示，参数设置中包括 Frequency used for rlc specification（计算线路参数的频率），Resistance per unit length（输电线路单位长度的电阻），Inductance per unit length（输电线路单位长度的电感），Capacitance per unit length（输电线路单位长度的电容），Line length（输电线路的长度），Number of pi sections（集中"π"形等值电路个数）。

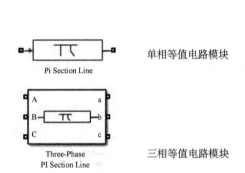

单相等值电路模块

三相等值电路模块

图 2-19　集中参数线路模块

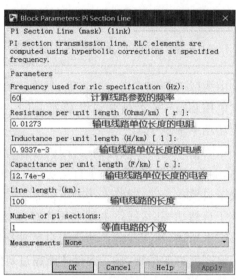

图 2-20　集中参数线路模块参数设置

（2）分布参数模型输电线路

　　三相分布参数线路仿真模块如图 2-21 所示，上下两个子图分别为单相线路和三相线路模块形式。具体参数的设置如图 2-22 所示。

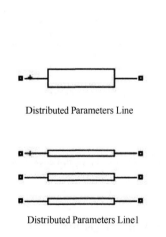

Distributed Parameters Line

Distributed Parameters Line1

图 2-21　分布参数线路模块

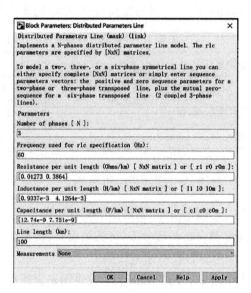

图 2-22　分布参数线路模块参数设置

其中模块具体相关参数的计算及获取方法如下：

> Frequency used for rlc specifications(计算基频)：用于计算 RLC 参数的基本频率，一般可直接根据题中所给参数直接进行输入。

> Resistance per unit length(单位长度电阻)：用矩阵表示的单位长度电阻。对于两相或三相连续换位线路，可以输入正序和零序电阻[R1　R0]；对于对称的六相线路，可以输入正序、零序和耦合电阻[R1　R0　R0m]；对于 N 相非对称线路，必须输入表示各线路和线路间相互关系的 $N \times N$ 阶电阻矩阵。

> Inductance per unit length(单位长度电感)：用矩阵表示的单位长度电感。对于两相或三相连续换位线路，可以输入正序和零序电感[L1　L0]；对于对称的六相线路，可以输入正序、零序和互感[L1　L0　L0m]；对于 N 相非对称线路，必须输入表示各线路和线路间相互关系的 $N \times N$ 阶电感矩阵。

> Capacitance per unit length(单位长度电容)：用矩阵表示的单位长度电容。对于两相或三相连续换位线路，可以输入正序和零序电容[C1　C0]；对于对称的六相线路，可以输入正序、零序和耦合电容[C1　C0　C0m]；对于 N 相非对称线路，必须输入表示各线路和线路间相互关系的 $N \times N$ 阶电容矩阵。

> Line length(线路长度)：线路长度，一般可直接根据题中所给参数直接进行输入。

> Measurements(测量参数)：对线路送端和收端的线电压进行测量。选中的测量变量需要通过万用表模块进行观察。

2.3　变压器等效模型和参数

电力变压器是电力系统的重要元件，它利用电磁感应原理将一种电压等级的交流电能转换成同频率下另一种电压等级的交流电能。变压器根据结构类型可以分为双绕组变压器、三绕组变压器、自耦变压器和分裂变压器；按相数可以分为单相变压器、三相变压器、多相变压器。

在电路课程中通常将变压器看作一台理想变压器，所谓理想变压器是一个根据铁芯变压器的电气特性抽象出来的一种理想电路元件，可以认为是无磁损耗、无铜损耗、无铁损耗的变压器。而对于一个实际的变压器来讲，当变压器带有负载时，变压器绕组上会有电流通过，一次绕组和二次绕组会发热，可以用电阻参数 R_T 表征铜绕组运行时的热效应；此时，变压器的绕组还会有不经主磁路闭合的磁通，即漏磁通，可以用漏电抗 X_T 表示；当变压器上施加交变电压时，由于起到导磁作用的铁芯被反复磁化，磁化的极性随着电动势的方向变化而不断发生改变，这将在铁芯上产生磁滞和涡流现象，导致变压器导磁支路铁芯发热，可以用励磁电阻参数 R_m 来表示这种现象。表示变压器主磁通的励磁电抗用参数 X_m 表示。这些参数将在实际变压模型中使用。

变压器一般都是三相的，在正常运行的情况下，由于三相变压器是均衡对称的电路，因此等值电路只用一相代表。本节主要对双绕组变压器、三绕组变压器和自耦变压器的等值电路模型和参数进行介绍。

2.3.1 双绕组变压器等值电路模型

双绕组变压器的等值电路如图 2-23(a)所示,由于变压器的励磁电抗远大于绕组的阻抗,所以励磁支路上的电流不大,通常将励磁支路前移进行简化计算,如图 2-23(b)所示。在这个等效中已将变压器二次绕组的电阻和漏抗折算到一次侧并和一次侧的电阻和漏抗合并,用等效阻抗 R_T+jX_T 来表示。在电路计算分析中,往往将并联的对地支路采用导纳表示,即将 R_m+jX_m 用 G_T-jB_T 表示,如图 2-23(c)所示,电纳前的负号表示变压器的励磁支路依然呈感性。

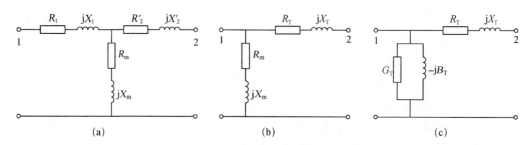

图 2-23　双绕组变压器的等值电路

变压器的参数包括电阻 R_T、电抗 X_T、电导 G_T、电纳 B_T。R_T 对应变压器的铜耗(近似等于短路损耗),X_T 对应漏磁无功损耗,G_T 对应变压器的铁耗(铁芯有功损耗,近似等于空载损耗),B_T 对应变压器的励磁功率。这四个参数通过变压器的铭牌参数求得,如公式(2-34)所示。

$$R_T=\frac{P_k U_N^2}{1\,000 S_N^2} \quad X_T=\frac{U_k\%U_N^2}{100 S_N} \quad G_T=\frac{P_0}{1\,000 U_N^2} \quad B_T=\frac{I_0\%S_N}{100 U_N^2} \quad (2-34)$$

式中:R_T 为变压器高低压绕组的总电阻(Ω);X_T 为变压器高低压绕组的总电抗(Ω);G_T 为变压器的电导(S);B_T 为变压器的电纳(S);P_k 为变压器的短路损耗(kW);$U_k\%$ 为变压器短路电压百分比;$I_0\%$ 为变压器空载电流百分比;P_0 为变压器的空载损耗、铁损耗(kW);U_N 为变压器额定电压(kV);S_N 为变压器额定容量(MVA)。

此外,双绕组变压器 Γ 形等值电路[见图 2-24(a)]中用空载损耗代替电导、励磁功率代替电纳,如图 2-24(b)所示,在 35 kV 及以下的变压器中,励磁支路可忽略不计,简化为一字形等效电路,如图 2-24(c)所示。应该注意的是变压器等值电路中电纳的符号与线路等值电路中电纳的符号相反,前者为负,后者为正,因为前者为感性,后者为容性。

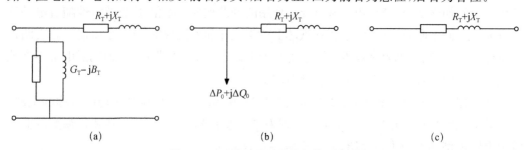

图 2-24　双绕组变压器简化等值电路

在三相电力系统计算中,变压器的电压比 K_t 通常是指两侧绕组空载线电压的比值。对于 Yy 连接和 Dd 连接的变压器,$K_t = U_{1N}/U_{2N} = N_1/N_2$,即电压比与一、二次绕组匝数比相等;对于 Yd 连接的变压器,$K_t = U_{1N}/U_{2N} = \sqrt{3}\, N_1/N_2$。 根据电力系统运行调节要求,变压器不一定工作在主接头(抽头)上,因此变压器运行中的实际电压比应该是两侧绕组实际接头的空载线电压之比。

【例 2-4】　某变电所装有一台 SFQ7-31500/110 型变压器,其铭牌数据为:$S_N = 31\,500$ kVA,$U_{N1}/U_{N2} = 110/11$ kV,短路损耗 $P_k = 123$ kW,短路电压百分数 $U_k\% = 10.5$,空载损耗 $P_0 = 32.5$ kW,空载电流百分数 $I_0\% = 0.8$,试作出折算到高压侧的等值电路。

解:变压器的串联阻抗计算如下:

$$R_T = \frac{P_k U_N^2}{1\,000 \times S_N^2} = \frac{123 \times 110^2}{1\,000 \times 31.5^2} = 1.50\,(\Omega)$$

$$X_T = \frac{U_k\% U_N^2}{100 \times S_N} = \frac{10.5 \times 110^2}{100 \times 31.5} = 40.33\,(\Omega)$$

变压器的并联导纳计算如下:

$$G_T = \frac{P_0}{1\,000 \times U_N^2} = \frac{32.5}{1\,000 \times 110^2} = 2.686 \times 10^{-6}\,(S)$$

$$B_T = \frac{I_0\% S_N}{100 U_N^2} = \frac{0.8 \times 31.5}{100 \times 110^2} = 2.083 \times 10^{-5}\,(S)$$

变压器等效电路为:

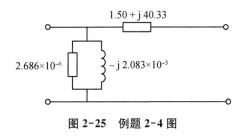

图 2-25　例题 2-4 图

2.3.2　三绕组变压器等值电路模型

三绕组变压器模型中各绕组阻抗的计算方法与计算双绕组变压器绕组阻抗没有本质区别,但由于三绕组变压器各绕组的容量比有不同组合,且各绕组在铁芯上的排列又有不同方式,计算时需要注意容量归算问题。

(1)三绕组变压器的等值电路

将三绕组变压器的等值电路的励磁支路移到电源侧,将变压器二次侧绕组电阻和漏抗折算一次侧,各个绕组电阻和漏抗分别用等值阻抗 $R_i + \mathrm{j}x_i\,(i=1, 2, 3)$,如图 2-26 所示。图 2-26(a)为升压结构三绕组变压器等值电路,图 2-26(b)为降压结构三绕组变压器等值电路。

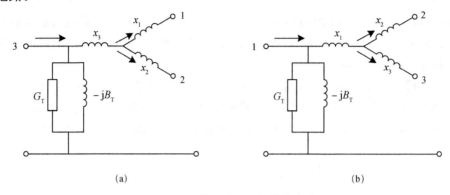

图 2-26　三绕组变压器的等值电路

三绕组变压器三个绕组的容量有不同的组合,涉及容量归算问题。我国目前生产的三绕组变压器绕组容量组合,按高、中、低绕组的顺序有 100/100/100(指三个绕组的容量均等于变压器的额定容量)、100/100/50(第三个绕组的容量为变压器额定容量的 50%)、100/50/100(第二个绕组的容量为变压器额定容量的 50%)三种。变压器铭牌上的额定容量是指容量最大的一个绕组的容量,也即高压绕组的容量,要对工厂提供的短路试验数据,需要对任意两相绕组的短路损耗 $P'_{k(1-2)}$、$P'_{k(1-3)}$、$P'_{k(2-3)}$ 进行归算。

① 容量为 100/100/100 的变压器计算

该情况容量不需要归算,即 $P_{k(1-2)}=P'_{k(1-2)}$,$P_{k(1-3)}=P'_{k(1-3)}$,$P_{k(2-3)}=P'_{k(2-3)}$,由此得出每一个绕组的短路损耗为 P_{k1}、P_{k2}、P_{k3} 为:

$$\begin{cases} P_{k(1-2)}=P_{k1}+P_{k2} \\ P_{k(2-3)}=P_{k2}+P_{k3} \\ P_{k(3-1)}=P_{k3}+P_{k1} \end{cases} \Rightarrow \begin{cases} P_{k1}=\dfrac{1}{2}(P_{k(1-2)}+P_{k(3-1)}-P_{k(2-3)}) \\ P_{k2}=\dfrac{1}{2}(P_{k(1-2)}+P_{k(2-3)}-P_{k(3-1)}) \\ P_{k3}=\dfrac{1}{2}(P_{k(2-3)}+P_{k(3-1)}-P_{k(1-2)}) \end{cases} \tag{2-35}$$

根据双绕组变压器的电阻计算公式得出各绕组的电阻为:

$$\begin{cases} R_{T1}=\dfrac{P_{k1}U_N^2}{1\ 000S_N^2} \\ R_{T2}=\dfrac{P_{k2}U_N^2}{1\ 000S_N^2} \\ R_{T3}=\dfrac{P_{k3}U_N^2}{1\ 000S_N^2} \end{cases} \tag{2-36}$$

② 容量为 100/100/50 或 100/50/100 的变压器计算

短路试验时只能使容量小的绕组达到它的额定电流(有两组数据是按 50% 容量的绕

组达到额定容量时测量的值）。而式中的 S_N 指的是 100% 绕组的额定容量。因此，应先将各绕组的短路损耗按变压器的额定容量进行折算，然后再计算电阻。如对容量比为 100/100/50 的变压器，此时变压器各绕组间的短路损耗应按下式归算：

$$\begin{cases} P_{k(1-2)} = P'_{k(1-2)} \\ P_{k(2-3)} = P'_{k(2-3)} \left(\dfrac{S_N}{S_{N3}}\right)^2 = P'_{k(2-3)} \left(\dfrac{100}{50}\right)^2 = 4P'_{k(2-3)} \\ P_{k(3-1)} = P'_{k(3-1)} \left(\dfrac{S_N}{S_{N3}}\right)^2 = P'_{k(3-1)} \left(\dfrac{100}{50}\right)^2 = 4P'_{k(3-1)} \end{cases} \tag{2-37}$$

然后根据式(2-35)和式(2-36)来计算各绕组的电阻。同理，容量为 100/50/100 的变压器各绕组间的短路损耗应按下式进行归算：

$$P_{k(1-2)} = 4P'_{k(1-2)}$$

$$P_{k(2-3)} = 4P'_{k(2-3)}$$

$$P_{k(1-3)} = P'_{k(1-3)} \tag{2-38}$$

然后同样根据式(2-35)和式(2-36)来计算各绕组的电阻。

（2）三绕组变压器的参数计算

① G_T 和 B_T 的计算

由空载损耗 P_0 和空载电流百分数 $I_0\%$ 确定，计算方法同双绕组变压器。

$$G_T = \frac{P_0}{1\,000U_N^2} \quad B_T = \frac{I_0\% S_N}{100U_N^2} \tag{2-39}$$

② 三个绕组的电阻 R_1、R_2、R_3 的计算

由短路损耗 $P_{k(1-2)}$、$P_{k(1-3)}$、$P_{k(2-3)}$ 计算求得：

$$P_{k1} = \frac{1}{2}(P_{k(1-2)} + P_{k(1-3)} - P_{k(2-3)})$$

$$P_{k2} = \frac{1}{2}(P_{k(1-2)} + P_{k(2-3)} - P_{k(1-3)})$$

$$P_{k3} = \frac{1}{2}(P_{k(1-3)} + P_{k(2-3)} - P_{k(1-2)})$$

$$R_{Ti} = \frac{P_{ki}U_N^2}{1\,000S_N^2} \quad (i=1,\ 2,\ 3) \tag{2-40}$$

有时，制造厂对三绕组变压器只给出一个最大短路损耗，指的是两个 100% 额定容量的绕组通过额定电流 I_N（额定功率 S_N），而另一个 100%（额定容量）或 50% 额定容量的绕组为空载时产生的损耗。此时根据"按同一电流密度选择各绕组导线截面"的变压器设计原则，可得到额定容量为 S_N 和 $0.5S_N$ 的绕组电阻为：

$$\begin{cases} R_{T(100)} = \dfrac{P_{k.max}U_N^2}{2 \times 10^3 S_N^2} \ (\Omega) \\[4mm] R_{T(50)} = 2R_{T(100)} = \dfrac{P_{k.max}U_N^2}{10^3 S_N^2} \ (\Omega) \end{cases} \tag{2-41}$$

③ 三绕组变压器电抗的计算

三绕组变压器按其三个绕组排列方式的不同有两种不同结构:升压变压器和降压变压器。升压变压器的中压绕组最靠近铁芯,低压绕组居中,高压绕组在最外层。降压变压器的低压绕组最靠近铁芯,中压绕组居中,高压绕组仍在最外层。

绕组排列方式不同,绕组间漏抗不同,从而阻抗电压也就不同。如设高压、中压和低压绕组分别为一、二、三次绕组,则因升压结构变压器的高、中压绕组相隔最远,二者间漏抗最大,从而阻抗电压百分数 $U_{k(1-2)}\%$ 最大,而 $U_{k(2-3)}\%$ 和 $U_{k(1-3)}\%$ 就最小。降压变压器高、低压绕组相隔最远,$U_{k(1-3)}\%$ 最大,$U_{k(1-2)}\%$ 和 $U_{k(2-3)}\%$ 则较小。

排列方式虽有不同,但求取两种结构变压器电抗 X_1、X_2、X_3 的方法并无不同,即由各绕组两两之间的阻抗电压百分比 $U_{k(1-2)}\%$、$U_{k(1-3)}\%$、$U_{k(2-3)}\%$ 计算求得:

$$\begin{cases} U_{k1}\% = \dfrac{1}{2}(U_{k(1-2)}\% + U_{k(1-3)}\% - U_{k(2-3)}\%) \\[3mm] U_{k2}\% = \dfrac{1}{2}(U_{k(1-2)}\% + U_{k(2-3)}\% - U_{k(1-3)}\%) \\[3mm] U_{k3}\% = \dfrac{1}{2}(U_{k(1-3)}\% + U_{k(2-3)}\% - U_{k(1-2)}\%) \end{cases} \tag{2-42}$$

$$X_{Ti} = \frac{U_{ki}\%U_N^2}{100S_N} \quad (i = 1, \ 2, \ 3) \tag{2-43}$$

需注意的是,制造厂提供的短路电压百分数总是归算到各绕组中通过变压器额定电流时的数值,因此,计算电抗时,短路电压百分数不需要归算。

【例 2-5】 某变电所装有一台型号为 $SFSL_1\text{-}20000/110$,容量比为 $100/100/50$ 的三绕组变压器,$\Delta P_{k(1-2)} = 152.8 \text{ kW}$,$\Delta P'_{k(1-3)} = 52 \text{ kW}$,$\Delta P'_{k(2-3)} = 47 \text{ kW}$,$U_{k(1-2)}\% = 10.5$,$U_{k(2-3)}\% = 6.5$,$U_{k(1-3)}\% = 18$,$\Delta P_0 = 50.2 \text{ kW}$,$I_0\% = 4.1$,试求变压器的参数并做出等值电路。

解:1. 先对与容量较小绕组有关的短路损耗进行折算

$$\Delta P_{k(2-3)} = 4\Delta P'_{k(2-3)} = 4 \times 47 = 188(\text{kW})$$
$$\Delta P_{k(1-3)} = 4\Delta P'_{k(1-3)} = 4 \times 52 = 208(\text{kW})$$

2. 计算各绕组的短路损耗

$$\Delta P_{k1} = \frac{1}{2}(\Delta P_{k(1-2)} + \Delta P_{k(3-1)} - \Delta P_{k(2-3)}) = \frac{1}{2} \times (152.8 + 208 - 188) = 86.4(\text{kW})$$

$$\Delta P_{k2} = \frac{1}{2}(\Delta P_{k(1-2)} + \Delta P_{k(2-3)} - \Delta P_{k(3-1)}) = \frac{1}{2} \times (152.8 + 188 - 208) = 66.4(\text{kW})$$

$$\Delta P_{k3} = \frac{1}{2}(\Delta P_{k(2-3)} + \Delta P_{k(3-1)} - \Delta P_{k(1-2)}) = \frac{1}{2} \times (188 + 208 - 152.8) = 121.6(\text{kW})$$

3. 计算各绕组的电阻

$$R_{T1} = \frac{\Delta P_{k1} U_N^2}{S_N^2} \times 10^3 = \frac{86.4 \times 110^2}{20\,000^2} \times 10^3 = 2.61(\Omega)$$

$$R_{T2} = \frac{\Delta P_{k2} U_N^2}{S_N^2} \times 10^3 = \frac{66.4 \times 110^2}{20\,000^2} \times 10^3 = 2.00(\Omega)$$

$$R_{T3} = \frac{\Delta P_{k3} U_N^2}{S_N^2} \times 10^3 = \frac{121.6 \times 110^2}{20\,000^2} \times 10^3 = 3.68(\Omega)$$

4. 计算各绕组的电抗

$$U_{k1}\% = \frac{1}{2}(U_{k(1-2)}\% + U_{k(1-3)}\% - U_{k(2-3)}\%) = \frac{1}{2} \times (10.5 + 18 - 6.5) = 11$$

$$U_{k2}\% = \frac{1}{2}(U_{k(1-2)}\% + U_{k(2-3)}\% - U_{k(3-1)}\%) = \frac{1}{2} \times (10.5 + 6.5 - 18) = -0.5$$

$$U_{k3}\% = \frac{1}{2}(U_{k(2-3)}\% + U_{k(3-1)}\% - U_{k(1-2)}\%) = \frac{1}{2} \times (18 + 6.5 - 10.5) = 7$$

各绕组的电抗为：

$$X_{T1} = \frac{10 U_{k1}\% U_N^2}{S_N} = \frac{11 \times 110^2}{20\,000} \times 10 = 66.55(\Omega)$$

$$X_{T2} = \frac{10 U_{k2}\% U_N^2}{S_N} = \frac{-0.5 \times 110^2}{20\,000} \times 10 = -3.03(\Omega) \approx 0$$

$$X_{T3} = \frac{10 U_{k3}\% U_N^2}{S_N} = \frac{7 \times 110^2}{20\,000} \times 10 = 42.35(\Omega)$$

变压器电导电纳及功率损耗：

$$G_T = \frac{\Delta P_0}{U_N^2} \times 10^{-3} = 4.15 \times 10^{-6}(\text{S})$$

$$B_T = \frac{I_0\% S_N}{U_N^2} \times 10^{-5} = 6.78 \times 10^{-5}(\text{S})$$

2.3.3　自耦变压器等值电路模型

就端点条件而言，自耦变压器可完全等值于普通变压器，自耦变压器的参数和等值电路的确定也和普通变压器无异。需要说明的是三绕组自耦变压器的容量归算问题。三绕组自耦变压器的第三绕组容量 S_3 总是小于额定容量 S_N。制造厂提供的短路试验数据中,短路损耗和短路电压百分数都是未归算的值,因此计算电阻和电抗的短路试验数据都需要归算。归算时,将短路损耗 $P'_{k(1-3)}$、$P'_{k(2-3)}$ 乘以 $(S_N/S_3)^2$,将短路电压百分数 $U'_{k(1-3)}\%$、$U'_{k(2-3)}\%$ 乘以 (S_N/S_3)。

$$\begin{cases} P_{k(1-3)} = P'_{k(1-3)} \left(\dfrac{S_N}{S_3} \right)^2 \\ P_{k(2-3)} = P'_{k(2-3)} \left(\dfrac{S_N}{S_3} \right)^2 \end{cases} \qquad \begin{cases} U_{k(1-3)}\% = U'_{k(1-3)}\% \dfrac{S_N}{S_3} \\ U_{k(2-3)}\% = U'_{k(2-3)}\% \dfrac{S_N}{S_3} \end{cases} \qquad (2-44)$$

2.3.4　变压器仿真模型和参数

在仿真软件的 SimPowerSystem 库中,提供的三相双绕组和三相三绕组变压器模块如图 2-27 所示。由于三相三绕组变压器的参数设置与三相双绕组变压器的参数设置类似,在此以三相双绕组变压器为例分析变压器的参数设置方法。

在双绕组变压器的参数设置方法中,变压器模块的端子 A、B、C 和 a、b、c 分别为变压器 3 个绕组的端子。变压器绕组的连接方式有星形和三角形连接,具体模块内部连接如下:

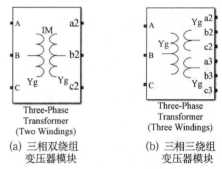

(a) 三相双绕组变压器模块　(b) 三相三绕组变压器模块

图 2-27　变压器模块

- ➤ Y 连接:3 个电气连接端口(A、B、C 或 a、b、c)。
- ➤ Yn 形连接:4 个电气连接端口(A、B、C、N 或 a、b、c、n),绕组中线可见。
- ➤ Yg 形连接:3 个电气连接端口(A、B、C 或 a、b、c),模块内部绕组接地。
- ➤ △(D1)形连接:3 个电气连接端口(A、B、C 或 a、b、c),△ 绕组滞后 Y30。
- ➤ △(D1l)形连接:3 个电气连接端口(A、B、C 或 a、b、c),△ 绕组超前 Y30。

根据不同连接方式的变压器对应不同仿真模块图标如图 2-28 所示,分别为 Y_g-Y、Δ-Y_g、Δ-Δ 和 Y-Δ 形连接变压器。

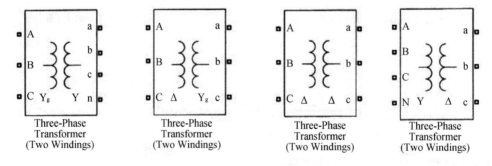

图 2-28　电力变压器模块

三相双绕组变压器模块的内部参数说明如图 2-29 所示。

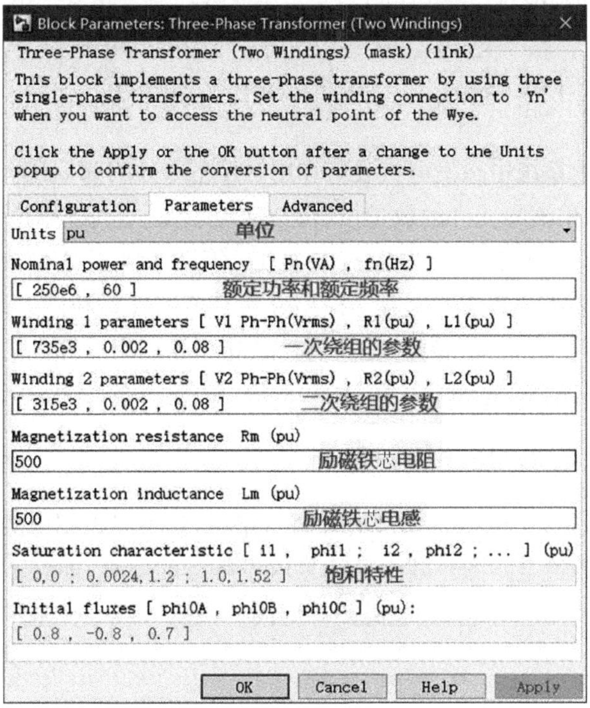

图 2-29　变压器模块的参数

其中：

> Units：变压器参数的单位可选择有名值(SI)或标幺值(pu)。

> Nominal power and frequency：变压器的额定功率(VA)和额定频率(Hz)。

> Winding 1(ABC) connection：一次绕组的连接方式选择。

> Winding parameters：一次绕组的线电压有效值(V)、电阻(pu)和漏抗(pu)。

> Winding 2(abc) connection：二次绕组的连接方式选择。

> Winding parameters：二次绕组的线电压有效值(V)、电阻(pu)和漏抗(pu)。

> Magnetization resistance Rm：反映变压器铁芯损耗的励磁电阻(pu)。

> Magnetization reactance Lm：变压器的励磁电感(pu)。

> Saturation characteristic(饱和特性)：只有选中变压器铁芯饱和状态时才显示这个参数，它包含电流/磁链的序列值。

> Specify initial fluxes(磁链初始值)：若选中该项，则磁链初始值参数用[phiOA phiOB phiOC]表示。[phiOA phiOB phiOC]：只有选中变压器初始磁链和饱和铁芯参数后才显示此项，给定变压器每相磁链的初始值。

> Measurements(测量)：通过选择三相变压器绕组的电压、电流、磁链等变量就可以进行相应的测量。

除了三相双绕组变压器和三绕组变压器外，在 SimPowerSystem 库中还提供了其他变压器模块，包括单相线性变压器(Linear Transformer)、单相饱和变压器(Saturable

Transformer)、三相12端子变压器(Three-Phase Transformer 12 Terminals)和移相变压器(Zigzag Phase-Shifting Transformer),其基本参数均与三相双绕组变压器参数相似。

2.4 电力网络等效模型

电力网络是电力系统中除发电机设备和用电设备以外的部分,电力网络包括变电、输电和配电三个环节,根据各元件的数学模型和连接方式,建立电路网的等值电路。由于电力系统中可能有多台电力变压器,故就有多个电压等级,因此还需解决电压折算和标幺制折算这两个问题。描述电力系统的数学模型分为有名制计算和标幺制计算,进行电力系统计算时,采用有单位的阻抗、导纳、电压、电流、功率等进行运算的,称为有名制;采用没有单位的阻抗、导纳、电压、电流、功率等的相对值进行运算的,称为标幺制。

2.4.1 有名制表示的电压等级归算

在有名制计算过程中求得各元件的等值电路后,就可以根据电力系统的电气接线图绘制出整个系统的等值电路图。其中要注意电压等级的归算,即将不同电压级的各元件参数阻抗、导纳,以及相应的电压、电流归算到同一电压等级——基本级。参数归算的过程如下:

(1)选基本级

基本级的确定取决于研究的问题所涉及的电压等级。一般稳态计算取电力系统中最高电压级,短路计算中以短路点所在的电压等级为基本级,此外也可取其他某一电压级。

(2)确定变比

变压器的变比分为两种,即实际额定变比和平均额定变比。实际额定变比是指变压器两侧额定电压之比,平均额定变比是指两侧电力线路平均额定电压之比。平均额定电压即为 $1.05\%U_N$,常见各级平均额定电压规定为:3.15 kV、6.3 kV、10.5 kV、37 kV、115 kV、230 kV、345 kV、525 kV。

(3)参数归算

工程上要求的精度不同,参数的归算要求也不同。在精度要求比较高的场合,采用变压器的实际额定变比进行归算,即准确归算法。在精度要求不太高的场合,采用变压器的平均额定变比进行归算,即近似归算法。

① 准确归算法

变压器的实际额定变比为:

$$K = \frac{\text{基本级侧的额定电压}}{\text{待归算级侧的额定电压}} \tag{2-45}$$

待归算级的参数与归算到基本级后的参数关系为:

$$Z = K^2 Z' \quad Y = \frac{1}{K^2}Y' \quad U = KU' \quad I = \frac{1}{K}I' \tag{2-46}$$

式中，Z'、Y'、U'、I' 分别为归算前的有名值；Z、Y、U、I 分别为归算后的有名值。

② 近似归算法

采用变压器的平均额定变比进行参数归算，而变压器两侧母线的平均额定电压一般较电力网络的额定电压近似高 5%。变压器平均额定变比：

$$K_{av} = \frac{U_{avb}}{U_{av}} \qquad (2-47)$$

式中，U_{avb} 为基本级侧的平均额定电压，U_{av} 为待归算级侧的平均额定电压。

采用平均额定电压的优越性在于对多电压等级的复杂网络，参数的归算按近似归算法进行时，可以大大减轻计算工作量。

【例 2-6】 电力系统如图 2-30 所示，各元件技术数据如表 2-2 所示。试按变压器的实际变比作该系统归算至 220 kV 侧的等值网络。

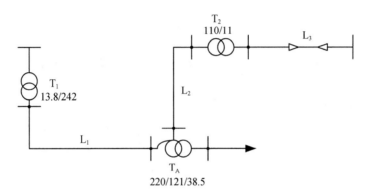

图 2-30　电力系统接线图

表 2-2　系统各元件技术数据

名称	符号	容量/MVA	电压/kV	U_k/%	P_k/kW	I_0/%	P_0/kW	备注
变压器	T_1	180	138/242	14	1 005	2.5	294	
	T_2	60	110/11	10.5	310	2.5	130	
自耦变压器	T_A	120/120/60	220/121/38.5	9(1—2) 30(1—3) 20(2—3)	228(1) 202(2) 98(3)	1.4	185	已归算

名称	符号	型号	长度/km	电压/kV	电阻/(Ω·km⁻¹)	电抗/(Ω·km⁻¹)	电纳/(S·km⁻¹)
架空电力线路	L_1	LGJQ-400	150	220	0.08	0.406	2.81×10^{-6}
	L_2	LGJ-300	60	110	0.105	0.383	2.98×10^{-6}
电缆	L_3	ZLQ₂-3×170	2.5	10	0.45	0.08	

解： 变压器电抗计算

$$X_{T1} = \frac{U_k\%}{100} \frac{U_N^2}{S_N} = 0.14 \times \frac{242^2}{180} = 45.6(\Omega)$$

$$X_{T2} = 0.105 \times \frac{110^2}{60} \times \left(\frac{220}{121}\right)^2 = 70(\Omega)$$

$$X_{TA1} = 38.3(\Omega) \quad X_{TA2} = -2.02(\Omega) \quad X_{TA3} = 82.8(\Omega)$$

输电线路参数

$$Z_{L1} = (r_1 + jx_1) \times 150 = (0.08 + j0.406) \times 150 = 12 + j60.9(\Omega)$$

$$0.5B_{L2} = 0.5 \times 2.98 \times 10^{-6} \times 60 \times (121/220)^2 = 27 \times 10^{-6}(S)$$

$$Z_{L2} = (0.105 + j0.383) \times 60 \times \left(\frac{220}{121}\right)^2 = 20.8 + j75.8(\Omega)$$

$$0.5B_{L2} = 0.5 \times 2.98 \times 10^{-6} \times 60 \times (121/220)^2 = 27 \times 10^{-6}(S)$$

$$Z_{L3} = (0.45 + j0.08) \times 2.5 \times \left(\frac{110}{11}\right)^2 \times \left(\frac{220}{121}\right)^2 = 372 + j66(\Omega)$$

作出等值电路如图 2-31 所示。

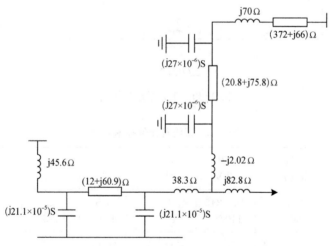

图 2-31　有名制表示的电力系统等值网络

2.4.2　标幺制表示的等效电路

进行电力系统计算时,采用没有单位的阻抗、电压、电流、功率等的相对值进行运算,称为标幺制。标幺值的定义为

$$标幺值 = \frac{有名值(任意单位)}{基准值(与上同单位)} \tag{2-48}$$

标幺值计算的特点:

> 标幺值是无单位的量(为两个同量纲的数值比)。某物理量的标幺值不是固定的,随着基准值的不同而不同。

> 标幺值计算结果清晰,便于迅速判断计算结果的正确性,可大大简化计算。

> 标幺值与百分值有关系,即:百分值=标幺值×100%。在进行电力系统分析和计算时,会发现有些物理量的百分值是已知的,可利用标幺值与百分值的关系求得标幺值。

(1) 三相系统中基准值的选择

由于基准值选择有两个限制条件:基准值的单位与有名值单位相同;各电气量的基准值之间符合电路的基本关系式。因此有:

$$
\begin{cases}
S_B = \sqrt{3}\,U_B I_B \\
U_B = \sqrt{3}\,I_B Z_B \\
Z_B = \dfrac{1}{Y_B}
\end{cases}
\tag{2-49}
$$

式中,S_B 为三相功率的基准值;U_B、I_B 为线电压、线电流的基准值;Z_B、Y_B 为相阻抗、相导纳的基准值。理论上讲,这五个电气量可以任意选择它们各自的基准值,但为了使基准值之间也同有名值一样满足电路基本关系式,一般首先选定 S_B、U_B 为功率和电压的基准值,其他三个基准值可按电路关系派生出来,即有:

$$
\begin{cases}
Z_B = \dfrac{U_B^2}{S_B} \\
Y_B = \dfrac{S_B}{U_B^2} \\
I_B = \dfrac{S_B}{\sqrt{3}\,U_B}
\end{cases}
\tag{2-50}
$$

上式中三相功率的基准值,一般可选定电力系统中某一发电厂总容量或系统总容量,也可以取某发电机或变压器的额定容量,常选定 100 MVA、1 000 MVA 等;而线电压的基准值一般选取作为基本级的额定电压,或各级平均额定电压。

(2) 不同基准值的标幺值之间的换算

电力系统中各电气设备如发电机、变压器、电抗器等所给出的标幺值都是以其自身的额定值为基准值的,不能直接进行运算,进行短路电流计算时必须将它们换算成统一基准值的标幺值。具体方法为:先将以额定值为基准的标幺值还原为有名值,再选定 S_B 和 U_B,计算以此为基准的标幺值。下面以额定参数为基准值的标幺值换算到统一 S_B、U_B 为基准值的标幺值为例加以说明。

首先将额定标幺值 X_{N*} 还原为有名值 X。其电抗有名值计算式为:

$$
X = X_{N*}\,X_N = X_{N*}\,\frac{U_N}{\sqrt{3}\,I_N} = X_{N*}\,\frac{U_N^2}{S_N}
\tag{2-51}
$$

式中,S_N、U_N 为分别为设备的额定容量和额定电压;I_N 为设备的额定电流。

再将有名值电抗 X 换算为以 S_B、U_B 为基准值的标幺值 X_{B*}。换算通式为：

$$X_{B*} = \frac{X}{X_B} = X\frac{S_B}{U_B^2} = X_{N*}\frac{U_N^2}{S_N}\cdot\frac{S_B}{U_B^2} \tag{2-52}$$

下面为通式在计算发电机电抗 X_{G*}、变压器电抗 X_{T*} 和电抗器电抗 X_{L*} 的具体应用：

$$X_{G*} = X_{GN*}\left(\frac{S_B}{S_{GN}}\right)\left(\frac{U_{GN}}{U_B}\right)^2 \tag{2-53}$$

$$X_{T*} = \frac{U_k\%}{100}\left(\frac{S_B}{S_{TN}}\right)\left(\frac{U_{TN}}{U_B}\right)^2 \tag{2-54}$$

$$X_{L*} = \frac{X_L\%}{100}\cdot\frac{U_N}{\sqrt{3}\,I_N}\cdot\frac{S_B}{U_B^2} = \frac{X_L\%}{100}\cdot\left(\frac{U_N}{U_B}\right)\left(\frac{I_B}{I_N}\right) \tag{2-55}$$

按照平均额定电压之比计算时，$U_B = U_{av}$，且各元件的额定电压等于元件所在电压级的平均额定电压，即 $U_B = U_{av} = U_N$，则计算公式简化为：

$$X_{G*} = X_{GN*}\frac{S_B}{S_{GN}} = \frac{X_G\%}{100}\cdot\frac{S_B}{S_{GN}} \tag{2-56}$$

$$X_{T*} = \frac{U_k\%}{100}\cdot\frac{S_B}{S_{TN}} \tag{2-57}$$

$$X_{L*} = x_1 l\frac{S_B}{U_{av}^2} \tag{2-58}$$

由于电抗器的额定电压不等于所在电压级的平均额定电压，故采用如下公式来减少计算电抗器电抗时的计算误差：

$$X_{L*} = \frac{X_L\%}{100}\cdot\frac{U_N}{\sqrt{3}\,I_N}\cdot\frac{S_B}{U_{av}^2} \tag{2-59}$$

【例 2-7】 在例 2-6 中，试按平均额定电压之比计算各元件参数的标幺值，并作出等值网络。

解: 令 $S_B = 1\,000$ MVA，$U_B = U_{av}$

$$X_{T1}^* = \frac{U_k\%}{100}\frac{S_B}{S_N} = 0.14\times\frac{1\,000}{180} = 0.778$$

$$X_{T2}^* = 0.105\times\frac{1\,000}{60} = 1.75$$

$$X_{TA1}^* = 0.095\times\frac{1\,000}{120} = 0.79$$

$$X_{TA2}^* = -0.005\times\frac{1\,000}{120} = -0.041\,6$$

$$X^*_{\text{TA3}} = 0.205 \times \frac{1\,000}{120} = 1.71$$

输电线路参数

$$Z^*_{\text{L1}} = \frac{Z_{\text{L1}}}{Z_{\text{B}}} = \frac{(12+\text{j}60.9)S_{\text{B}}}{U^2_{\text{B}}} = \frac{(12+\text{j}60.9) \times 1\,000}{230^2} = 0.227+\text{j}1.15$$

$$0.5B^*_{\text{L1}} = \frac{21.1 \times 10^{-5} \times 230^2}{1\,000} = 0.011$$

$$Z^*_{\text{L2}} = \frac{(0.105+\text{j}0.383) \times 60 \times 1\,000}{115^2} = 0.477+\text{j}1.74$$

$$0.5B^*_{\text{L2}} = \frac{0.5 \times 2.98 \times 10^{-6} \times 60 \times 115^2}{1\,000} = 0.001\,2$$

$$Z^*_{\text{L3}} = (0.45+\text{j}0.08) \times 2.5 \times \frac{1\,000}{10.5^2} = 10.2+\text{j}1.815$$

得出标幺值参数下等值网络如图 2-32 所示。

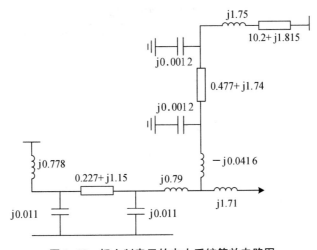

图 2-32　标幺制表示的电力系统等效电路图

案例分析与仿真练习

（二）电力系统分析（模型参数）计算

任务一：知识点巩固

1. 架空电力线路的组成部分有哪些？各部分作用是什么？

2. 架空线路采用分裂导线的优势是什么？请查阅相关资料说明分裂导线的分裂数为

多少合适,具体工程应用例子有哪些。

3. 电力线路一般用什么样的等效电路来表示,其各自的适用条件是什么?

4. 电力系统计算中的有名制计算和标幺制计算的区别是什么?

任务二:仿真实践与练习

1. 电力线路建模

某一回 220 kV 架空电力线路,导线型号为 LGJ-120,导线计算外径为 15.2 mm,三相导线水平排列,两相邻导线之间的距离为 4 m。试计算该电力线路的参数,假设该线路长度分别为 60 km,200 km,500 km,作出三种等值电路模型,计算出模型中元件参数值。

2. 多级电力网络的等值电路计算

部分多级电力网络接线图如图 2-33 所示,变压器均采用主分接头,具体元件的参数如表 2-3 所示。

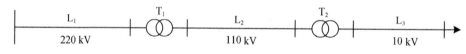

图 2-33　多级电力网络接线图

表 2-3　元件参数值

线路	额定电压 /kV	电阻 /($\Omega \cdot km^{-1}$)	电抗 /($\Omega \cdot km^{-1}$)	电纳 /($S \cdot km^{-1}$)	线路长度 /km
L_1(架空线)	220	0.08	0.406	2.81×10^{-6}	200
L_2(架空线)	110	0.105	0.383	2.81×10^{-6}	60
L_3(架空线)	10	0.17	0.38	忽略	15
变压器	额定容量	P_k/kW	$U_k\%$	$I_0\%$	P_0/kW
T_1	180 MVA	893	13	0.5	175
T_2	63 MVA	280	10.5	0.61	60

操作要求:

(1) 分别计算系统有名制、标幺制(以平均额定电压为基准值的标幺值)下的等值电路元件参数值,并画出相应的等值电路模型。

(2) 在仿真软件中找到对应的线路仿真模块、同步发电机模块和变压器模块,计算出模块参数并设置,阐述计算过程(包括如何计算电阻、电容和电感,以及零序的电阻、电容和电感)。

习题

2-1　架空线路采用分裂导线的作用是什么? 一般分裂数为多少合适,原因是什么?

2-2　电力线路的等值电路是如何表示的?

2-3 特性阻抗、传播系数是如何定义的？什么是自然功率？

2-4 双绕组变压器、三绕组变压器的等值电路应如何表示？双绕组变压器与电力线路的等值电路区别有哪些？

2-5 发电机的等值电路有哪几种形式？电力系统负荷有哪几种表示方式？它们之间有什么关系？

2-6 什么是有名制计算？什么是标幺制计算？标幺制计算有什么特点？基准值选取的方法是什么？

2-7 某一台双绕组变压器，额定电压为 110/10.5 kV，额定容量为 25 MVA，欲通过试验确定参数，受试验条件限制，变压器一次侧加短路试验电流 100 A，测得负载损耗为 93 kW，阻抗电压为 8.8 kV（线电压）；在二次侧加电压 8 kV（线电压）进行空载试验，测得空载损耗为 23.5 kW，空载电流为 9.42 A。求该变压器折算到变压器一次侧的参数 R、X、G、B。

2-8 某一回 110 kV 架空电力线路，长度为 60 km，导线型号 LGJ-120，导线计算外径为 15.2 mm，三相导线水平排列，两相邻导线三相间的距离为 4 m，试计算该电力线路的参数，并作等效电路。

2-9 某一回 220 kV 架空电力线路，采用型号为 LGJ-2×185 的双分裂导线，每一根导线的计算外径为 19 mm，三相导线的不等边三角形排列，线间距离 $D_{12}=9$ m，$D_{23}=8.5$ m，$D_{31}=6.1$ m，分裂导线的分裂数 $n=2$，分裂间距为 $d=400$ mm，试计算该电力线路的参数，并作其等值电路。

2-10 三相双绕组升压变压器的型号为 SFL-40500/110，额定容量为 40 500 kVA，额定电压为 121/10.5 kV，$P_k=234$ kW，$U_k\%=11$，$P_0=93.6$ kW，$I_0\%=2.315$，求该变压器的参数，并作出等值电路。

2-11 三相三绕组变压器的型号为 SFPSL-120000/220，额定容量为 120 000/120 000/60 000 kVA，额定电压为 220/121/11 kV，$P_{k(1-2)}=601$ kW，$P_{k(1-3)}=182.5$ kW，$P_{k(2-3)}=132.5$ kW，$U_{k(1-2)}(\%)=14.85$，$U_{k(1-3)}(\%)=28.25$，$U_{k(2-3)}(\%)=7.96$，$P_0=135$ kW，$I_0(\%)=0.663$，求该变压器的参数，并作等值电路。

2-12 电抗器型号为 NKL-6-500-4，$U_N=6$ kV，$I_N=500$ A，电抗器电抗百分比 $X_L\%=4$，试计算该电抗器电抗的有名值。

2-13 三相双绕组升压变压器的型号为 SFPSL-40500/110，额定容量为 40 500 kVA，额定电压为 121/10.5 kV，实验数据 $P_k=234.4$ kW，$U_k\%=11$，$P_0=93.6$ kW，$I_0\%=2.3$，求该变压器的参数，并画出其等效电路。

2-14 简单电力系统如图 2-34 所示，试画出该系统的等效电路（忽略电阻、导纳）。

(1) 所有参数归算到 110 kV 侧。

(2) 所有参数归算到 10 kV 侧。

(3) 选取 $S_B=100$ MVA，$U_B=U_{av}$ 时画出以标幺值表示的等效电路。

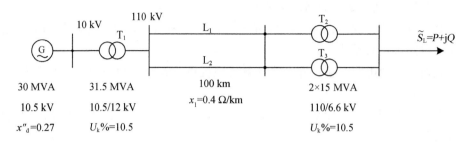

图 2-34   题 2-14 图

多维探索

电力系统传输能量巨大,覆盖地域辽阔,包含的元件众多,是十分复杂的人造庞大系统。运行如此巨大且复杂的系统,同时要时刻保持功率需求的平衡,可想而知难度非常大。

老子曰:"天下难事,必作于易;天下大事,必作于细"。

复杂系统是由简单系统演化而来的,大系统是由小系统乃至元件组成的。想要了解复杂电力系统的运行特点、掌握其运行规律,必须从了解元件特性和掌握简单系统的运行规律入手。传统的电力系统的主要元件是发电机、变压器、电力线路和负荷。其中任一个元件均具有其特定的物理结构和电气性能,依据交流电路和电机学电磁理论,可以建立数学模型来描述元件电气量之间的关系。

电气元件模型不是绝对的,也没有终极模型。任何数学模型都是在一定的简化条件下得到的,简化的条件与所需要分析的问题密切相关,同一个元件可以有多个模型,这些模型均是元件某一方面性能的集中体现。因此,只有在假定的某一条件下分析特定问题的模型才有实用意义,在分析电力系统运行的计算过程中,也需要关注特定条件下得出不同的分析结果。

此外,电力系统模型网络绘制过程中要注意各元件模型参数需归算到同一电压等级,这样才能进行后续的分析与计算,这样统一基准,能够有效提高计算效率。工作与学习亦是如此,将复杂的应用环境进行合理的假定与调整,灵活机动,统一标准,这样才能提高工作效率。

第**3**章

简单电力系统的潮流计算

电力系统的潮流计算用于分析电力系统在某一稳态运行方式下,电力系统各节点电压和各支路功率分布情况,称其间流动的功率为潮流。潮流计算是按给定的电力系统接线方式、参数和运行条件,确定电力系统各部分稳态运行状态参量的计算。通常给定的运行条件有系统中各电源和负荷节点的功率、枢纽点电压、平衡节点的电压和相位角,待求的运行状态参量包括各节点的电压及其相位角,以及流经各元件的功率、网络的功率损耗等。潮流计算是分析电力系统运行问题的最基本计算,在电力系统规划、运行、控制各领域,电力系统安全稳定分析、电力系统运行优化、电力系统保护等各方面均有广泛的应用,同时为电网扩建、调压计算、经济运行计算、短路计算和稳定计算提供必要的数据。

潮流计算可以分为离线计算和在线计算两种方式:离线计算主要用于系统规划设计和运行中安排系统的运行方式;在线计算主要用于运行中系统的经常性的监视和实时监控。简单电力网的手工计算法与计算步骤主要为:

(1) 由已知电气主接线图作出等值电路图;

(2) 推算各元件的功率损耗和功率分布;

(3) 计算各节点的电压;

(4) 逐段推算其潮流分布。

复杂电力系统潮流计算均采用计算机来进行计算,它具有计算精度高、速度快等优点。计算机算法的主要步骤有:

(1) 建立描述电力系统运行状态的数学模型;

(2) 确定解算数学模型的方法;

(3) 制定程序框图,编写计算机计算程序并进行计算;

(4) 对计算结果进行分析。

3.1 电力线路的功率损耗和电压降落

电力系统的输电元件主要包括电力线路和电力变压器,通过研究输电元件稳态运行时的功率、电压关系可以获得电网在输送功率时的电压和功率分布情况,这是电力系统潮流计算与分析的基础。

3.1.1 电力线路的功率损耗

电力输电线路采用 π 形等值电路,包括阻抗支路和对地导纳支路,其基本电压和电流关系如图 3-1 所示。其中线路阻抗支路每相阻抗为 $Z = R + jX$,对地导纳支路的导纳为 $Y = G + jB$,$\dot{U}$ 为相电压,$\tilde{S}$ 为单相功率。

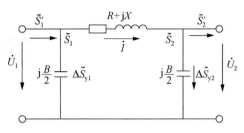

图 3-1　电力线路的 π 形等值电路

(1) 电力线路阻抗中的功率损耗

图 3-1 中电力线路阻抗支路末端流出的单相功率为 $\tilde{S}_2$,线路末端电压为 $\dot{U}_2$,电力线路阻抗中的一相功率损耗为:

$$
\begin{aligned}
\Delta\tilde{S}_z &= 3I^2(R + jX) \\
&= 3\left[\frac{S_2}{\sqrt{3}U_2}\right]^2(R + jX) = \frac{S_2^2}{U_2^2}(R + jX) = \frac{P_2^2 + Q_2^2}{U_2^2}(R + jX) = \Delta P_z + j\Delta Q_z
\end{aligned}
\tag{3-1}
$$

其中线路阻抗支路有功功率损耗和无功功率损耗分别为:

$$
\begin{cases}
\Delta P_z = \dfrac{P_2^2 + Q_2^2}{U_2^2}R \\[3mm]
\Delta Q_z = \dfrac{P_2^2 + Q_2^2}{U_2^2}X
\end{cases}
\tag{3-2}
$$

同理,电力线路阻抗中的功率损耗也可以用流入电力线路阻抗支路始端的单相功率 $\tilde{S}_1$ 及始端的相电压 $\dot{U}_1$ 计算,求出电力线路阻抗中一相功率损耗的有功和无功功率分量为:

$$
\begin{cases}
\Delta P_z = \dfrac{P_1^2 + Q_1^2}{U_1^2}R \\[3mm]
\Delta Q_z = \dfrac{P_1^2 + Q_1^2}{U_1^2}X
\end{cases}
\tag{3-3}
$$

(2) 电力线路导纳支路中的功率损耗

根据图 3-1 所示,电力线路末端导纳支路中的单相功率损耗为:

$$
\Delta\tilde{S}_{y2} = \dot{U}_2\left(\frac{Y}{2}\dot{U}_2\right)^* = \frac{1}{2}Y^*U_2^2 = \frac{1}{2}(G - jB)U_2^2 = \frac{1}{2}GU_2^2 - j\,\frac{1}{2}BU_2^2 = \Delta P_{y2} - j\Delta Q_{y2}
\tag{3-4}
$$

一般电力线路的电导 $G = 0$,故电力线路末端导纳支路单相功率损耗可写为:

$$
\Delta\tilde{S}_{y2} = -j\,\frac{1}{2}BU_2^2 = -j\Delta Q_{y2}
\tag{3-5}
$$

同理,电力线路始端导纳支路中的单相功率损耗为

$$\Delta\widetilde{S}_{y1} = \dot{U}_1\left(\frac{Y}{2}\dot{U}_1\right)^* = \frac{1}{2}Y^*U_1^2 = \frac{1}{2}(G-\mathrm{j}B)U_1^2 = \frac{1}{2}GU_1^2 - \mathrm{j}\frac{1}{2}BU_1^2 = \Delta P_{y1} - \mathrm{j}\Delta Q_{y1}$$

$$(3\text{-}6)$$

则有:

$$\Delta\widetilde{S}_{y1} = -\mathrm{j}\frac{1}{2}BU_1^2 = -\mathrm{j}\Delta Q_{y1} \tag{3-7}$$

上述对电力线路功率损耗的计算针对单相形式,也完全适合于三相形式。其中 Z、Y 仍为相阻抗和相导纳,而 $\widetilde{S}$ 为三相功率,$\dot{U}$ 为线电压,则 $\Delta\widetilde{S}_z$、$\Delta\widetilde{S}_y$ 为电力线路阻抗中的三相功率损耗和导纳支路中的三相功率损耗,应注意,$\dot{U}$、$\widetilde{S}$ 应为电力线路中同一点的值。

(3) 电力线路功率平衡计算

在图 3-1 中,$\widetilde{S}_1'$ 为电力线路首端输入功率,$\widetilde{S}_2'$ 为电力线路末端输出功率,那么根据功率平衡可得出电力线路阻抗支路末端流出的功率为:

$$\widetilde{S}_2 = \widetilde{S}_2' + \Delta\widetilde{S}_{y2} = P_2' + \mathrm{j}Q_2' - \mathrm{j}\Delta Q_{y2} = P_2 + \mathrm{j}Q_2 \tag{3-8}$$

流入电力线路阻抗始端的功率为:

$$\widetilde{S}_1 = \widetilde{S}_2 + \Delta\widetilde{S}_z = (P_2 + \mathrm{j}Q_2) + (\Delta P_Z + \mathrm{j}\Delta Q_z) = P_1 + \mathrm{j}Q_1 \tag{3-9}$$

流入电力线路始端的功率为:

$$\widetilde{S}_1' = \widetilde{S}_1 + \Delta\widetilde{S}_{y1} = P_1 + \mathrm{j}Q_1 - \mathrm{j}\Delta Q_{y1} = P_1' + \mathrm{j}Q_1' \tag{3-10}$$

在求得线路两端有功功率后即可求输电效率:

$$\eta = \frac{P_2'}{P_1'} \times 100\% \tag{3-11}$$

从上面分析可知线路始端的无功功率不一定大于线路末端输出的无功功率。线路轻载时,电容中发出的感性无功可大于电抗中消耗的感性无功,以至于使 $Q_2' > Q_1'$,由此将引起末端电压的升高。

由公式(3-2)和公式(3-3)可以看出影响线路有功功率损耗的因素主要为:

➢ 线路电压。电压越高,有功损耗越低,因此提高电压(电压等级)可有效减少网络有功损耗。

➢ 线路传输的无功功率。无功功率在线路中传输将产生有功损耗,故从减少有功损耗的角度来讲电网中的无功功率传输应尽可能减少。

➢ 线路电阻。由导线的电阻率决定,若超导材料的性能和经济性能够得到进一步提升,将其用于电能传输将进一步减少网络有功损耗。

➢ 线路传输的有功功率。这部分由负荷需求来决定,一般负荷需求是刚性不可调的。

此外,输电线路的无功功率损耗由两部分组成,即串联电抗消耗的无功功率和对地电

纳产生的无功功率。因此，从外特性上看，输电线路既能发出无功功率也可能吸收无功功率，特别是高压（或超高压）线路的线路很长，常采用分裂导线，导致电路的对地电容很大，从而发出很大的无功功率。在空载或轻载时将面临线路末端或中间过电压的风险，故此时需要加装电抗器来吸收过剩的无功功率。

3.1.2 电力线路的电压降落

电压是电能质量的指标之一。电力网络运行中必须将某些母线电压保持在一定范围内以满足电力用户的用电需要。电力线路的电压降落是指电力线路首末端电压的相量差，根据线路的电压降落可以相应计算出线路首端电压和末端电压。电压降落的定义式为：

$$\mathrm{d}\dot{U} = \dot{U}_1 - \dot{U}_2 = \dot{I}(R + \mathrm{j}X) \tag{3-12}$$

（1）线路首端电压

在图 3-1 中，设末端相电压为 $\dot{U}_2 = U_2\angle 0°$，当负荷为感性时，阻抗末端三相功率的计算为：

$$\tilde{S}_2 = \dot{U}_2^* \dot{I} = P_2 + \mathrm{j}Q_2 \tag{3-13}$$

则阻抗支路电流量为：

$$\dot{I} = \left(\frac{\tilde{S}_2}{\dot{U}_2}\right)^* = \frac{P_2 - \mathrm{j}Q_2}{U_2} \tag{3-14}$$

结合公式（3-10）得出电压降落的计算表达式为：

$$\mathrm{d}\dot{U} = \frac{P_2 - \mathrm{j}Q_2}{U_2}(R + \mathrm{j}X) = \frac{P_2 R + Q_2 X}{U_2} + \mathrm{j}\frac{P_2 X - Q_2 R}{U_2} = \Delta U_2 + \mathrm{j}\delta U_2 \tag{3-15}$$

其中，ΔU 为电压降落的纵分量，δU 为电压降落的横分量，如公式（3-16）所示。

$$\begin{cases} \Delta U_2 = \dfrac{P_2 R + Q_2 X}{U_2} \\[3mm] \delta U_2 = \dfrac{P_2 X - Q_2 R}{U_2} \end{cases} \tag{3-16}$$

应注意上述公式是在感性负荷下推出的，若为容性负荷，公式不变，但无功功率 Q 前面的符号应改变。

画电力线路电压相量图时，取 $\dot{U}_2$ 与实轴重合，如图 3-2 所示，图中的相位角 δ 称为功率角，则可知线路首端电压相量大小及功率角为：

$$U_1 = \sqrt{(U_2 + \Delta U_2)^2 + \delta U_2^2} \tag{3-17}$$

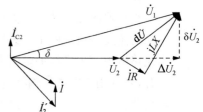

图 3-2　电力线路电压相量图

$$\delta = \arctan \frac{\delta U_2}{U_2 + \Delta U_2} \tag{3-18}$$

由于一般情况下，$U_2 + \Delta U \gg \delta U$，故可将式(3-17)按二项式定理展开，取其前两项，得：

$$U_1 \approx U_2 + \Delta U_2 + \frac{(\delta U_2)^2}{2(U_2 + \Delta U_2)} \approx U_2 + \Delta U_2 \tag{3-19}$$

（2）线路末端电压

相似于这种推导，还可以根据始端电压 $\dot{U}_1$，始端单相功率 $\dot{S}_1'$，求取末端相电压 $\dot{U}_2$ 的计算公式：

$$\dot{U}_2 = \dot{U}_1 - \mathrm{d}\dot{U} = U_1 - (\Delta U_1 + \mathrm{j}\delta U_1) \tag{3-20}$$

上式中，电压降落的纵分量 ΔU_1 和电压降落的横分量 δU_1 计算为：

$$\begin{cases} \Delta U_1 = \dfrac{P_1 R + Q_1 X}{U_1} \\[3mm] \delta U_1 = \dfrac{P_1 X - Q_1 R}{U_1} \end{cases} \tag{3-21}$$

则线路末端电压相量大小及功率角分别为：

$$U_2 = \sqrt{(U_1 - \Delta U_1)^2 + (\delta U_1)^2} \approx U_1 - \Delta U_1 \tag{3-22}$$

$$\delta = \arctan \frac{\delta U_1}{U_1 - \Delta U_1} \tag{3-23}$$

上述电压的计算公式是以相电压形式导出的，该式也完全适用于线电压。此时公式中的功率 P 为三相功率，阻抗仍为相阻抗。还应注意，元件两端的电压幅值主要由电压降落的纵分量决定，电压的相位差由横分量决定。在高压输电线路中，线路电抗远远大于电阻，那么电压降落的纵分量主要是传送无功功率产生的，而电压降落的横分量则是因为传送有功功率产生的。

对于电力线路的功率损耗和电压降落的计算，可用标幺制，也可以用有名制。用有名制计算时，每相阻抗、导纳的单位分别为 Ω、S；功率和电压的单位为 MVA、MW、Mvar 和 kV，功率角单位为 $(°)$。而用标幺制计算时，δ 为 rad，且 rad 表示的功率角已是标幺值。

求得线路两端电压后，就可以计算某些标示电压质量的指标：

① 电压降落

$\dot{U}_1 - \dot{U}_2 = \Delta U + \mathrm{j}\delta U$，始末两端电压的相量差，仍为相量。其中 ΔU 和 δU 分别为电压降落的纵分量和横分量。

② 电压损耗

$U_1 - U_2$ 为始末两端电压的数值差。近似认为 $U_1 - U_2 \approx \Delta U$，电压损耗常以百分数

表示,即:

$$\Delta U\% = \frac{U_1 - U_2}{U_N} \times 100\% \tag{3-24}$$

③ 电压偏移

$U_1 - U_N = \Delta U_{1N}$ 或 $U_2 - U_N = \Delta U_{2N}$,始端电压或末端电压与线路额定电压的比值。电压偏移也常用百分数表示,即始端电压偏移和末端电压偏移:

$$\Delta U_{1N}\% = \frac{U_1 - U_N}{U_N} \times 100\% \tag{3-25}$$

$$\Delta U_{2N}\% = \frac{U_2 - U_N}{U_N} \times 100\% \tag{3-26}$$

④ 电压调整

线路末端空载电压 U_{20} 与负载时电压 U_2 的数值差,通常用百分数表示为:

$$\Delta U_0\% = \frac{U_{20} - U_2}{U_{20}} \times 100\% \tag{3-27}$$

3.2 变压器的功率损耗和电压降落

如图 3-3 所示,变压器的功率损耗包括阻抗的功率损耗与导纳的功率损耗两部分。变压器的功率损耗和电压降落的计算与电力线路的不同之处在于:

➢ 变压器以 Γ 形等值电路表示,电力线路以 π 形等值电路表示;

➢ 变压器的导纳支路为电感性,电力线路的导纳支路为电容性。

（1）阻抗的功率损耗

双绕组变压器阻抗的功率损耗可以套用线路阻抗功率损耗的计算公式:

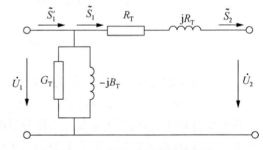

图 3-3 双绕组变压器等效电路

$$\Delta P_{TR} = \frac{P_2^2 + Q_2^2}{U_2^2} R_T \qquad \Delta Q_{TX} = \frac{P_2^2 + Q_2^2}{U_2^2} X_T \tag{3-28}$$

对于三绕组变压器,应用这些公式同样可以求出各侧(一次侧、二次侧和三次侧)绕组的功率损耗,即:

$$\Delta \tilde{S}_{T1} = \Delta P_{TR1} + j\Delta Q_{TX1} = \frac{P_1^2 + Q_1^2}{U_1^2} R_{T1} + j\frac{P_1^2 + Q_1^2}{U_1^2} X_{T1}$$

$$\Delta \tilde{S}_{T2} = \Delta P_{TR2} + j\Delta Q_{TX2} = \frac{P_2^2 + Q_2^2}{U_1^2} R_{T2} + j\frac{P_2^2 + Q_2^2}{U_1^2} X_{T2}$$

$$\Delta \widetilde{S}_{T3} = \Delta P_{TR3} + j\Delta Q_{TX3} = \frac{P_3^2 + Q_3^2}{U_1^2} R_{T3} + j \frac{P_3^2 + Q_3^2}{U_1^2} X_{T3} \tag{3-29}$$

（2）导纳的功率损耗

相较于输电线路的导纳的无功损耗是容性的,变压器导纳的无功功率损耗是感性的,无功符号为正。

$$\Delta P_{TG} = G_T U_1^2 \tag{3-30}$$

$$\Delta Q_{TB} = B_T U_1^2 \tag{3-31}$$

在有些情况下,如不必求取变压器内部的电压降(不需要计算出变压器的阻抗、导纳),这时功率损耗可直接由制造厂家提供的短路和空载试验数据求得,如公式(3-32)所示。

$$\Delta \widetilde{S}_{yT} = \Delta P_{yT} + j\Delta Q_{yT} = \frac{P_0 U_1^2}{1\,000 U_N^2} + \frac{I_0\% S_N U_1^2}{100 U_N^2}$$

$$\approx \frac{P_0}{1\,000} + j \frac{I_0\%}{100} S_N \tag{3-32}$$

3.3　运算功率和运算负荷

因为电力系统结构比较复杂,在分析时可以通过引入运算负荷和运算功率的概念化简电力网。电力系统接线图与等效电路如图 3-4 所示。

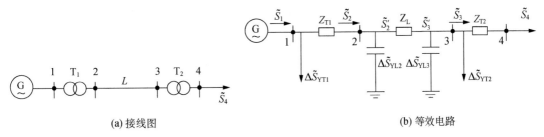

(a) 接线图　　　　　　　　　　　(b) 等效电路

图 3-4　电力系统接线图与等效电路

（1）运算功率

运算功率 $\widetilde{S}_2'$ 定义为发电厂升压变电所的高压母线端向系统输入的功率,等于发电机电源输出功率 $\widetilde{S}_1$ 减去升压变压器的功率损耗,再减去电力线路靠近升压变压器端的电纳上的功率损耗,如果升压变压器的高压母线接有多回电力线路,则要减去所有这些电力线路靠近升压变压器端的电纳上的功率损耗。

在图 3-4(b)中运算负荷计算表达式为:

$$\widetilde{S}_2' = \widetilde{S}_1 - \Delta \widetilde{S}_{YT1} - \Delta \widetilde{S}_{ZT1} - \Delta \widetilde{S}_{YL2} \tag{3-33}$$

（2）运算负荷

同样运算负荷 $\widetilde{S}_3'$ 定义为变电所的高压母线端所接收到的系统输出的功率。即运算负荷等于综合负荷的输入功率加上降压变压器的功率损耗再加上电力线路的电纳上的功率损耗,如果降压变压器的高压母线接有多回电力线路,则要加上所有这些电力线路靠近降压变压器端的电纳上的功率损耗。

即图中 3-4(b)所示从电力线路阻抗 Z_L 流出的功率,计算表达式为:

$$\widetilde{S}'_3 = \widetilde{S}_4 + \Delta\widetilde{S}_{ZT2} + \Delta\widetilde{S}_{YT2} + \Delta\widetilde{S}_{YL3} \tag{3-34}$$

这样电力系统接线图可以简化成用运算负荷和运算功率表示的简化接线图。在电力系统的潮流计算中,通过引入运算负荷和运算功率使网络结构相对简化,在很大程度上减少了潮流计算的工作量。

【例 3-1】 根据如图 3-5(a)的电力系统网络,画出等效电路并化简,计算运算负荷和运算功率。

解: 根据图 3-5(a)画出系统等效电路图 3-5(b),线路采用 π 形等效电路,变压器采用 Γ 形等效电路。B 母线处的运算负荷计算为:

$$\widetilde{S}_B = \widetilde{S}_{LD} + \Delta\widetilde{S}_{T1} + \Delta\widetilde{S}_{0T1} + \left(-\mathrm{j}\frac{1}{2}Q_{CAB} - \mathrm{j}\frac{1}{2}Q_{CBC}\right)$$

C 母线处的运算功率计算为:

$$\widetilde{S}_C = \widetilde{S}_G - \widetilde{S}_P - \Delta\widetilde{S}_{T2} - \Delta\widetilde{S}_{0T2} - \left(-\mathrm{j}\frac{1}{2}Q_{CBC}\right)$$

简化得出等值电路为 3-5(c)。

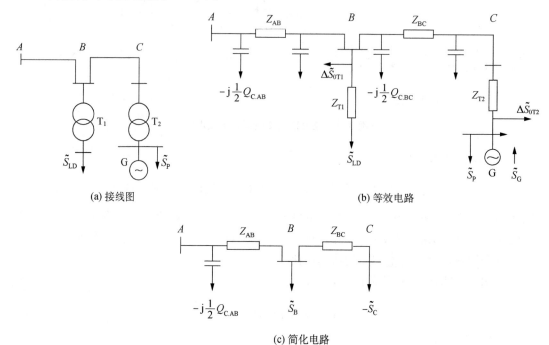

图 3-5　电力系统接线图与等效电路

3.4　简单开式网络的潮流计算

电力系统的接线方式主要是指电力网的接线,以及电源和负荷的连接关系。电力系统的接线方式对于保证安全、优质和经济的用户供电具有较为重要的作用。电网的接线方式按照供电可靠性分为无备用和有备用两种,如图 3-6 所示为无备用接线方式,如图 3-7 所示为有备用接线方式。其中图 3-6(a)、图 3-6(b)、图 3-6(c)和图 3-7(a)、图 3-7(b)、图 3-7(c)为开式网络,图 3-7(d)为环形网络,图 3-7(e)为两端供电网络。

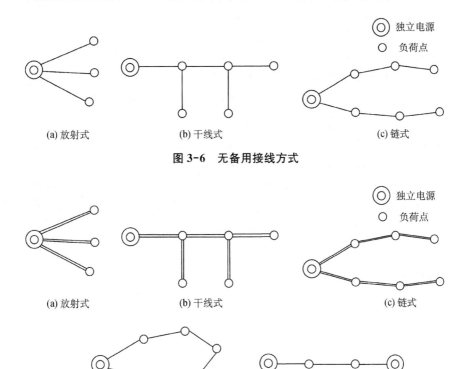

图 3-6　无备用接线方式

图 3-7　有备用接线方式

在简单开式网络的潮流计算中,两个基本步骤如下:

(1)计算网络元件参数

按精确计算方法用变压器实际变比,采用有名制时,算出网络元件参数,归算到基本级的有名值;采用标幺制时,将网络元件参数化为标幺值。作出等值网络图,并进行简化,将计算出的元件参数标于图中。

(2)计算潮流分布

① 已知末端电压和末端功率的潮流计算

可利用计算电力线路和变压器功率损耗及电压降落的公式直接进行潮流计算。根据基尔霍夫第一定律,由末端逐段往始端推算。如果末端电压未知,可以设一个略低于网络额定电压的末端电压,然后按上述方法计算,算得始端电压偏移不大于 10% 即可,否则重新假设一个末端电压,再重新推算。

② 已知首端电压和首端功率的潮流计算

已知末端负荷及始端电压的情况下,先假设末端电压 $\dot{U}_2^{(0)}$ 和给定末端负荷 $\tilde{S}_2^{(0)}$,往始端推算出 $\dot{U}_1^{(1)}$、$\tilde{S}_1^{(0)}$;再由给定始端电压 $\dot{U}_1^{(0)}$ 和计算得的始端负荷 $\tilde{S}_1^{(1)}$,向末端推算出 $\dot{U}_2^{(1)}$、$\tilde{S}_2^{(1)}$;然后再由给定末端负荷 $\tilde{S}_2^{(0)}$ 及计算所得的末端电压 $\dot{U}_2^{(1)}$ 往始端推算,这样依次类推逼近,直到同时满足已给出的末端负荷及始端电压为止。实践中,经过一、二次往返就可获得足够精确的结果。

③ 已知首端电压和末端功率的潮流计算

已知始端电压和末端负荷的情况,通常采取如下简化计算步骤:开始由末端向始端推算时,设全网电压都为网络的额定电压,仅计算各元件中的功率损耗而不用计算电压,从而求出全网的功率分布;然后由始端电压及计算所得的始端功率向末端逐段推算出电压降落,从而求出各点电压。此时不必重新计算功率损耗与功率分布。

【例 3-2】 已知线路末端电压及功率,求潮流分布,如图 3-8 所示。电力线路 $L = 100\ \text{km}$,$U_N = 110\ \text{kV}$,线路末端接变压器:200 MVA、110/38.5 kV,变压器低压侧负荷为 $15 + j11.25\ (\text{MVA})$,正常运行时要求末端电压达到 36 kV。试求首端母线应具有的电压和功率。

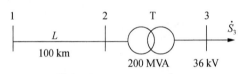

图 3-8 电力系统接线图

输电线路采用 LGJ-120 导线,其参数为:

$$r_1 = 0.27\ \Omega/\text{km} \quad x_1 = 0.412\ \Omega/\text{km} \quad g_1 = 0 \quad b_1 = 2.76 \times 10^{-6}\ \text{S/km}$$

变压器参数折算到 110 kV 侧,为:

$$R_T = 4.93\ \Omega \quad x_T = 63.5\ \Omega \quad G_T = 4.95 \times 10^{-6}\ \text{S} \quad B_T = 49.5 \times 10^{-6}\ \text{S}$$

解:1. 首先计算网络参数

$$R_L = 27\ \Omega \quad x_L = 41.2\ \Omega \quad \frac{1}{2}B_L = 1.38 \times 10^{-4}\ \text{S}$$

2. 绘制等值网络电路,如图 3-9 所示

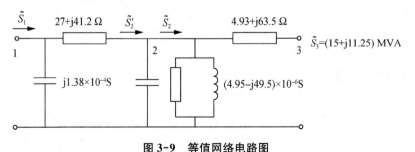

图 3-9 等值网络电路图

$$U_3 = 36 \times 110/38.5 = 102.85(\text{kV})(\text{折算至高压侧})$$

3. 潮流计算

变压器阻抗支路功率计算:

$$\Delta P_{\text{ZT}} = \frac{P_3^2 + Q_3^2}{U_3^2} R_\text{T} = \frac{15^2 + 11.25^2}{102.85^2} \times 4.93 = 0.16(\text{MW})$$

$$\Delta Q_{\text{ZT}} = \frac{P_3^2 + Q_3^2}{U_3^2} X_\text{T} = \frac{15^2 + 11.25^2}{102.85^2} \times 63.5 = 2.11(\text{Mvar})$$

阻抗支路电压降落:

$$\Delta U_\text{T} = \frac{P_3 R_\text{T} + Q_3 X_\text{T}}{U_3} = \frac{15 \times 4.93 + 11.25 \times 63.5}{102.85} = 7.67(\text{kV})$$

$$\delta U_\text{T} = \frac{P_3 X_\text{T} - Q_3 R_\text{T}}{U_3} = \frac{15 \times 63.5 - 11.25 \times 4.93}{102.85} = 8.71(\text{kV})$$

$$\therefore U_2 = \sqrt{(U_3 + \Delta U_\text{T})^2 + \delta U_\text{T}^2} = \sqrt{(102.85 + 7.67)^2 + 8.71^2} = 110.86(\text{kV})$$

$$\delta_\text{T} = \arctan \frac{\delta U_\text{T}}{U_3 + \Delta U_\text{T}} = 4°31'$$

若忽略 δU_T, $U_2 = 102.85 + 7.67 = 110.52(\text{kV})$

变压器导纳支路功率计算:

$$\Delta P_{\text{YT}} = G_\text{T} U_2^2 = 4.95 \times 10^{-6} \times 110.52^2 = 0.06(\text{MW})$$

$$\Delta Q_{\text{YT}} = B_\text{T} U_2^2 = 49.5 \times 10^{-6} \times 110.52^2 = 0.6(\text{Mvar})$$

$$\therefore \tilde{S}_2 = \tilde{S}_3 + \Delta\tilde{S}_{\text{ZT}} + \Delta\tilde{S}_{\text{YT}} = (15 + 0.16 + 0.06) + \text{j}(11.25 + 2.11 + 0.6) = 15.22 + \text{j}13.96(\text{MVA})$$

输电线路导纳支路

$$\Delta Q_{\text{YL2}} = -\text{j}\frac{1}{2} B U_2^2 = -\text{j}1.38 \times 10^{-4} \times 110.52^2 = -\text{j}1.68(\text{Mvar})$$

$$\therefore \tilde{S}_2' = \tilde{S}_2 + \Delta Q_{\text{YL2}} = 15.22 + \text{j}(13.96 - 1.68) = 15.22 + \text{j}12.28(\text{MVA})$$

输电线路阻抗支路功率

$$\Delta\tilde{S}_{\text{ZL}} = \frac{15.22^2 + 12.28^2}{110.52^2} \times (27 + \text{j}41.2) = 0.845 + \text{j}1.289$$

电压降落为:

$$\Delta U_\text{L} = \frac{P_2' R_\text{L} + Q_2' X_\text{L}}{U_2} = \frac{15.22 \times 27 + 12.28 \times 41.2}{110.52} = 8.3(\text{kV})$$

$$\delta U_{\mathrm{L}} = \frac{15.22 \times 41.2 - 12.28 \times 27}{110.52} = 2.67(\mathrm{kV})$$

$$\delta_{\mathrm{L}} = \arctan \frac{2.67}{118.82} = 1°17'$$

若忽略电压横向分量，则：

$$U_1 = 110.52 + 8.3 = 118.82(\mathrm{kV}) \quad \Delta Q_{\mathrm{YL1}} = -\mathrm{j}1.38 \times 10^{-4} \times 118.82^2 = -\mathrm{j}1.948(\mathrm{Mvar})$$

$$\therefore \tilde{S}_1 = \tilde{S}'_2 + \Delta \tilde{S}_{\mathrm{ZL}} + \Delta Q_{\mathrm{YL1}} = 15.22 + \mathrm{j}12.28 + 0.845 + \mathrm{j}1.289 - \mathrm{j}1.948 = 16.07 + \mathrm{j}11.62(\mathrm{MVA})$$

得系统技术经济指标如下：

首端电压偏移

$$m_1\% = \frac{U_1 - U_{\mathrm{N}}}{U_{\mathrm{N}}} \times 100 = \frac{118.82 - 110}{110} \times 100 = 8.02$$

末端电压偏移

$$m_2\% = \frac{U_2 - U_{\mathrm{N}}}{U_{\mathrm{N}}} \times 100 = \frac{36 - 35}{35} \times 100 = 2.86$$

可得出以下结论：

① 110 kV 线路的电压计算中略去电压降落的横分量，误差不大（本题 0.3%）；

② 变压器的无功功率损耗是电网中无功损耗的主要组成部分。

【例 3-3】 220 kV 单回架空电力线路，长度为 200 km，导线单位长度的相关参数如下：$r_1 = 0.108 \, \Omega/\mathrm{km}$，$x_1 = 0.42 \, \Omega/\mathrm{km}$，$b_1 = 2.66 \times 10^{-6} \, \mathrm{S/km}$。已知其始端输入功率为 (120+j50)MVA，始端电压为 240 kV，求线路末端电压及功率。

解： 首先求线路阻抗参数并作等效图如图 3-10 所示。

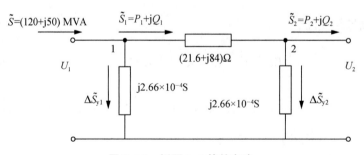

图 3-10 例题 3-3 等效电路

在节点 1 处导纳产生的无功功率：

$$\Delta \tilde{S}_{\mathrm{y1}} = \left(\frac{Y_1}{2}\right) U_1^2 = -\mathrm{j}2.66 \times 10^{-4} \times 240^2$$

$$= -\mathrm{j}15.321\,6(\mathrm{MVA})$$

$$\tilde{S}_1 = P_1 + jQ_1 = P + jQ - \Delta\tilde{S}_{y1} = 120 + j50 - (-j15.321\ 6)$$
$$= 120 + j65.32(\text{MVA})$$

设 $\dot{U}_1 = \dot{U}_1 \angle 0°$，则线路末端的电压为：

$$\dot{U}_2 = \dot{U}_1 - \left(\frac{P_1 R_1 + Q_1 X_1}{U_1} + j\frac{P_1 X_1 - Q_1 R_1}{U_1} \right)$$
$$= 240 - (33.6 + j36.12)$$
$$= (206.34 - j36.12)$$
$$= 209.48 \angle -9.33°(\text{kV})$$

线路阻抗上消耗的功率：

$$\Delta\tilde{S}_z = \frac{P_1^2 + Q_1^2}{U_1^2}(R + jX) = \frac{120^2 + 65.32^2}{240^2} \times (21.6 + j84) = 7.0 + j27.22(\text{MVA})$$

在节点 2 处导纳产生的无功功率：

$$\Delta\tilde{S}_{y2} = \left(\frac{Y_1}{2} \right)U_2^2 = -j2.66 \times 10^{-4} \times 209.48^2$$
$$= -j11.67(\text{MVA})$$

所以末端功率：

$$\tilde{S}_2 = \tilde{S}_1 - \Delta\tilde{S}_z - \Delta\tilde{S}_{y2} = 120 + j65.32 - (7.0 + j27.22) - (-j11.67)$$
$$= 113 + j49.77(\text{MVA})$$

【例 3-4】　已知末端功率及首端电压，求潮流分布。电力线路长 80 km，$U_N = 110$ kV，LGJ-120 导线，其等值电路参数：

$$Z_L = (21.6 + j33)\Omega \qquad \frac{1}{2}B_L = 1.1 \times 10^{-4}\ \text{S}$$

末端接降压变压器：20 MVA、110/38.5 kV。折算到 110 kV 侧的变压器参数：

$$R_T + jX_T = (4.93 + j63.5)\Omega \qquad G_T - jB_T = (4.95 - j49.5) \times 10^{-6}\ \text{S}$$

变压器低压侧负荷 $(15 + j11.25)$MVA，已知首端电压 117.26 kV。试求该输电网的电压和功率分布。

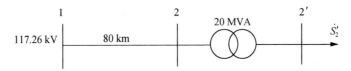

图 3-11　例题 3-4 电力系统接线图

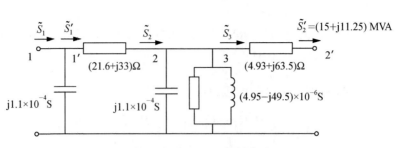

图 3-12　例题 3-4 等效电路

解:1. 由末端向首端计算功率分布:

变压器阻抗支路:

$$\Delta \tilde{S}_{ZT}=\frac{P_2'^2+Q_2'^2}{U_N^2}(R_T+jX_T)=\frac{15^2+11.25^2}{110^2}\times(4.93+j63.5)$$
$$=0.14+j1.85(MVA)$$

变压器励磁支路:

$$\Delta \tilde{S}_{YT}=(4.95+j49.5)\times10^{-6}\times110^2=0.06+j0.6(MVA)$$

线路 2 侧充电功率:

$$\Delta \tilde{S}_{YL2}=-j\frac{1}{2}BU_N^2=-j1.1\times10^{-4}\times110^2=-j1.33(Mvar)$$

线路阻抗支路输出电功率为:

$$\tilde{S}_2=\tilde{S}_2'+\Delta\tilde{S}_{ZT}+\Delta\tilde{S}_{YT}+\Delta Q_{YL2}$$
$$=(15+0.14+0.06)+j(11.25+1.85+0.6-1.33)$$
$$=15.2+j12.37(MVA)$$

输电线路阻抗支路损耗为:

$$\Delta\tilde{S}_{ZL}=\frac{15.2^2+12.37^2}{110^2}\times(21.6+j33)=0.69+j1.056(MVA)$$

线路 1 侧充电功率:

$$\Delta Q_{YL1}=-j1.1\times10^{-4}\times110^2=-j1.33(Mvar)$$

则线路有首端输入功率为:

$$\tilde{S}_1=\tilde{S}_2+\Delta\tilde{S}_{ZL}+\Delta Q_{YL1}=(15.2+0.69)+j(12.37+1.056-1.33)$$
$$=15.89+j12.1(MVA)$$

2. 由首端电压及计算到的首端功率向末端计算电压:

$$\Delta U_L=\frac{P_1'R_L+Q_1'X_L}{U_1}=\frac{15.89\times21.6+(12.1+1.33)\times33}{117.26}=6.71(kV)$$

当忽略电压横向分量：

$$U_2 = U_1 - \Delta U_L = 117.26 - 6.71 = 110.55(kV)$$

$$\Delta U_T = \frac{P_3 R_T + Q_3 X_T}{110.55} = \frac{(15+0.14) \times 4.93 + (11.25+1.85) \times 63.5}{110.55} = 8.20(kV)$$

$$U'_2 = 110.55 - 8.20 = 102.35(kV)$$

变压器低压侧电压为：

$$U_{2L} = 102.35 \times 38.5/110 = 35.82(kV)$$

【例 3-5】　110 kV 电力系统如图 3-13 所示，求各变电所和发电厂低压母线电压。发电厂 A 装有 QF-12-2 型发电机两台，均满载运行，$P_N = 12$ MW，$\cos \varphi = 0.8$。除去供给发电机端负荷 $(10+j8)$MVA 外，其余功率通过两台升压变压器（SF-10000/121 型，变比 121/10.5）输送到电网侧。变电所 I 里面装设两台降压变压器（SF-15000/110 型，变比 115.5/11），变压器 II 装设一台降压变压器（SF-10000/110 型，变比 110/11）。该系统与母线连接处的电压为 116 kV。求发电厂和各变电所低压母线电压。

三段 110 kV 电力线路：LGJ-70 长度 80 km；LGJ-70 长度 50 km；LGJ-70 长度 50 km，线间几何均距为 4 m，导线直径为 114 mm。

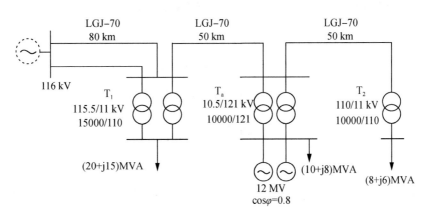

图 3-13　例题 3-5 电力系统接线图

升压变压器 SF-10000/121、降压变压器 SF-10000/110 试验数据：

$$P_k = 97.5 \text{ kW} \quad U_k\% = 10.5 \quad P_0 = 38.5 \text{ kW} \quad I_0\% = 3.5$$

降压变压器 SF-15000/110 试验数据：

$$P_k = 133 \text{ kW} \quad U_k\% = 10.5 \quad P_0 = 50 \text{ kW} \quad I_0\% = 3.5$$

解：1. 变压器、输电线路参数

LGJ-70 线路：查表得出：

$$r_0 = 0.45 \text{ }\Omega/\text{km} \quad x_0 = 0.433 \text{ }\Omega/\text{km} \quad b_0 = 2.62 \times 10^{-6} \text{ S/km}$$

变压器参数：

$$R_{\mathrm{T}} = \frac{P_{\mathrm{k}} U_{\mathrm{N}}^2}{10^3 S_{\mathrm{N}}^2} \qquad X_{\mathrm{T}} = \frac{U_{\mathrm{N}}^2 U_{\mathrm{k}}\%}{100 S_{\mathrm{N}}} \qquad S_{\mathrm{N}} \text{ 的单位：MVA}$$

导纳支路的励磁损耗计算为：

变压器 T_1：

$$\Delta P_{01} + \mathrm{j}\Delta Q_{01} = 0.05 + \mathrm{j}0.525(\mathrm{MVA})$$

变压器 T_2 和变压器 T_a：

$$\Delta P_0 + \mathrm{j}\Delta Q_0 = 0.0385 + \mathrm{j}0.35(\mathrm{MVA})$$

画出等效电路为：

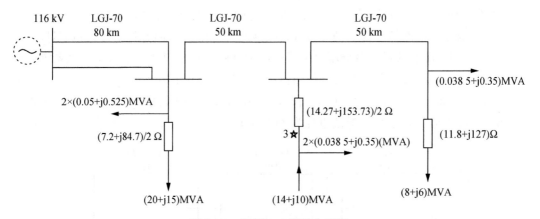

图 3-14 例题 3-5 等效电路图

2. 变电所运算负荷及发电厂运算功率

变压器 T_1 的功率损耗：

$$\Delta \tilde{S}_{\mathrm{T1}} = (0.1 + \mathrm{j}1.05) + \frac{15^2 + 20^2}{110^2} \times (3.6 + \mathrm{j}42.3) = 0.286 + \mathrm{j}3.21(\mathrm{MVA})$$

变压器 T_2 的功率损耗：

$$\Delta \tilde{S}_{\mathrm{T2}} = (0.0385 + \mathrm{j}0.35) + \frac{8^2 + 6^2}{110^2} \times (11.8 + \mathrm{j}127) = 0.136 + \mathrm{j}1.4(\mathrm{MVA})$$

变电所 I 的两侧线路对地电容支路的功率损耗：

$$\Delta \tilde{S}_{\mathrm{YL1}} = -\mathrm{j}\frac{1}{2} b_1 L U_{\mathrm{N}}^2 = -\mathrm{j}\frac{1}{2} \times 2.62 \times 10^{-6} \times (80 \times 2 + 50) \times 110^2 = -\mathrm{j}3.3(\mathrm{Mvar})$$

变电所 II 的线路对地电容支路的功率损耗：

$$\Delta \tilde{S}_{\mathrm{YL1}} = -\mathrm{j}\frac{1}{2} b_1 L U_{\mathrm{N}}^2 = -\mathrm{j}\frac{1}{2} \times 2.62 \times 10^{-6} \times 50 \times 110^2 = -\mathrm{j}0.79(\mathrm{Mvar})$$

T_1运算负荷为：

$$\widetilde{S}_1 = (20+j15)+(0.286+j3.21)-j3.3 = 20.29+j14.91(MVA)$$

T_2运算负荷为：

$$\widetilde{S}_2 = (8+j6)+(0.136+j1.4)-j0.79 = 8.14+j6.61(MVA)$$

发电厂低压侧 3 点运算功率的计算：

$$\widetilde{S}_3 = (14+j10)-(0.077+j0.7) = 13.92+j9.3(MVA)$$

变压器 T_a 的阻抗损耗：

$$\Delta\widetilde{S}_{TA} = \frac{13.92^2+9.3^2}{121^2}\times\frac{(14.27+j153.73)}{2} = 0.13+j1.47(MVA)$$

发电厂两侧线路对地电容支路的功率损耗：

$$\Delta\widetilde{S}_{YLA} = -j\frac{1}{2}\times 2.62\times 10^{-6}\times 100\times 110^2 = -j1.58(Mvar)$$

由此得出发电厂的运算功率为：

$$\widetilde{S}_A = (13.92+j9.3)-(0.13+j1.47)+j1.58 = 13.79+j9.41(MVA)$$

根据变电所运算负荷及发电厂运算功率画出简化等效电路为：

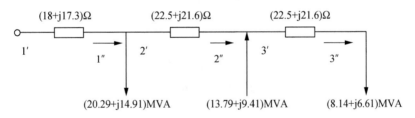

图 3-15　例题 3-5 简化等效电路图

3. 设全网为额定电压，求系统功率分布（从后往前计算）

$$\Delta\widetilde{S}_3 = \frac{8.14^2+6.61^2}{110^2}\times(22.5+j21.6) = 0.2+j0.196(MVA)$$

$$\widetilde{S}_3' = (0.2+j0.196)+(8.14+j6.61) = 8.34+j6.81(MVA)$$

$$\widetilde{S}_2'' = 8.34+j6.81-(13.79+j9.42) = -5.45+j2.61(MVA)$$

$$\Delta\widetilde{S}_2 = \frac{5.45^2+2.61^2}{110^2}\times(22.5+j21.6) = 0.07+j0.065(MVA)$$

$$\widetilde{S}'_2 = -(5.45+j2.61)+(0.07+j0.065) = -5.38+j2.55(\text{MVA})$$

$$\widetilde{S}''_1 = 20.29+j14.94-(5.38+j2.55) = 14.91+j12.39(\text{MVA})$$

$$\widetilde{S}'_1 = \widetilde{S}''_1 + \frac{14.91^2+12.39^2}{110^2} \times (18+j17.3) = 15.47+j12.93(\text{MVA})$$

4. 根据线路可知首端电压和负荷，从前向后计算电压降落：

$$\widetilde{S}'_1 = 15.47+j12.93(\text{MVA}) \quad \widetilde{S}'_2 = -5.38-j2.55(\text{MVA}) \quad \widetilde{S}'_3 = 8.34+j6.81(\text{MVA})$$

$$\Delta U_1 = \frac{15.47\times18+12.93\times17.3}{116} = 4.33(\text{kV}) \quad U_1 = 116-\Delta U_1 = 111.7(\text{kV})$$

$$\Delta U_2 = -\frac{5.38\times22.5+2.55\times21.6}{111.7} = -1.58(\text{kV}) \quad U_2 = 111.7+\Delta U_2 = 113.3(\text{kV})$$

$$\Delta U_3 = \frac{8.34\times22.5+6.81\times21.6}{113.3} = 2.95(\text{kV}) \quad U_3 = 113.3-\Delta U_3 = 110.3(\text{kV})$$

5. 计算变压器中的电压降落及低压母线电压：
变电所Ⅰ变压器低压侧等效电路为：

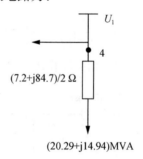

图 3-16　例题 3-5 变压器低压侧等效电路图

点 4 处的功率为：

$$\widetilde{S}_4 = (20+j15)+\Delta\widetilde{S}_{ZT1} = 20.2+j17.2(\text{MVA})$$

电压降落的纵向分量为：

$$\Delta U_{T1} = \frac{20.2\times7.2+17.2\times84.7}{2\times111.7} = 7.17(\text{kV})$$

低压侧母线实际电压为：

$$(111.7-7.17)\times\frac{11}{115.5} = 9.95(\text{kV})$$

3.5　简单闭式网络的潮流计算

　　闭式网络通常指两端供电网络和简单环形网络,相比开式电力网络,闭式网络的分析比较复杂。本节主要介绍两端供电网络和简单环形网络的功率分布和电压降落的计算原理和方法。

3.5.1　两端供电网络的潮流计算

　　图 3-17 所示为一个两端供电系统,节点 1 和节点 4 各连接一个电源,两端电源电压大小相等、相位不同。

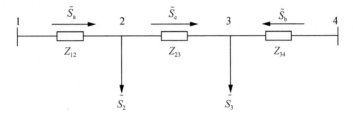

图 3-17　两端供电网络

　　两端供电网络的相电压 $\dot{U}_1 \neq \dot{U}_4$,且相电压降落为 $\dot{U}_1 - \dot{U}_4 = \mathrm{d}U_{\mathrm{ph}}$,根据基尔霍夫第二定律,可列电压方程式为:

$$Z_{12}\dot{I}_\mathrm{a} + Z_{23}(\dot{I}_\mathrm{a} - \dot{I}_2) + Z_{34}(\dot{I}_\mathrm{a} - \dot{I}_2 - \dot{I}_3) = \mathrm{d}U_{\mathrm{ph}} = \frac{\mathrm{d}U_1}{\sqrt{3}} \tag{3-35}$$

上式中,$\mathrm{d}U_1$ 为线电压降落。

　　如设 $\overset{*}{U} = U_\mathrm{N}$,将 $\dot{I} = \dfrac{\overset{*}{S}}{\sqrt{3}U_\mathrm{N}}$ 代入式(3-35)中,可得出:

$$Z_{12}\overset{*}{S}_\mathrm{a} + Z_{23}(\overset{*}{S}_\mathrm{a} - \overset{*}{S}_2) + Z_{34}(\overset{*}{S}_\mathrm{a} - \overset{*}{S}_2 - \overset{*}{S}_3) = U_\mathrm{N}\mathrm{d}U_1 \tag{3-36}$$

　　解得流经阻抗 Z_{12} 的三相功率 $\tilde{S}_\mathrm{a}$ 为:

$$\tilde{S}_\mathrm{a} = \frac{(\overset{*}{Z}_{23} + \overset{*}{Z}_{34})\tilde{S}_2 + \overset{*}{Z}_{34}\tilde{S}_3}{\overset{*}{Z}_{12} + \overset{*}{Z}_{23} + \overset{*}{Z}_{34}} + \frac{U_\mathrm{N}\mathrm{d}U_1}{\overset{*}{Z}_{12} + \overset{*}{Z}_{23} + \overset{*}{Z}_{34}} = \frac{\sum \tilde{S}_m \overset{*}{Z}_m}{\overset{*}{Z}_{\sum}} + \tilde{S}_\mathrm{c}$$
$$(m = 2, 3, \cdots, n) \tag{3-37}$$

　　流经阻抗 Z_{34} 的三相功率 $\tilde{S}_\mathrm{b}$ 为:

$$\tilde{S}_\mathrm{b} = \frac{(\overset{*}{Z}_{12} + \overset{*}{Z}_{23})\tilde{S}_3 + \overset{*}{Z}_{12}\tilde{S}_2}{\overset{*}{Z}_{12} + \overset{*}{Z}_{23} + \overset{*}{Z}_{34}} - \frac{U_\mathrm{N}\mathrm{d}\overset{*}{U}_1}{\overset{*}{Z}_{12} + \overset{*}{Z}_{23} + \overset{*}{Z}_{34}} = \frac{\sum \tilde{S}_m \overset{*}{Z}_m}{\overset{*}{Z}_{\sum}} - \tilde{S}_\mathrm{c}$$
$$(m = 2, 3, \cdots, n) \tag{3-38}$$

由式(3-37)、式(3-38)可见,两端电压不等的两端供电网中,各线段中的功率可以看成是两个功率的叠加。其一为两端电压相等时分布的功率,也即 $d\dot{U}=0$ 时的功率分布;其二取决于两端电压降落和网络总阻抗的功率,称为循环功率,以 $\widetilde{S}_c$ 表示,$\widetilde{S}_c$ 的计算为:

$$\widetilde{S}_c = \frac{U_N d\overset{*}{U}_1}{\overset{*}{Z}_{\sum}} \tag{3-39}$$

3.5.2 简单环形网络的潮流计算

图 3-18 是最简单的环形网络,它是简单的单一环,图 3-18(a)为网络接线图,图 3-18(b)为简化等值网络。其中 $\widetilde{S}_2$ 和 $\widetilde{S}_3$ 为运算负荷,且设定运算负荷为已知。

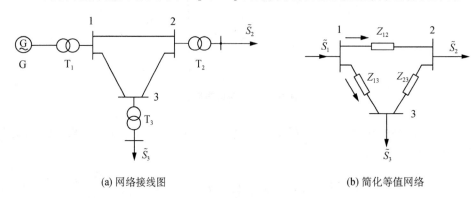

(a) 网络接线图　　　　　　　　　　　(b) 简化等值网络

图 3-18　最简单环形网络

应用回路电流法列回路方程式,由图 3-18(b)可有:

$$Z_{12}\dot{I}_a + Z_{23}(\dot{I}_a - \dot{I}_2) + Z_{13}(\dot{I}_a - \dot{I}_2 - \dot{I}_3) = 0 \tag{3-40}$$

式中,$\dot{I}_a$ 为流经阻抗 Z_{12} 的电流,$\dot{I}_2$、$\dot{I}_3$ 分别为节点 2、3 的运算负荷电流。

如设全网电压为网络额定电压 U_N,并将 $I = \dfrac{S}{\sqrt{3}U_N}$ 代入式(3-40)中,其中 $\dot{I}$ 为相(线)电流,$\overset{*}{U}_N$ 为网络额定电压 $\dot{U}_N$ 的共轭值,$\overset{*}{S}$ 为三相功率 $\widetilde{S}$ 的共轭值,则得:

$$Z_{12}\overset{*}{S}_a + Z_{23}(\overset{*}{S}_a - \overset{*}{S}_2) + Z_{13}(\overset{*}{S}_a - \overset{*}{S}_2 - \overset{*}{S}_3) = 0 \tag{3-41}$$

由上式解得流经阻抗 Z_{12} 功率 $\widetilde{S}_a$ 为:

$$\widetilde{S}_a = \frac{(\overset{*}{Z}_{23} + \overset{*}{Z}_{13})\widetilde{S}_2 + \overset{*}{Z}_{13}\widetilde{S}_3}{\overset{*}{Z}_{12} + \overset{*}{Z}_{23} + \overset{*}{Z}_{13}} = \frac{\overset{*}{Z}_2 \widetilde{S}_2 + \overset{*}{Z}_3 \widetilde{S}_3}{\overset{*}{Z}_{\sum}} \tag{3-42}$$

相似地,流经阻抗 Z_{13} 功率 $\widetilde{S}_b$ 为:

$$\widetilde{S}_{b}=\frac{(\overset{*}{Z}_{23}+\overset{*}{Z}_{13})\widetilde{S}_{3}+\overset{*}{Z}_{12}\widetilde{S}_{2}}{\overset{*}{Z}_{12}+\overset{*}{Z}_{23}+\overset{*}{Z}_{13}}=\frac{\overset{*}{Z}_{2}\widetilde{S}_{2}+\overset{*}{Z}_{3}\widetilde{S}_{3}}{\overset{*}{Z}_{\Sigma}} \tag{3-43}$$

对上两式可作如下理解。在节点 1 把网络打开，可得一等值的两端供电网络，其两端电压大小相等，相位相同，如图 3-19 所示。

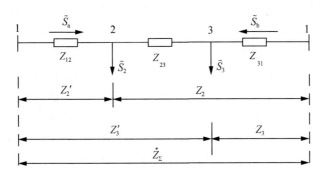

图 3-19　等效两端供电网络的等效电路

图中节点 2、3 与节点 1 之间的总阻抗分别为 Z_{2}' 和 Z_{3}'，与节点 $1'$ 之间的总阻抗分别为 Z_{2} 和 Z_{3}；环网的总阻抗为 Z_{Σ}，则功率流改写为：

$$\widetilde{S}_{a}=\frac{\widetilde{S}_{2}\overset{*}{Z}_{2}+\widetilde{S}_{3}\overset{*}{Z}_{3}}{\overset{*}{Z}_{\Sigma}}=\frac{\sum\widetilde{S}_{m}\overset{*}{Z}_{m}}{\overset{*}{Z}_{\Sigma}}\quad (m=2,3) \tag{3-44}$$

$$\widetilde{S}_{b}=\frac{\widetilde{S}_{2}\overset{*}{Z}'_{2}+\widetilde{S}_{3}\overset{*}{Z}'_{3}}{\overset{*}{Z}_{\Sigma}}=\frac{\sum\widetilde{S}_{m}\overset{*}{Z}'_{m}}{\overset{*}{Z}_{\Sigma}}\quad (m=2,3) \tag{3-45}$$

根据上式求解环形网络各线路段中流通的功率。若网络中所有线段单位长度的参数完全相等，则式(3-44)和式(3-45)可写成：

$$\begin{cases}\widetilde{S}_{a}=\dfrac{\sum\widetilde{S}_{m}l_{m}}{l_{\Sigma}}\\[3mm]\widetilde{S}_{b}=\dfrac{\sum\widetilde{S}_{m}l'_{m}}{l_{\Sigma}}\end{cases} \tag{3-46}$$

从而有：

$$\begin{cases}P_{a}=\dfrac{\sum P_{m}l_{m}}{l_{\Sigma}};\quad P_{b}=\dfrac{\sum P_{m}l'_{m}}{l_{\Sigma}}\\[3mm]Q_{b}=\dfrac{\sum Q_{m}l_{m}}{l_{\Sigma}};\quad Q_{b}=\dfrac{\sum Q_{m}l'_{m}}{l_{\Sigma}}\end{cases} \tag{3-47}$$

式中，l_m、l'_m、$l_\sum$ 分别为 Z_m、Z'_m、$Z_\sum$ 相对应的线路长度。

从计算结果中可以发现，网络中某些节点的功率是由两侧向该节点流动的，这种节点称为功率分点。当有功分点和无功分点不一致时，通常在功率分点上加"▼""▽"以区别有功分点和无功分点。在环形网络潮流求解过程中，在功率分点处将环形网络解列。

当有功分点和无功分点不一致时，在无功分点处解列，因为电网应在电压最低处解列，而电压的损耗主要是由无功功率流动引起的，无功分点的电压往往低于有功分点的电压。

环形网络的潮流计算包括以下两个内容。

(1) 已知功率分点电压。由功率分点将环形网络解开为两个开式网络。由于功率分点一般为网络电压最低点，可从该点分别由两侧逐段向电源端推算电压降落和功率损耗。故所进行的潮流计算，完全与已知开式网络的末端电压和负荷时的潮流计算相同。

(2) 已知电源端电压。这种情况一般较多。此时仍由功率分点将环形网络解开为两个开式网络，且假设全网电压均为网络的额定电压，求取各段的功率损耗，并由功率分点往电源端逐段推算。求得电源端功率后，再运用已知电源电压和求得的首端功率向功率分点逐段求电压降落，并计算出各点电压。这与已知末端负荷和始端电压的开式网络的潮流计算完全相同。

【例 3-6】 某额定电压为 10 kV 的两端供电网如图 3-20 所示，导线间几何均距为 $D_{ge}=1$ m，试计算网络的功率分布、最大电压损耗和电压最低点的电压。

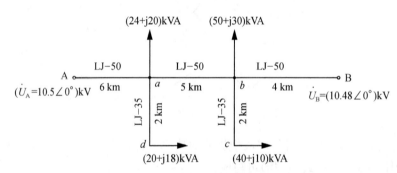

图 3-20 例 3-6 两端供电网络

解：1. 计算网络的功率分布

供载功率的计算

$$\tilde{S}_A = 50.4 + j33.47 (kVA)$$

$$\tilde{S}_B = 83.6 + j44.53 (kVA)$$

$$P_A = \frac{(24+20) \times (5+4) + (50+40) \times 4}{6+5+4} = 50.40 (kW)$$

$$P_B = \frac{(50+40) \times (5+6) + (24+20) \times 6}{6+5+4} = 83.60 (kW)$$

进一步求得：

$$Q_A = \frac{(20+18) \times (5+4) + (30+10) \times 4}{6+5+4} = 33.47 (\text{kvar})$$

$$Q_B = \frac{(30+10) \times (5+6) + (20+18) \times 6}{6+5+4} = 44.53 (\text{kvar})$$

$$\widetilde{S}_{ab} = \widetilde{S}_A - \widetilde{S}_a = (50.4 + j33.47) - (44 + j38) = 6.4 - j4.53 (\text{kVA})$$

循环功率的计算：

根据给定的导线型号和几何均距计算线路单位长度的阻抗：

$$Z_{AB} = (0.64 + j0.355) \times (6+5+4) = 9.6 + j5.33 = 10.98 \angle 29.04° (\Omega)$$

因此：

$$\widetilde{S}_{ci} = \frac{(10.5 - 10.48) \times 10}{10.98 \angle -29.04°} \times 10^3 = 15.92 + j8.84 (\text{kVA})$$

2. 网络中的实际功率分布

$$\widetilde{S}'_A = \widetilde{S}_A + \widetilde{S}_{ci} = (50.4 + j33.47) + (15.92 + j8.84) = 66.32 + j42.31 (\text{kVA})$$

$$\widetilde{S}'_{ab} = \widetilde{S}_{ab} + \widetilde{S}_{ci} = (6.4 - j4.53) + (15.92 + j8.84) = 22.32 + j4.31 (\text{kVA})$$

$$\widetilde{S}'_B = \widetilde{S}_B + \widetilde{S}_{ci} = (83.6 + j44.53) - (15.92 + j8.84) = 67.68 + j35.69 (\text{kVA})$$

3. 网络最大电压损耗及最低点电压的确定，从 b 点将闭式网拆开成开式电力网

计算各段线路的参数：

$$Z_{Aa} = (0.64 + j0.355) \times 6 = 3.84 + j2.13 (\Omega)$$

$$Z_{ab} = (0.64 + j0.355) \times 5 = 3.20 + j1.78 (\Omega)$$

$$Z_{bB} = (0.64 + j0.355) \times 4 = 2.56 + j1.42 (\Omega)$$

$$Z_{bc} = Z_{ad} = (0.92 + j0.366) \times 2 = 1.84 + j0.73 (\Omega)$$

计算各段线路的电压损耗：

$$\Delta U_{Aa} = \frac{66.32 \times 3.84 + 42.31 \times 2.13}{10} = 34.48 (\text{V})$$

$$\Delta U_{ab} = \frac{22.32 \times 3.20 + 4.31 \times 1.78}{10} = 7.91 (\text{V})$$

$$\Delta U_{Bb} = \frac{67.68 \times 2.56 + 35.69 \times 1.42}{10} = 22.39 (\text{V})$$

$$\Delta U_{ad} = \frac{20 \times 1.84 + 18 \times 0.73}{10} = 5.0 \text{(V)}$$

$$\Delta U_{bc} = \frac{40 \times 1.84 + 10 \times 0.73}{10} = 8.10 \text{(V)}$$

网络的最大电压损耗：

$$\Delta U_{max} = \Delta U_{Aa} + \Delta U_{ab} + \Delta U_{bc} = 50.49 \text{(V)} \approx 0.05 \text{(kV)}$$

电压最低点的电压：

$$10.5 - 0.05 = 10.45 \text{(kV)}$$

3.6 电力网的电能损耗估算

在对电力系统运行的经济性进行分析时,还需要计算某一时间段内的电能损耗,例如一年内的电能损耗。在电力网中各元件的电能损耗中,一部分与元件中通过的电流(或功率)的二次方成正比,如串联阻抗支路中的电能损耗;另一部分与元件上所施加的电压有关,如并联接地导纳支路中的电能损耗。下面分别介绍电力线路和变压器中电能损耗的近似计算方法。

3.6.1 电力线路中的电能损耗估算

电力线路的运行状况随时间而变化,线路上的功率损耗也随时间变化,准确计算电力线路一年内的电能损耗,计算工作量太大,且不实用。在工程计算中常采取一些近似计算方法。下面介绍两种常用的方法:最大负荷损耗时间法和等效功率法。

(1) 最大负荷损耗时间法

如果线路中输送的功率一直保持为最大负荷功率 S_{max},在 τ_{max} 小时内的能量损耗恰好等于线路全年的实际电能损耗 ΔW,则称 τ_{max} 为最大负荷损耗时间。

$$\Delta W = \int_0^{8\,760} \frac{S^2}{U^2} R \times 10^{-3} \, dt = \frac{S_{max}^2}{U^2} R \tau_{max} \times 10^{-3} = \Delta P_{max} \tau_{max} \times 10^{-3} \qquad (3\text{-}48)$$

通常 τ 可根据用户负荷的最大负荷小时数 T_{max} 和负荷的功率因数从手册中查得。通过对一些典型负荷曲线的分析,得到 τ_{max} 与 T_{max} 的关系列于表 3-1。

表 3-1 最大负荷损耗小时数 τ_{max} 与最大负荷的利用小时数 T_{max} 的关系

T_{max}/h	τ_{max}/h				
	$\cos\varphi = 0.80$	$\cos\varphi = 0.85$	$\cos\varphi = 0.90$	$\cos\varphi = 0.95$	$\cos\varphi = 1.00$
2 000	1 500	1 200	1 000	800	700
2 500	1 700	1 500	1 250	1 100	950

（续表）

T_{max}/h	τ_{max}/h				
	$\cos\varphi=0.80$	$\cos\varphi=0.85$	$\cos\varphi=0.90$	$\cos\varphi=0.95$	$\cos\varphi=1.00$
3 000	2 000	1 800	1 600	1 400	1 250
3 500	2 350	2 150	2 000	1 800	1 600
4 000	2 750	2 600	2 400	2 200	2 000
4 500	3 150	3 000	2 900	2 700	2 500
5 000	3 600	3 500	3 400	3 200	3 000
5 500	4 100	4 000	3 950	3 750	3 600
6 000	4 650	4 600	4 500	4 350	4 200
6 500	5 250	5 200	5 100	5 000	4 850
7 000	5 950	5 900	5 800	5 700	5 600
7 500	6 650	6 600	6 550	6 500	6 400
8 000	7 400	—	7 350	—	7 250

用最大负荷损耗时间计算能量损耗，精准度不高，ΔP_{max} 的计算尤其是 τ_{max} 值的确定都是近似的，而且还不可能对由此而引起的误差做出有根据的分析。因此，这种方法只适用于电力网规划中的计算。对于已运行电网的能量损耗计算，此方法的误差太大故不宜采用。

（2）年负荷损耗率法求线路全年电能损耗

通常年负荷损耗率可以定义为

$$G=\Delta W_Z/(8\,760\Delta P_{max}) \tag{3-49}$$

计算步骤：

① 从手册中查最大负荷利用小时数 T_{max}，求年负荷损耗率的计算：

$$B=\frac{W}{8\,760P_{max}}=\frac{P_{max}T_{max}}{8\,760P_{max}}=\frac{T_{max}}{8\,760} \tag{3-50}$$

② 由经验公式计算年负荷损耗率

$$G=KB+(1-K)B^2 \tag{3-51}$$

式中，K 为经验系数，一般取 0.1～0.4，年负荷损耗率低时取较小值，反之取较大值。

③ 由上式求电力线路全年电能损耗为

$$\Delta W_Z=8\,760\Delta P_{max}G \tag{3-52}$$

【例 3-7】　有一电力网负荷曲线如图 3-21 所示，已知 $U_N=10\,kV$，$R=12\,\Omega$，平均功

率因数为 0.9，试用最大负荷损耗时间法求一年内的电能损耗。

解：

$$P_{\max}T_{\max} = \sum_{k=1}^{3} P_k t_k$$

$$T_{\max} = \frac{1\,000 \times 2\,000 + 700 \times 2\,000 + 250 \times 4\,760}{1\,000} = 4\,590\,(\text{h})$$

查表得 $\tau = 3\,100\,\text{h}$

$$\begin{aligned}
\Delta W_Z &= \frac{S_{\max}^2}{U^2} R\tau \times 10^{-3} \\
&= \frac{P_{\max}^2}{\cos^2\phi \cdot U_N^2} R\tau \times 10^{-3} \\
&= \frac{1\,000^2}{0.9^2 \times 10^2} \times 12 \times 3\,100 \times 10^{-3} \\
&= 459\,259.26\,(\text{kW} \cdot \text{h})
\end{aligned}$$

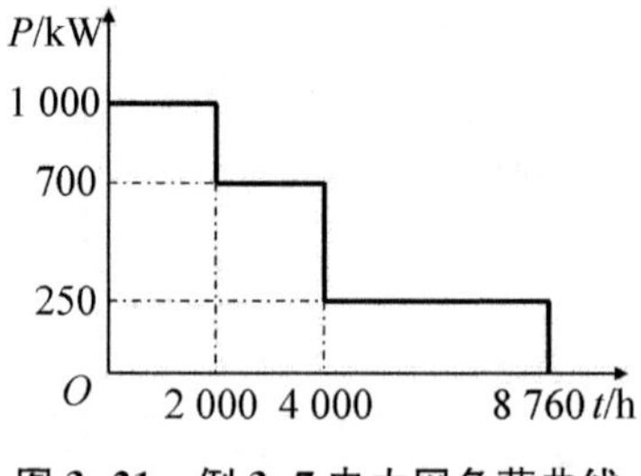

图 3-21 例 3-7 电力网负荷曲线

3.6.2 变压器中的电能损耗

变压器电阻中电能损耗即铜损耗部分的计算与线路相同；变压器电导中的电能损耗即铁损部分，可近似地取变压器的空载损耗 P_0 与变压器全年投入运行的实际小时数的乘积来计算。

【例 3-8】 如图 3-22 所示，变电所低压母线上的最大负荷 40 MW，功率因数 $\cos\varphi = 0.8$，最大负荷利用小时数 $T_{\max} = 4\,500\,\text{h}$。试求线路及变压器中全年的电能损耗。线路和变压器参数如下：

每回线路参数：

$$z_0 = (0.165 + j0.409)\,\Omega/\text{km} \qquad b_0 = 2.82 \times 10^{-6}\,\text{S/km}$$

变压器参数：

$$\Delta P_0 = 38.5\,\text{kW} \qquad \Delta P_k = 148\,\text{kW} \qquad I_0\% = 0.8 \qquad U_k\% = 10.5$$

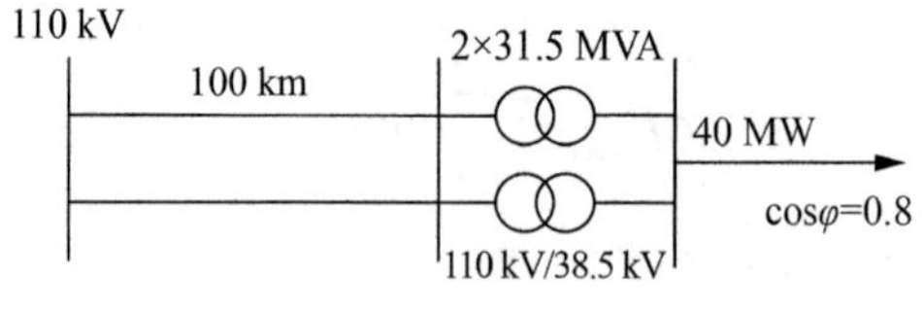

图 3-22 例 3-8 电力网络接线图

解：1. 按最大负荷损耗时间法求变压器全年电能损耗

已知负荷的功率：

$$\cos\varphi = 0.8$$

$$T_{\max} = 4\,500\,\text{h}$$

查表得出最大负荷损耗时间：

$$\tau = 3\ 150\ \text{h}$$

$$\Delta W_{\text{T}} = 2\Delta P_0 \times 8\ 760 + 2 \times \frac{S_{\max}^2}{U_{\text{N}}^2} R_{\text{T}} \tau \times 10^{-3}$$

$$= 2 \times 38.5 \times 8\ 760 + 2 \times \frac{S_{\max}^2}{U_{\text{N}}^2} \frac{\Delta P_k U_{\text{N}}^2}{(2S_{\text{N}})^2} \times 10^3 \times \tau \times 10^{-3}$$

$$= 1.26 \times 10^6 (\text{kW} \cdot \text{h})$$

2. 输电线路电能损耗

线路阻抗末端最大负荷：

$$R_{\text{T}} = \frac{1}{2} \times \frac{\Delta P_k U_{\text{N}}^2}{S_{\text{N}}^2} \times 10^3 = \frac{1}{2} \times \frac{148 \times 110^2}{31\ 500^2} \times 10^3 = 0.9 (\Omega)$$

$$X_{\text{T}} = \frac{1}{2} \times \frac{10 U_{\text{N}}^2 U_{\text{S}} \%}{S_{\text{N}}} = \frac{1}{2} \times \frac{10 \times 110^2 \times 10.5}{31\ 500} = 20.17 (\Omega)$$

最大负荷时变压器绕组中的功率损耗：

$$\Delta \tilde{S}_{\text{T}} = \frac{P^2 + Q^2}{U^2}(R_{\text{T}} + \mathrm{j} x_{\text{T}}) = \frac{40^2 + 30^2}{110^2} \times (0.9 + \mathrm{j} 20.17) = 0.19 + \mathrm{j} 4.17 (\text{MVA})$$

变压器铁芯中的功率损耗：

$$\Delta \tilde{S}_0 = 2 \times (\Delta P_0 + \mathrm{j} \frac{I_0 \%}{100} S_{\text{N}}) = 2 \times (38.5 + \mathrm{j} \frac{0.8}{100} \times 31\ 500) \times 10^{-3}$$

$$= 0.077 + \mathrm{j} 0.504 (\text{MVA})$$

线路末端充电功率：

$$Q = 2 \times \frac{b_0 L}{2} U^2 = 3.41 (\text{Mvar})$$

等值电路中线路末端的最大功率为：

$$\tilde{S}_{\text{Lmax}} = (40 + \mathrm{j} 30) + \Delta \tilde{S}_{\text{T}} + \Delta \tilde{S}_0 - \mathrm{j} 3.41 = 40.26 + \mathrm{j} 31.26 (\text{MVA})$$

输电线路全年电能损耗计算过程：

根据线路末端的功率得出线路末端功率的功率因数：

$$\cos \varphi' = \frac{40.26}{\sqrt{40.26^2 + 31.26^2}} = 0.79$$

查表得出最大负荷损耗时间：

$$\tau = 3\ 150\ \text{h}$$

得出线路的电能损耗计算为：

$$\Delta W_{\mathrm{L}} = \frac{S_{\mathrm{max}}^2}{U_{\mathrm{N}}^2} R_{\mathrm{L}} \tau \times 10^{-3}$$

$$= \frac{40\ 260^2 + 31\ 260^2}{110^2} \times \frac{1}{2} \times 0.165 \times 100 \times 3\ 150 \times 10^{-3}$$

$$= 5.58 \times 10^6 (\mathrm{kW \cdot h})$$

3. 输电系统全年电能损耗等于输电电路损耗加变压器损耗：

$$\Delta W_{\mathrm{T}} + \Delta W_{\mathrm{L}} = 6.84 \times 10^6\ \mathrm{kW \cdot h}$$

在给定的时间（日、月、季或年）内，系统中所有发电厂的总发电量同厂用电量之差称为供电量；所有送电、变电和配电环节所损耗的能量，称为电力网的损耗电量（或损耗能量）。在同一时间内，电力网损耗电量占供电量的百分比，称为电力网的损耗率，简称网损率或线损率：

$$电力网损耗率 = \frac{电力网损耗电量}{供电量} \times 100\% \tag{3-53}$$

电力网损耗率是一项重要的综合性经济技术指标，是衡量供电企业管理水平的性能参数。

3.7　简单环形网络的潮流仿真分析

本小节对三机六节点环形电网系统进行模型搭建、潮流分析和计算。首先搭建系统模型，设置发电机、变压器、负荷、输电线路等模型参数，通过 Powergui 模块观察潮流计算的结果、各节点电压和功率。利用 Powergui 模块来进行潮流计算，首先进行正确的参数计算，然后选择正确的模块，并对仿真模块里面的参数进行修改，这就要求进行高质量的手动计算，根据手动计算结果来修改模块的参数。利用搭建仿真模型的方法来进行潮流计算是电力系统分析初学者较常用的方法，使用者需要熟练掌握模块的功能，对计算结果进行后续的分析和处理。

本次仿真分析的三机六节点环形电网系统结构、参数如图 3-23 所示，图中给出了变压器的变比，输电线路的阻抗、导纳的标幺值，发电机和负荷的功率参数。

在进行潮流计算时，一般令 $S_{\mathrm{B}} = 100\ \mathrm{MVA}$，$U = U_{\mathrm{av}}$，这是一个近似潮流计算，主要是为了使手算潮流更加方便。而在潮流计算仿真软件仿真的时候，常用的发电机、变压器等标幺制模型中，基本都是以自己的参数为基准值的，所以就不需要另外再取基准值。在上述的三机六节点的电力系统中，三台发电机侧的电压均为 10 kV，线路侧的电压为 110 kV，基准电压为对应的平均额定电压 10.5 kV 和 115 kV，在三个母线处的负荷分别为：$L_{\mathrm{d2}} = (2 + \mathrm{j}1)\mathrm{MVA}$、$L_{\mathrm{d3}} = (3.7 + \mathrm{j}1.3)\mathrm{MVA}$ 和 $L_{\mathrm{d5}} = (1.6 + \mathrm{j}0.8)\mathrm{MVA}$。

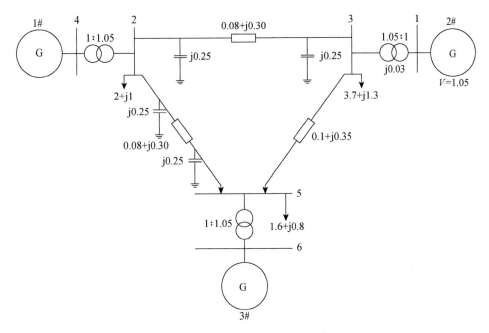

图 3-23　三机六节点电力系统接线图

3.7.1　仿真模型的选择及参数计算

（1）发电机模型

在三机六节点电力系统中的三台发电机选用 p. u. 标准的同步发电机模块"Synchronous Machine pu Standard"，这三个模块里面电压的参数都是标幺值，都是以自身的平均额定电压为基准值，同时三台发电机模块都是按照转子的 dq 轴建立的坐标系，发电机定子侧的绕组采用的是星形连接。设置其额定功率为 100 MVA，平均额定电压为 10.5 kV，频率就采用工频 50 Hz。还有一些其他参数，包括发电机的 dq 轴、暂态阻抗、次暂态阻抗等一系列的数据都可以使用仿真软件中默认的数值来进行仿真。取额定功率等于 S_B，这样就不需要进行换算，发电机模块及模块内参数设置如图 3-24 所示。

（2）变压器模型

系统中的三台变压器都采用的是 Y-Y 形连接方式"Three-phase Transformer(Two Windings)"。设置变压器的额定变比为 1∶1.05，也是最常见的变压器的变压比，因此设置变压器低压侧额定电压为 10.5 kV，高压侧额定电压为 121 kV。在手算潮流分析中，进行电路图绘制的时候，用该变压器换算到基准电压下的一个电阻，并将其串联到电路中，在此基础上为了得到较好的仿真效果，应该尽量将变压器模型中漏抗的数值设置得尽可能小一点，其励磁铁芯电阻、电抗的数值可以设计得大一点，本次变压额定容量设为 100 MVA，频率为 50 Hz，变压器模型及模块内参数设置如图 3-25 所示。

为了方便准确改变和设置变压器的变比使得节点的个数、位置更加清晰，系统还使用了一个 BUS 模块，此模块能够改变变压器的变比，如图 3-26 所示。

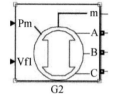

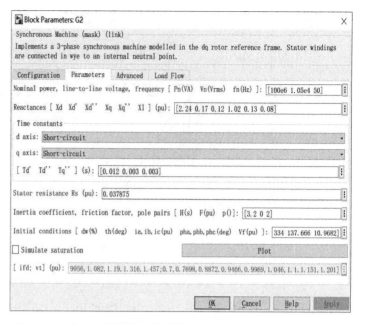

图 3-24　发电机模型及参数设置

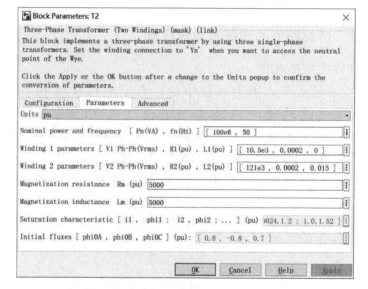

图 3-25　变压器模型及参数设置

（3）线路模型

在电力系统潮流计算中,可以看到三机六节点电力系统中有两条线路是有对地导纳的,还有一条线路是没有对地导纳的,这就需要对这两种线路有较为清晰的认识,充分比较两种线路。在三机六节点系统中有对地导纳的线路我们需要采用的是三相π形等值模块（Three Phase PI Section Line）,如图 3-27 所示,没有对地导纳的线路需要采用的是三相串联 *RLC* 模块（Three-Phase Series *RLC* Branch）,如图 3-28 所示,这两个模块不能够混淆和错误使用,但是这两种线路模块里面的各种参数的值取的均是有名值而不是标幺

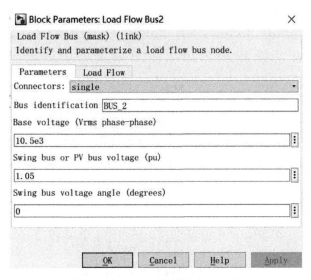

图 3-26　BUS 母线模块参数设置

值,这也需要特别注意。

从系统中选一条支路阻抗为 $R_* + jX_* = 0.08 + j0.30$,对地导纳为 $Y_* = j0.5$ 的线路 L1 为例,L2 的参数计算就与 L1 相同。如图 3-27 所示。

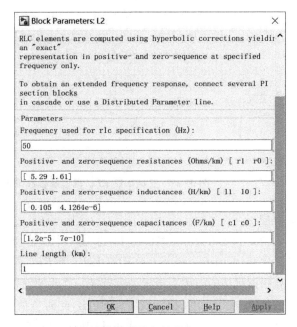

图 3-27　π 形线路模型及参数设定

其参数有名值计算如下:有名值=标幺值×基准值,

电阻有名值:$R = R_* \times \dfrac{V_B^2}{S_B} = 0.08 \times \dfrac{115^2}{100} = 10.58(\Omega)$

电感有名值：$L = \dfrac{X_*}{W} \times \dfrac{V_B^2}{S_B} = \dfrac{0.3}{314} \times \dfrac{115^2}{100} = 0.126\ 3(\mathrm{H})$

电容有名值：$C = \dfrac{1}{\dfrac{W}{Y_*} \times \dfrac{V_B^2}{S_B}} = \dfrac{1}{\dfrac{314}{0.5} \times \dfrac{115^2}{100}} = 12 \times 10^{-5}(\mathrm{F})$

同时根据这种计算有名值的方法，即通过有名值和标幺值的定义来进行计算，可以计算出支路阻抗为 $R_* + \mathrm{j}X_* = 0.1 + \mathrm{j}0.35$ 的线路 L3，其参数有名值如下：

电阻有名值：$R = R_* \times \dfrac{V_B^2}{S_B} = 0.1 \times \dfrac{115^2}{100} = 13.225(\Omega)$

电感有名值：$L = \dfrac{X_*}{W} \times \dfrac{V_B^2}{S_B} = \dfrac{0.35}{314} \times \dfrac{115^2}{100} = 0.147(\mathrm{H})$

为了方便之后的计算，在 RLC 型等值线路模块数据设置的时候，将线路的长度数据设置为 1 km，这样就不需要进行进一步的计算，可以直接输入上述计算的结果。如图 3-28 所示。

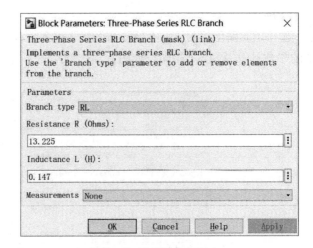

图 3-28　三相串联 *RLC* 模型及参数设定

（4）负荷模型

潮流计算负荷是利用 R、L、C 串联或并联形成一个组合，Simulink 中提供了静态负荷模型，分别是 RLC 串联（Three-Phase Series RLC Load）和 RLC 并联（Three-Phase Parallel RLC Load），就这需要根据具体的电力系统模型来选择。这两种静态负荷模型支路的电阻抗都是固定不变的数值，系统在仿真的时候，频率为 50 Hz，此时负荷阻抗为一固定值，负荷吸收的有功功率和无功功率与负荷的电压平方成正比，从而使得负荷上的有功功率和无功功率会随着电压的变化而变化，然而在三机六节点的电力系统中，希望的是当母线节点的类型为 PQ 节点的时候，负荷应该有一个固定的输出或者输入，其数值不会随意地变化，为了方便后面进行数据的比较和分析，所以这里不选用静态负荷模型，而选用动态负荷模型。

经过对静态模块和动态模块特性的比较分析，对于 PQ 节点，使用动态负荷模块（Three-Phase Dynamic Load）来进行 Simulink 的仿真分析，因为此负荷的输入和输出是一个固定的值,符合要求,如图 3-29 所示。可以发现当动态负荷的终端电压高于电力系统所设定的最小电压的时候,负荷的有功功率和无功功率的数值会按照下面两个公式进行一定的变化。

$$P_{(s)} = P_0 \left(\frac{U}{U_0} \right)^{n_{\mathrm{p}}} \frac{(1 + T_{\mathrm{p1}}s)}{(1 + T_{\mathrm{p2}}s)} \tag{3-54}$$

$$Q_{(s)} = Q_0 \left(\frac{U}{U_0} \right)^{n_{\mathrm{q}}} \frac{(1 + T_{\mathrm{q1}}s)}{(1 + T_{\mathrm{q2}}s)} \tag{3-55}$$

从系统图中可以看出,三机六节点的电力系统中的 load1,load2,load3 三个负荷所连接的母线处的节点都是 PQ 节点,根据上述的要求,PQ 节点要求负载的功率有一个恒定的输入或者输出,所以应该设置 P_0、Q_0 为系统给出的有功功率和无功功率数值,同时也要控制负荷性质的指数 n_{p}、n_{q},并且将有功功率、无功功率动态特性时间常数 T_{p1}、T_{p2}、T_{q1}、T_{q2} 全部都设置为 0。其中负载的起始电压是系统取的一个起始值,如图 3-29 所示。

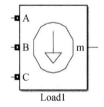

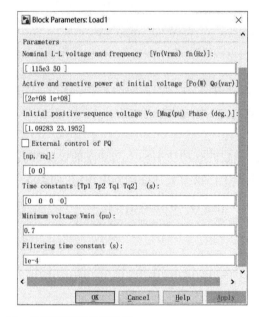

图 3-29　负荷模型及参数设置

（5）母线模型设置

为了对电压和电流进行测量,我们就需要选择带有测量电压、电流元件的母线模型,即系统中的三相电压电流测量元件"Three-Phase V-I Measurement"来对电力系统中的母线进行模拟。同时,为了方便测量流过线路的潮流,我们需要在线路元件的两端也设置母线模型,如图 3-30 所示。

（6）综合参数设置

在完成上述基本模块的设置之后,就要开始对仿真软件潮流计算中非常重要的模块 Powergui 模块进行参数设置,包括节

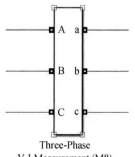

图 3-30　母线模型

点的类型、初始值等综合参数。如图 3-23 设置对应的 *PV*、*PQ* 和平衡节点，并且要设置每个节点所对应的有功功率和无功功率。在 Powergui 上可以设置计算的精度和时间。如图 3-23 节点 1 对应的是 G1，节点 2 对应的是 load1，节点 3 对应的是 load2，节点 4 对应的是 G2，节点 5 对应的是 load3，节点 6 对应的是 G3。Powergui 模块如图 3-31 所示。

图 3-31　Powergui 模型

点击 Powergui 里面的"Load Flow"，如图 3-32 和图 3-33 所示，然后输入之前确定的初值，再点击"Compute"就可以得到该初始值下的潮流计算的数值，包括每个节点的电压的幅值、电压的相角，以及支路上的有功功率和无功功率等数值。

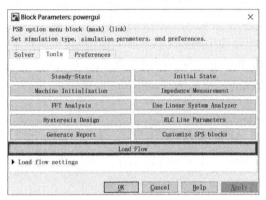

图 3-32　"Load Flow"仿真

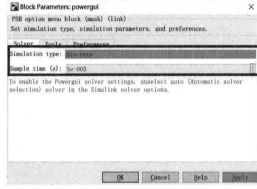

图 3-33　Powergui 参数设置

对每个模块的有功功率和无功功率的设置都需要进行数据的多次计算和比较分析才能最后输出一个比较稳定且准确的电压值，如图 3-34 所示。

Bus ty...	P (MW)	Q (Mv...	Block Name
PV	100.00	5000.00	G3
PQ	160.00	80.00	Load3
swing	0.00	50.00	G1
PV	500.00	5000.00	G2
PQ	200.00	100.00	Load1
PQ	370.00	130.00	Load2

图 3-34　节点对应的模型

3.7.2　仿真模型的搭建

搭建如图 3-35 所示的三机六节点环形电力系统潮流计算仿真模型，图中有三个发电机 G1、G2、G3 和三个变压器 T1、T2、T3。首先，和三个发电机相连接的是两个 Constant 常数模块，此模块的作用是给电机一个固定的负载转矩；其次，三个发电机和变压器相连接，并且通过连接三个示波器依次显示在潮流计算的过程中电压、电流和功率的变化情况，此外在发电机和变压器的连接过程中还使用了一个 BUS 模块可以更加精确方便地改变变压器的变比；最后，变压器和三相电压电流测量模块进行相互连接并且通过一个 π 形等值电路模块，中间接入了输出负荷，最终组成了一个三机六节点环形网络。

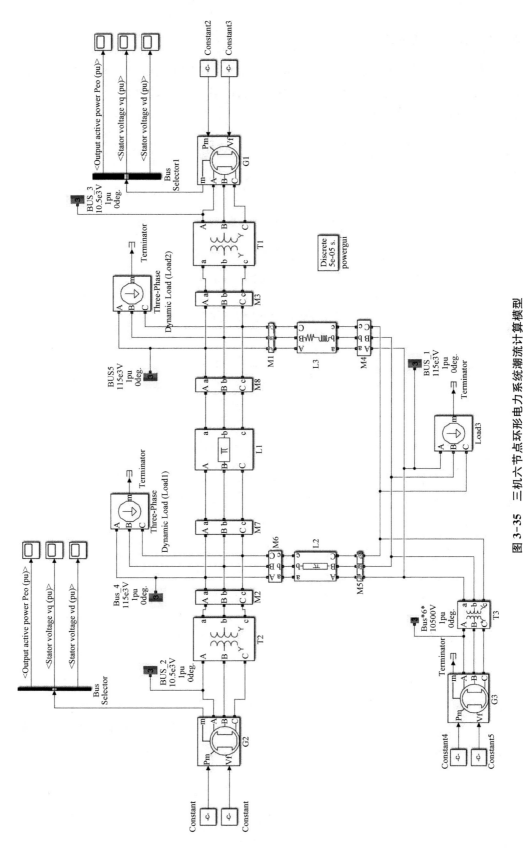

图 3-35　三机六节点环形电力系统潮流计算模型

3.7.3　仿真数据结果

利用潮流计算仿真软件 Powergui 模块对三机六节点电力系统的环形网络进行仿真潮流计算，计算得到每个节点的电压，各条支路的首端功率和末端功率。三机六节点的潮流计算仿真数据结果如图 3-36 所示。

	Block type	Bus type	Bus ID	Vbase (kV)	Vref (pu)	Vangle (deg)	P (MW)	Q (Mvar)	Qmin (Mvar)	Qmax (Mvar)	V_LF (pu)	Vangle_LF (deg)	P_LF (MW)	Q_LF (Mvar)	Block Name	
1	SM	PV	Bus*6*	10.50	1.0500	0.00	100.00	5000.00	-Inf	Inf	1.0500	8.90	100.00	89.18	Synchronous Machine	pu Standard (G3)
2	DYN load	PQ	BUS_1	115.00	1	0.00	160.00	80.00	-Inf	Inf	1.0911	8.13	160.00	80.00	Three-Phase Dynamic Load (Load3)
3	SM	swing	BUS_3	10.50	1.0500	0.00	0.00	50.00	-Inf	Inf	1.0500	0.00	158.63	190.99	Synchronous Machine	pu Standard (G1)
4	SM	PV	BUS_2	10.50	1.0500	0.00	500.00	5000.00	-Inf	Inf	1.0500	27.12	500.00	83.26	Synchronous Machine	pu Standard (G2)
5	DYN load	PQ	BUS_4	115.00	1	0.00	200.00	100.00	-Inf	Inf	1.0928	23.20	200.00	100.00	Three-Phase Dynamic Load (Load1)
6	DYN load	PQ	BUS_5	115.00	1	0.00	370.00	130.00	-Inf	Inf	1.0478	-2.57	370.00	130.00	Three-Phase Dynamic Load (Load2)

图 3-36　Powergui 模型数据

（1）电压幅值和相角数据如图 3-37 所示。

（2）各节点的有功功率和无功功率数据如图 3-38 所示。

V_LF (pu)	Vangle_LF (deg)	P
1.0500	8.90	
1.0911	8.13	
1.0500	0.00	
1.0500	27.12	
1.0928	23.20	
1.0478	-2.57	

P_LF (MW)	Q_LF (Mvar)	Block Name
100.00	89.18	G3
160.00	80.00	Load3
158.63	190.99	G1
500.00	83.26	G2
200.00	100.00	Load1
370.00	130.00	Load2

图 3-37　电压幅值和相角数据　　　　**图 3-38　各节点的有功功率和无功功率数据**

（3）三机六节点电力系统中每条支路的首端功率和末端功率如图 3-39 和图 3-40 所示。可以从图中看出每条支路的首端功率和末端功率，图中 BUS_1 对应的是节点 5，BUS_2 对应的是节点 4，BUS_5 对应的是节点 3，BUS_4 对应的是节点 2，BUS_3 对应的是节点 1，所以可以根据这个对应的关系来求出每条支路的首端功率和末端功率，其中首端功率包括 $S_{(3,1)}$、$S_{(2,4)}$、$S_{(2,3)}$、$S_{(5,3)}$、$S_{(5,2)}$、$S_{(5,6)}$，末端功率包括 $S_{(1,3)}$、$S_{(4,2)}$、$S_{(3,2)}$、$S_{(3,5)}$、$S_{(2,5)}$、$S_{(6,5)}$，其中要注意的就是里面的数据都带有单位，都是实际值，需要把它换算成标幺值才能和下面 Powergui 里面的数据进行比较，因为 Powergui 仿真出来的结果都是标幺值的数据，如果想要比较实际值的话，我们也可以根据标幺值的定义把实际值换算成标幺值。

此处 Powergui 模块计算出来的各节点的有功功率和无功功率是有名值，我们可以将有名值换算为标幺值，方便对编程的计算结果进行比较。

标幺值＝有名值/基准值，基准值选取的是 $S_B = 100$ MVA，该值是在进行潮流计算的时候经常取的基准值，如果没有明确规定，就取该值为基准值，主要就是为了方便计算。

```
 4 : BUS_4   V= 1.093 pu/115kV 23.20 deg
       Generation : P=    0.00 MW Q=    0.00 Mvar
       PQ_load    : P=  200.00 MW Q=  100.00 Mvar
       Z_shunt    : P=   -0.00 MW Q=    0.00 Mvar
  --> BUS_1      : P=  126.46 MW Q=  -32.37 Mvar
  --> BUS_2      : P= -499.05 MW Q=  -48.29 Mvar
  --> BUS_5      : P=  172.59 MW Q=  -19.34 Mvar

 5 : BUS_5   V= 1.048 pu/115kV -2.57 deg
       Generation : P=    0.00 MW Q=    0.00 Mvar
       PQ_load    : P=  370.00 MW Q=  130.00 Mvar
       Z_shunt    : P=   -0.00 MW Q=    0.00 Mvar
  --> BUS_1      : P=  -58.08 MW Q=    9.33 Mvar
  --> BUS_3      : P= -158.38 MW Q= -174.20 Mvar
  --> BUS_4      : P= -153.54 MW Q=   34.87 Mvar

 6 : Bus*6*  V= 1.050 pu/10.5kV 8.90 deg
       Generation : P=  100.00 MW Q=   89.18 Mvar
       PQ_load    : P=    0.00 MW Q=    0.00 Mvar
       Z_shunt    : P=    0.02 MW Q=    0.02 Mvar
  --> BUS_1      : P=   99.98 MW Q=   89.16 Mvar
```

图 3-39　支路首末端功率 1

```
15  1 : BUS_1   V= 1.091 pu/115kV 8.13 deg
16        Generation : P=    0.00 MW Q=    0.00 Mvar
17        PQ_load    : P=  160.00 MW Q=   80.00 Mvar
18        Z_shunt    : P=   -0.00 MW Q=    0.00 Mvar
19   --> BUS_4      : P= -121.32 MW Q=    5.04 Mvar
20   --> BUS_5      : P=   61.23 MW Q=    1.68 Mvar
21   --> Bus*6*     : P=  -99.91 MW Q=  -86.72 Mvar
22
23  2 : BUS_2   V= 1.050 pu/10.5kV 27.12 deg
24        Generation : P=  500.00 MW Q=   83.26 Mvar
25        PQ_load    : P=    0.00 MW Q=    0.00 Mvar
26        Z_shunt    : P=    0.02 MW Q=    0.02 Mvar
27   --> BUS_4      : P=  499.98 MW Q=   83.24 Mvar
28
29  3 : BUS_3   V= 1.050 pu/10.5kV 0.00 deg  ; Swing bus
30        Generation : P=  158.63 MW Q=  190.99 Mvar
31        PQ_load    : P=    0.00 MW Q=    0.00 Mvar
32        Z_shunt    : P=    0.02 MW Q=    0.02 Mvar
33   --> BUS_5      : P=  158.61 MW Q=  190.97 Mvar
```

图 3-40　支路首末端功率 2

从图 3-39 和图 3-40 中可以看出,各支路的首端功率和末端功率分别为:

$$S_{(3,\,1)}=(-1.583\,8-j1.742)\text{MVA};S_{(1,\,3)}=(1.586\,1+j1.909\,7)\text{MVA}$$

$$S_{(2,\,4)}=(-4.990\,5-j0.482\,9)\text{MVA};S_{(4,\,2)}=(4.999\,8+j0.832\,4)\text{MVA}$$

$$S_{(2,\,3)}=(1.725\,9-j0.193\,4)\text{MVA};S_{(3,\,2)}=(-1.535\,4+j0.348\,7)\text{MVA}$$

$$S_{(5,\,3)}=(0.612\,3-j0.016\,8)\text{MVA};S_{(3,\,5)}=(-0.580\,8+j0.093\,3)\text{MVA}$$

$$S_{(5,\,2)}=(-1.213\,2-j0.050\,4)\text{MVA};S_{(2,\,5)}=(1.264\,2-j0.323\,7)\text{MVA}$$

$$S_{(5,\,6)}=(-0.999\,1-j0.867\,2)\text{MVA};S_{(6,\,5)}=(0.999\,8+j0.891\,6)\text{MVA}$$

案例分析与仿真练习

(三) 电力系统潮流仿真计算

任务一:知识点巩固

1. 电力线路阻抗中的功率损耗计算表达式是什么?线路首端和末端电容功率损耗计算表达式是什么?

2. 电力系统阻抗中电压降落的纵分量和横分量的表达式是什么?

3. 什么叫电压降落、电压损耗、电压偏移、电压调整和输电效率?

4. 什么是运算负荷?什么是运算功率?变电所的运算负荷应如何计算?

任务二：仿真实践与练习

1. 根据仿真模块 Powergui 的计算功能分析双机五节点环形电力网络的潮流分布情况，运行并得出运行结果。（具体线路结构图、元件参数参考图 3-35 三机六节点电力系统）

2. 分析各节点电压及功率流情况。

习题

3-1 电力系统电力线路阻抗中的功率损耗计算表达式是什么？电力线路始端、末端的电容功率计算表达式是什么？

3-2 电压降落、电压损耗、电压偏移的概念是什么？电压降落的横向分量、纵向分量的计算表达式是什么？

3-3 什么是运算负荷？什么是运算功率？

3-4 分析高压输电线路空载运行时末端电压会高于始端电压的原因。

3-5 简单开式电力网络和环形电力网络的网络潮流计算的内容和步骤是什么？

3-6 110 kV 双回架空电力线路，长度为 150 km，导线型号为 LGJ-120，导线计算外径为 15.2 mm，三相导线几何平均距离为 5 m，已知电力线路末端负荷为（30＋j15）MVA，末端电压为 106 kV，求线路始端电压、功率，并作出电压相量图。

3-7 220 kV 单回架空电力线路，长度为 200 km，导线型号为 LGJ-300，导线计算外径为 24.2 mm，三相导线几何平均距离为 7.5 m。已知其始端输出的功率为（120＋j50）MVA，始端的电压为 240 kV，求末端电压及功率，并作出电压向量图。

3-8 110 kV 单回架空电力线路，长度为 80 km，导线型号为 LGJ-95，导线计算外径为 13.7 mm，三相导线几何平均距离为 5 m，电力线路始端电压为 116 kV，末端负荷为（15+j10）MVA，求该电力线路末端电压及始端输出的功率。

3-9 220 kV 单回架空电力线路，长度为 220 km，电力线路每公里的参数为 $r_1 = 0.108\ \Omega/\text{km}$，$x_1 = 0.42\ \Omega/\text{km}$，$b_1 = 2.66 \times 10^{-6}\ \text{S/km}$，线路空载运行，当线路末端电压为 205 kV 时，求线路始端电压。

3-10 如图 3-41 所示电力系统，已知 Z_{12}、Z_{23}、Z_{31} 均为（1+j3）Ω，$U_A = 37$ kV，若忽略线路上电压降落的横分量，求功率分布及最低点电压。

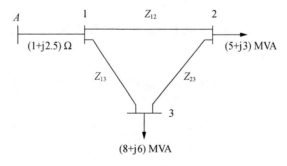

图 3-41 题 3-10 图

3-11　如图 3-42 所示,有一条 110 kV 的输电线路,由 A 向 B 输送功率,试求:

（1）当受端 B 的电压保持在 110 kV,送端 A 的电压应该是多少,绘出相量图。

（2）如果输电线路多输送 5 MW 有功功率,则 A 点电压如何变化。

（3）如果输电线路多输送 5 Mvar 无功功率,则 A 点电压如何变化。

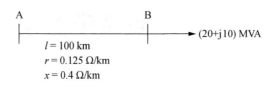

图 3-42　题 3-11 图

辩证思维

海洋潮流是在自然因素作用下的水平方向的海水流动。电力系统中电力网络分布在广袤的地理环境下,担负传输与分配功率的任务,电力系统功率的汇集、输送、分配就是流动在电力网络中的潮流。

近十年,随着智能电网的建设,分布式电源、储能装置、电动汽车等接入量的增加,一方面推高了配电网运行的不对称性,另一方面,配电网也逐渐由传统的单一电源供电向多电源供电转变,这也导致了配电网的潮流方向由原来的相对固定变得复杂多变。这些因素增加了电网运行控制的复杂性,同时对电网的精确掌握提出了更高的要求。

分布式电源的接入使配电网的结构变得更加复杂,从辐射状的单电源网络结构变成和用户联系密切的多电源供电系统。潮流方向也不再单向地从电源节点流向末端负荷节点,系统中可能出现双向潮流,线路中功率的传输和系统中各节点电压也发生明显变化。根据光伏发电系统、风力发电系统、燃料电池、微型燃气轮机等典型分布式电源工作原理、运行方式及各自并网运行特点,电网的电压和功率损耗都呈现出新特点。

电压方面:分布式电源接入配电网后,由于馈线上的传输功率减少以及分布电源输出的无功功率,导致用户侧电压偏高。由于电压升高程度与分布电源的接入位置及无功控制策略、发电量的相对大小有关,多因素耦合的复杂性给电压调节带来一定困难。

损耗方面:分布式电源的接入会改变线路潮流的大小与方向,可能减小或增大系统损耗,这取决于分布式电源的接入点、网络的拓扑结构、负荷量的相对大小等因素。

传统配电网某一点发生短路故障时,可能会导致整条配电线路崩溃无法供电,当接入分布式能源后网络存在多个电源,从这个角度来看分布式能源的接入提高了配电网的供电可靠性。电力行业从业者要在无畏耕耘的同时兼具创新精神,更要用发展的眼光看待科学问题,跟上时代奔涌的浪潮。

第4章

复杂电力系统潮流计算

随着计算机技术的发展,复杂电力系统潮流计算几乎均借助计算机来进行计算,它具有计算精度高、速度快等优点。计算机算法的主要步骤有:

(1) 建立描述复杂电力系统运行状态的基本模型;

(2) 确定解算数学模型的方法;

(3) 制定程序框图,编写计算机计算程序,并进行计算;

(4) 对计算结果进行分析。

4.1　电力网络的数学模型

电力网络的数学模型是将网络有关参数和变量及其相互关系归纳起来所组成的、可以反映网络性能的数学方程式组,也可以说是对电力系统的运行状态、变量和网络参数之间相互关系的一种数学描述。电力网络的数学模型有节点电压方程和回路电流方程等。在电力系统潮流分布的计算中,广泛采用的是节点电压方程,节点电压方程又分为节点导纳矩阵表示的节点电压方程和节点阻抗矩阵表示的节点电压方程。

4.1.1　节点导纳矩阵表示的节点电压方程建立

根据电路课程中导出基于导纳矩阵的节点电压方程的一般形式为:

$$\boldsymbol{I}_{\mathrm{B}} = \boldsymbol{Y}_{\mathrm{B}} \boldsymbol{U}_{\mathrm{B}} \tag{4-1}$$

因此对于 n 个独立节点的网络可以列写 n 个节点的电压方程,可写成:

$$
\begin{bmatrix}
\dot{I}_1 \\
\dot{I}_2 \\
\vdots \\
\dot{I}_n
\end{bmatrix}
=
\begin{bmatrix}
Y_{11} & Y_{12} & \cdots & Y_{1n} \\
Y_{21} & Y_{22} & \cdots & Y_{2n} \\
\vdots & \vdots & & \vdots \\
Y_{n1} & Y_{n2} & \cdots & Y_{nn}
\end{bmatrix}
\begin{bmatrix}
\dot{U}_1 \\
\dot{U}_2 \\
\vdots \\
\dot{U}_n
\end{bmatrix}
\tag{4-2}
$$

方程组式(4-1)中,$\boldsymbol{I}_{\mathrm{B}}$ 是节点注入电流的列相量。在电力系统计算中节点注入电流可以理解为节点电源与负荷电流之和,并规定电源向网络节点注入的电流为正。那么,仅有负荷的节点的注入电流为负,而仅起联络作用的联络节点的注入电流为零。$\boldsymbol{U}_{\mathrm{B}}$ 是节点电压的列向量。当网络中有接地支路时，通常以大地作为参考点，节点电压就是各节点的对地电压，并规定地节点的编号为零。Y_B 是 $n \times n$ 阶节点导纳矩阵，其阶数 n 等于网络中除去参考节点外的节点数。

节点导纳矩阵的对角元素 $Y_{ii}(i=1,2,3,\cdots,n)$ 称为自导纳，自导纳等于与节点 i 相连支路的导纳之和。其表达式为：

$$Y_{ii}=\dot{I}_i/\dot{U}_i=\dot{I}_i=\sum_{j\in i}\dot{I}_{ij}=\sum_{j\in i}y_{ij} \quad (\dot{U}_i=1,\dot{U}_j=0,j\neq i) \tag{4-3}$$

式中，$j\in i$ 表示只包括与 i 节点直接相连的节点。

节点导纳矩阵的非对角线元素 $Y_{ji}(j=1,2,3,\cdots,n;i=1,2,3,\cdots,n;i\neq j)$ 称为互导纳，互导纳等于节点 i、j 间所相连支路元件导纳的负值。其表达式为：

$$Y_{ji}=\dot{I}_j/\dot{U}_i=\dot{I}_j=-y_{ij} \quad (\dot{U}_i=1,\dot{U}_j=0,j\neq i) \tag{4-4}$$

从而有 $Y_{ji}=Y_{ij}$，因此网络节点导纳矩阵为对称矩阵，若节点 i、j 之间没有支路直接相连时，则有 $Y_{ji}=Y_{ij}=0$。这样 Y_B 中将有大量的零元素，因而节点导纳矩阵为稀疏矩阵。且导纳矩阵各行非对角非零元素的个数等于对应节点所连的不接地支路数。

用以网络节点导纳矩阵表示的节点电压方程进行潮流计算时，可以减少计算机的内存，提高运算速度，因此网络节点导纳矩阵是最为常用的。

4.1.2 节点导纳矩阵及其修正

（1）节点导纳矩阵的形成

节点导纳矩阵的计算归纳总结如下：

① 节点导纳矩阵的阶数等于电力网络中除参考点（一般为大地）以外的独立节点数。

② 节点导纳矩阵是稀疏矩阵，其各行非对角非零元素的个数，等于对应节点所连的不接地支路数。

③ 节点导纳矩阵的对角元素，即各节点的自导纳等于相应节点所连支路的导纳之和，即：

$$Y_{ii}=\sum_{j\in i}y_{ij} \tag{4-5}$$

④ 节点导纳矩阵的非对角元素 Y_{ji} 等于节点 i 和 j 间支路导纳的负值，即：

$$Y_{ij}=Y_{ji}=-y_{ij}=-\frac{1}{z_{ij}} \tag{4-6}$$

⑤ 节点导纳矩阵是对称方阵，因此一般只需要求取这个矩阵的上三角或下三角部分。

⑥ 网络中的变压器，采用 π 形等值电路，在实际程序中，当节点 i、j 新接入变压器支路并采用 π 形等值电路表示后，对原来的节点导纳矩阵修正如下：

➤ 增加非零非对角元素：

$$Y_{ij} = Y_{ji} = -\frac{Y_T}{K} \tag{4-7}$$

➤ 节点 i 的自导纳增加一个改变量：

$$\Delta Y_{ii} = \frac{K-1}{K} Y_T + \frac{1}{K} Y_T = Y_T \tag{4-8}$$

➤ 节点 j 的自导纳，也增加一个改变量：

$$\Delta Y_{jj} = \frac{1}{K} Y_T + \frac{1-K}{K^2} Y_T = \frac{1}{K^2} Y_T \tag{4-9}$$

（2）节点导纳矩阵的修改

在电力系统计算中，往往要计算不同接线方式下或某些元件参数变化前后的运行状况。由于改变一个支路的参数或它的投入、退出只影响该支路两端节点的自导纳、互导纳，故不必重新计算节点导纳矩阵，仅需在原节点导纳矩阵的基础上进行修改即可。

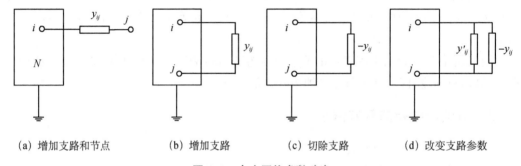

(a) 增加支路和节点　　(b) 增加支路　　(c) 切除支路　　(d) 改变支路参数

图 4-1　电力网络参数改变

① 从原网络节点 i 引出一导纳为 y_{ij} 的支路，同时增加一节点 j，如图 4-1(a) 所示。此时，因网络新增一节点，原导纳矩阵将增加一阶。新增节点的对角元素为：

$$Y_{jj} = y_{ij} \tag{4-10}$$

新增非对角元素为：

$$Y_{ij} = Y_{ji} = -y_{ij} \tag{4-11}$$

原有节点的自导纳增量：

$$\Delta Y_{ii} = y_{ij} \tag{4-12}$$

② 在原有节点 i 和 j 间增加一条支路，如图 4-1(b) 所示。节点导纳矩阵的阶数不变，有关元素修改为：

$$\Delta Y_{ii} = \Delta Y_{jj} = y_{ij} \qquad \Delta Y_{ij} = \Delta Y_{ji} = -y_{ij} \tag{4-13}$$

③ 在原有节点间切除一条导纳为 y_{ij} 的支路，如图 4-1(c) 所示。这种情况相当于在节点 i 和 j 之间增加一条导纳为 $-y_{ij}$ 的支路，因此节点 i 和 j 有关的元素修改为：

$$\begin{cases} \Delta Y_{ii} = \Delta Y_{jj} = -y_{ij} \\ \Delta Y_{ij} = \Delta Y_{ji} = y_{ij} \end{cases} \tag{4-14}$$

④ 原网络节点 i、j 之间的导纳由 y_{ij} 变为 y'_{ij}，如图 4-1(d) 所示。这种情况相当于在节点 i 和 j 之间先切除一导纳为 y_{ij} 的支路，然后再并联一导纳为 y'_{ij} 的支路，此时节点导纳矩阵的阶数不变，相关元素修改为：

$$\begin{cases} \Delta Y_{ii} = \Delta Y_{jj} = y'_{ij} - y_{ij} \\ \Delta Y_{ij} = \Delta Y_{ji} = y_{ij} - y'_{ij} \end{cases} \tag{4-15}$$

⑤ 原有网络节点 i 和 j 之间变压器的变比由 k 变为 k'，如图 4-2 所示。这种情况相当于在原网络节点 i 和 j 之间切除一个变比为 K 的变压器支路，而又增加一个变比为 K' 的变压器支路，其节点导纳矩阵元素修改为：

$$\begin{cases} \Delta Y_{ii} = 0 \\ \Delta Y_{ij} = \Delta Y_{ji} = -\dfrac{Y_{\mathrm{T}}}{K'} + \dfrac{Y_{\mathrm{T}}}{K} = -\left(\dfrac{1}{K'} - \dfrac{1}{K}\right) Y_{\mathrm{T}} \\ \Delta Y_{jj} = \left(\dfrac{1}{K'^2} - \dfrac{1}{K^2}\right) Y_{\mathrm{T}} \end{cases} \tag{4-16}$$

4.1.3　变压器电压比改变时导纳矩阵的修正

在多电压等级的电力系统分析时，在精确计算时需要将电力网络中的所有参数和变量归算到同一电压等级，但电力系统实际运行中，很多变压器的高、中压端都有分接头，变压器的实际电压比是可以调节的，如果改变了某个变压器的分接头，那么是不是经过这个变压器电压比归算过的所有元件和参数都要重新计算呢？可以不要，这里介绍一种等效模型，采用这种等效模型后，则变压器电压比改变时导纳矩阵只需要稍做修正，而不必将其他元件和参数重新归算，下面讨论修正的方法。

设电力网络中某变压器归算后的阻抗为 Z_{T}（或用导纳表示为 $Y_{\mathrm{T}} = 1/Z_{\mathrm{T}}$），其两端的节点分别为 1、2 节点，在实际运行中，通过切换变压器的高压端的分接头，使变压器的电压比发生了变化，相当于串联一个理想的变压器，其电压比 $1:K$，如图 4-2(a) 所示。

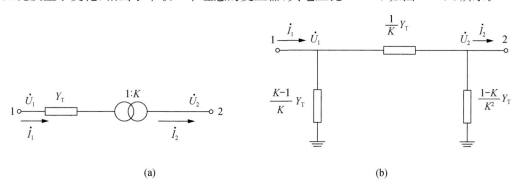

(a)　　　　　　　　　　　　　　(b)

图 4-2　变压器电压比引起的电路修正

由图 4-2(a)电路,根据理想变压器的定义可得如下关系:

$$\dot{I}_1 = K\dot{I}_2 \tag{4-17}$$

$$\dot{U}_1 - \dot{I}_1 Z_{\mathrm{T}} = \frac{\dot{U}_2}{K} \tag{4-18}$$

解之,得出如下解:

$$\dot{I}_1 = \frac{\dot{U}_1}{Z_{\mathrm{T}}} - \frac{\dot{U}_2}{KZ_{\mathrm{T}}} = \frac{K-1}{KZ_{\mathrm{T}}}\dot{U}_1 + \frac{1}{KZ_{\mathrm{T}}}(\dot{U}_1 - \dot{U}_2) \tag{4-19}$$

$$-\dot{I}_2 = -\frac{\dot{I}_1}{K} = \frac{-1}{KZ_{\mathrm{T}}}\dot{U}_1 + \frac{\dot{U}_2}{K^2 Z_{\mathrm{T}}} = \frac{1-K}{K^2 Z_{\mathrm{T}}}\dot{U}_2 + \frac{1}{KZ_{\mathrm{T}}}(\dot{U}_2 - \dot{U}_1) \tag{4-20}$$

式(4-19)、式(4-20)也可以用导纳表示为:

$$\dot{I}_1 = \frac{K-1}{K}Y_{\mathrm{T}}\dot{U}_1 + \frac{1}{K}Y_{\mathrm{T}}(\dot{U}_1 - \dot{U}_2) \tag{4-21}$$

$$-\dot{I}_2 = \frac{1-K}{K^2 Z_{\mathrm{T}}}Y_{\mathrm{T}}\dot{U}_2 + \frac{1}{K}Y_{\mathrm{T}}(\dot{U}_2 - \dot{U}_1) \tag{4-22}$$

其等效电路如图 4-2(b)所示,因分接头切换引起的变压器的电压比变化用等值的导纳变化来体现。所以当电力网络的导纳矩阵已经建立求得后,如果某个变压器的分接头有切换时,相当于在原来的阻抗(或导纳)的基础上增加一个理想的变压器,只要修改与这个变压器相关的两个节点的自导纳和互导纳。

对节点 1:

$$Y'_{11} = Y_{11} - Y_{\mathrm{T}} + \frac{K-1}{K}Y_{\mathrm{T}} + \frac{1}{K}Y_{\mathrm{T}} = Y_{11} \tag{4-23}$$

低压端的自导纳不变。

对节点 2:

$$Y'_{22} = Y_{22} - Y_{\mathrm{T}} + \frac{1-K}{K^2}Y_{\mathrm{T}} + \frac{1}{K}Y_{\mathrm{T}} = Y_{22} - Y_{\mathrm{T}} + \frac{1}{K^2}Y_{\mathrm{T}} \tag{4-24}$$

高压端的自导纳要做修正,要把原来的 Y_{T} 修改为 Y_{T}/K^2。

互导纳则都要修正为:

$$Y'_{12} = Y'_{21} = Y_{12} - Y_{\mathrm{T}} + \frac{1}{K}Y_{\mathrm{T}} \tag{4-25}$$

即要把原来的 Y_{T} 修改为 Y_{T}/K。

4.2 功率方程和节点分类

根据给定的电力网络就可以得出导纳矩阵,从而可以列出网络节点电压方程式,如公式(4-2)表述,这个过程是潮流计算的基础,如果电力网络中的电压源或电流源也是给定的,根据求解的网络方程就可以得到节点电压,然后可以求出各支路电流和功率分布。但实际中,通常给出的是发电机的输出功率或机端电压、负荷需求的功率等,所以无法直接对式(4-2)求解。

因为电力系统的电流不能事先确定故要把节点电压方程组修改成用功率和电压表示的功率方程。

4.2.1 功率方程

根据流过节点的复功率的定义: $\tilde{S}=\dot{U}\overset{*}{\dot{I}}$,式中 $\dot{U}$ 是节点的电压, $\dot{I}$ 是流过改节点的电流向量,所以流过节点 i 的电流可以表示为:

$$\dot{I}_i=\frac{\overset{*}{S}_i}{\overset{*}{U}_i}=\frac{P_i-\mathrm{j}Q_i}{\overset{*}{U}_i} \tag{4-26}$$

式中, P_i 和 Q_i 为流入这个 i 节点的有功功率和无功功率。

把节点电压方程的电流用电压和功率去替代,可以得到 i 节点的功率方程:

$$\frac{P_i-\mathrm{j}Q_i}{\overset{*}{U}_i}=Y_{i1}\overset{*}{U}_1+Y_{i2}\overset{*}{U}_2+\cdots+Y_{ii}\overset{*}{U}_i+Y_{in}\overset{*}{U}_n=\sum_{j=1}^n Y_{ij}\overset{*}{U}_j \tag{4-27}$$

对有 n 个独立节点的电力系统,可以列出 n 个方程,整理为:

$$P_i-\mathrm{j}Q_i=\overset{*}{U}_1\sum_{j=1}^n Y_{ij}\overset{*}{U}_j \quad i=1,2,\cdots,n \tag{4-28}$$

方程式(4-28)称为电力网的统一潮流方程或功率方程,可以用于任一电力系统的潮流计算。

4.2.2 节点分类

(1) PQ 节点

这类节点的有功功率和无功功率是给定的,节点电压是待求量。通常变电所都是这一类型的节点,由于没有发电机设备,故发电功率为零。若系统中某些发电厂送出的功率在一定时间内为固定的,则该发电厂母线可作为 PQ 节点。可见,电力系统中的绝大多数节点都属于这一类型。

(2) PV 节点

这类节点的有功功率和电压幅值是给定的,节点的无功功率和电压的相位是待求量。这类节点必须有足够的可调无功容量,用以维持给定的电压幅值,因而又称为电压控制节点。一般是选择有一定无功储备的发电厂和具有可调无功电源设备的变电所作为 PV 节点。在电力系统中,这一类节点的数目很少。

(3) 平衡节点

在潮流分布算出之前,网络中的功率损失是未知的,因此,网络中至少有一个节点的有功功率不能给定,这个节点承担了系统有功功率的平衡,故称为平衡节点。另外,必须选定一个节点,指定其电压相位为零,作为计算各节点电压相位的参考,这个节点称为基准节点。基准节点的电压幅值也是给定的。为了计算上的方便,通常将平衡节点和基准节点选为同一个节点,习惯上称为平衡节点(亦称为松弛节点、摇摆节点)。

4.2.3 潮流计算的约束条件

(1) 所有节点电压必须满足:

$$U_{i\min} \leqslant U_i \leqslant U_{i\max} \tag{4-29}$$

从保证电能质量和供电安全的要求来看,电力系统的所有电气设备都必须运行在额定电压附近。对于平衡节点和 PV 节点,其电压幅值必须按上述条件给定。因此,这一约束条件主要是对 PQ 节点而言。

(2) 所有电源节点的有功功率和无功功率必须满足:

$$\begin{cases} P_{Gi\min} \leqslant P_{Gi} \leqslant P_{Gi\max} \\ Q_{Gi\min} \leqslant Q_{Gi} \leqslant Q_{Gi\max} \end{cases} \tag{4-30}$$

PQ 节点的有功功率和无功功率以及 PV 点的有功功率,在给定时就必须满足式(4-30)条件。因此,对平衡节点 P 和 Q 应按上述条件进行检查。

(3) 某些节点之间电压的相位差应满足:

$$| \delta_i - \delta_j | < | \delta_i - \delta_j |_{\max} \tag{4-31}$$

为了保证系统运行的稳定性,要求某些输电线路两端的电压相位差不超过一定的数值。这一约束的主要意义就在于此。

潮流计算可以概括为求解一组非线性方程组,并使其解满足一定的约束条件。常用的计算方法是迭代法和牛顿-拉夫逊法(简称牛拉法)。在计算过程中或得出结果之后用约束条件进行检验,如果不满足,则应修改某些变量的给定值,甚至修改系统的运行方式,重新计算。

4.3 牛顿-拉夫逊法潮流计算

牛拉法在数学上是用来求解非线性代数方程式的一种有效方法。其要点是将非线性代数方程式的求解过程变成反复地对相应的线性方程式求解的过程,即我们通常所说的逐次线性化过程,简单讲就是将非线性方程逐步线性化的过程。

设非线性函数 $f(x) = 0$。 设解的初值为 $x^{(0)}: f(x^{(0)} + \Delta x^{(0)})$,误差:$\Delta x^{(0)}$
作泰勒展开:

$$f(x^{(0)} + \Delta x^{(0)}) = f(x^{(0)}) + f'(x^{(0)}) \Delta x^{(0)} + f''(x^{(0)}) \frac{(x^{(0)})^2}{2!} + \cdots$$

$$f(x^{(0)} + \Delta x^{(0)}) = f(x^{(0)}) + f'(x^{(0)})\Delta x^{(0)} = 0 \tag{4-32}$$

修正量方程：

$$f(x^{(0)}) = -f'(x^{(0)})\Delta x^{(0)}$$

$$\Delta x^{(0)} = -\frac{f(x^{(0)})}{f'(x^{(0)})}$$

$$x^{(1)} = x^{(0)} + \Delta x^{(0)} = x^{(0)} - \frac{f(x^{(0)})}{f'(x^{(0)})} \tag{4-33}$$

牛顿-拉夫逊法的迭代公式：

$$x^{(k+1)} = x^{(k)} - \frac{f(x^{(k)})}{f'(x^{(k)})} \tag{4-34}$$

收敛条件：$|f(x^{(k)})| < \varepsilon_1$ 或者 $|\Delta x^{(k)}| < \varepsilon_2$

在潮流计算中，节点极坐标功率方程式：

$$P_i = V_i \sum_{j \in i} V_j (G_{ij} \cos \theta_{ij} + B_{ij} \sin \theta_{ij})$$

$$Q_i = V_i \sum_{j \in i} V_j (G_{ij} \cos \theta_{ij} - B_{ij} \sin \theta_{ij}) \tag{4-35}$$

式中：$j \in i$ 表示 $\sum$ 号后的节点 j 都直接与 i 节点相连，并且包括 $j = i$ 的情况。节点功率误差：

$$\Delta P_i = P_{is} - V_i \sum_{j \in i} V_j (G_{ij} \cos \theta_{ij} + B_{ij} \sin \theta_{ij})$$

$$\Delta Q_i = Q_{is} - V_i \sum_{j \in i} V_j (G_{ij} \cos \theta_{ij} - B_{ij} \sin \theta_{ij}) \tag{4-36}$$

显然上式是节点电压的非线性方程组，推广于多变量非线性方程组。设有 n 个联立的非线性代数方程：

$$\begin{aligned} f_1(x_1, x_2, \cdots, x_n) &= 0 \\ f_2(x_1, x_2, \cdots, x_n) &= 0 \\ &\vdots \\ f_n(x_1, x_2, \cdots, x_n) &= 0 \end{aligned} \tag{4-37}$$

按照泰勒级数展开，略去高次项，从而得到线性修正量的方程组：

$$\begin{bmatrix} f_1(x_1^{(n)}, x_2^{(n)}, \cdots, x_n^{(n)}) \\ f_2(x_1^{(n)}, x_2^{(n)}, \cdots, x_n^{(n)}) \\ \vdots \\ f_n(x_1^{(n)}, x_2^{(n)}, \cdots, x_n^{(n)}) \end{bmatrix} = - \begin{bmatrix} \dfrac{\partial f_1}{\partial x_1}\bigg|_0 & \dfrac{\partial f_1}{\partial x_2}\bigg|_0 & \cdots & \dfrac{\partial f_1}{\partial x_n}\bigg|_0 \\ \dfrac{\partial f_2}{\partial x_1}\bigg|_0 & \dfrac{\partial f_2}{\partial x_2}\bigg|_0 & \cdots & \dfrac{\partial f_2}{\partial x_n}\bigg|_0 \\ \vdots & \vdots & & \vdots \\ \dfrac{\partial f_n}{\partial x_1}\bigg|_0 & \dfrac{\partial f_n}{\partial x_2}\bigg|_0 & \cdots & \dfrac{\partial f_n}{\partial x_n}\bigg|_0 \end{bmatrix} \begin{bmatrix} \Delta x_1^{(0)} \\ \Delta x_2^{(0)} \\ \vdots \\ \Delta x_n^{(0)} \end{bmatrix} \tag{4-38}$$

向量形式的迭代公式:

$$\begin{cases} F(\boldsymbol{X}^{(k)}) = -\boldsymbol{J}^{(k)} \Delta \boldsymbol{X}^{(k)} \\ \Delta \boldsymbol{X}^{(k)} = -[\boldsymbol{J}^{(k)}]^{-1} F(\boldsymbol{X}^{(k)}) \\ \boldsymbol{X}^{(k+1)} = \boldsymbol{X}^{(k)} + \Delta \boldsymbol{X}^{(k)} \end{cases} \tag{4-39}$$

向量形式的收敛条件: $\max\{|f_1(x_1^{(k)}, x_2^{(k)}, x_3^{(k)}, \cdots, x_n^{(k)})|\} < \varepsilon_1$ 或者 $\max\{|\Delta x_1^{(0)}|\} < \varepsilon_1$。

(1) 节点电压以直角坐标形式表示时的牛顿-拉夫逊法潮流计算

采用直角坐标时,功率方程为:

$$\begin{cases} Q_i = f_i \sum_{j=1} (G_{ij}e_j - B_{ij}f_j) - e_i \sum_{j=1} (G_{ij}f_j + B_{ij}e_j) \\ P_i = e_i \sum_{j=1} (G_{ij}e_j - B_{ij}f_j) + f_i \sum_{j=1} (G_{ij}f_j + B_{ij}e_j) \end{cases} \tag{4-40}$$

节点功率误差方程:

$$\begin{cases} \Delta P_i = P_{is} - e_i \sum_{j=1} (G_{ij}e_j - B_{ij}f_j) - f_i \sum_{j=1} (G_{ij}f_j + B_{ij}e_j) = 0 \quad (n-1\text{ 个方程}) \\ \Delta Q_i = \Delta Q_{is} - f_i \sum_{j=1} (G_{ij}e_j - B_{ij}f_j) + e_i \sum_{j=1} (G_{ij}f_j + B_{ij}e_j) = 0 \quad (m\text{ 个方程}) \\ (\Delta U_{is})^2 = U_{is}^2 - e_i^2 - f_i^2 = 0 \quad (n-m-1\text{ 个方程}) \end{cases}$$

$$\tag{4-41}$$

$1\sim m$ 号节点为 PQ 节点,$m+1\sim n-1$ 号节点为 PV 节点,第 n 号节点为平衡节点。共 $2(n-1)$ 个方程。

用向量形式表示为:

$$\begin{bmatrix} \Delta P \\ \Delta Q \\ \Delta U^2 \end{bmatrix} = -[\boldsymbol{J}] \begin{bmatrix} \Delta e \\ \Delta f \end{bmatrix} = -\begin{bmatrix} H & N \\ M & L \\ R & S \end{bmatrix} \begin{bmatrix} \Delta e \\ \Delta f \end{bmatrix} \tag{4-42}$$

其中,Δe、Δf 分别是节点的电压幅值和相角的变化量。

雅可比矩阵:

$$\boldsymbol{J} = -\begin{bmatrix} H & N \\ M & L \\ R & S \end{bmatrix} \tag{4-43}$$

当 $j \neq i$ 非对角元素时:

$$\begin{cases} H_{ij} = \dfrac{\partial \Delta P_i}{\partial e_j} = -L_{ij} = -\dfrac{\partial \Delta Q_i}{\partial f_j} = -(G_{ij}e_i + B_{ij}f_i) \\ N_{ij} = \dfrac{\partial \Delta P_i}{\partial \Delta f_j} = M_{ij} = -\dfrac{\partial \Delta Q_i}{\partial \Delta e_j} = -(B_{ij}e_i - G_{ij}f_i) \\ R_{ij} = S_{ij} = 0 \end{cases} \tag{4-44}$$

当 $j=i$ 对角元素时：

$$
\begin{cases}
H_{ii}=-a_i-G_{ii}e_i-B_{ii}f_i, \\
N_{ii}=-b_i+B_{ii}e_i-G_{ii}f_i \\
M_{ii}=b_i+B_{ii}e_i-G_{ii}f_i \\
L_{ii}=-a_i+G_{ii}e_i+B_{ii}f_i \\
R_{ii}=-2e_i \\
S_{ii}=-2f_i
\end{cases}
\tag{4-45}
$$

(2) 节点电压以极坐标表示时的牛顿-拉夫逊法潮流计算

电压用极坐标表示时，对于每一个 PQ 或每一个 PV 节点都可列写一个有功功率不平衡方程：

$$
P_i=U_i\sum_{j\in i}(G_{ij}\cos\theta_{ij}+jB_{ij}\sin\theta_{ij})
\tag{4-46}
$$

而对每一个 PQ 节点还可以再列写一个无功功率不平衡方程式：

$$
Q_i=U_i\sum_{j\in i}(G_{ij}\sin\theta_{ij}-jB_{ij}\cos\theta_{ij})
\tag{4-47}
$$

对方程式(4-46)和式(4-47)可以写出修正量方程如下：

$$
\begin{bmatrix}\Delta P\\\Delta Q\end{bmatrix}=-[\boldsymbol{J}]\begin{bmatrix}H&N\\M&L\end{bmatrix}\begin{bmatrix}\Delta\delta\\U^{-1}\Delta U\end{bmatrix}
\tag{4-48}
$$

雅可比矩阵的计算：

$$
H_{ij}=\frac{\partial\Delta P_i}{\partial\Delta\delta_j},\quad N_{ij}=\frac{\partial\Delta P_i}{\partial\Delta U_j}U_j,\quad K_{ij}=\frac{\partial\Delta Q_i}{\partial\Delta\delta_j},\quad L_{ij}=\frac{\partial\Delta Q_i}{\partial\Delta U_j}U_j
\tag{4-49}
$$

当 $i\neq j$ 时非对角元素：

$$
\begin{cases}
H_{ij}=-V_iV_j(G_{ij}\sin\delta_{ij}-B_{ij}\cos\delta_{ij}) \\
N_{ij}=-V_iV_j(G_{ij}\cos\delta_{ij}+B_{ij}\sin\delta_{ij}) \\
M_{ij}=V_iV_j(G_{ij}\cos\delta_{ij}+B_{ij}\sin\delta_{ij}) \\
L_{ij}=-V_iV_j(G_{ij}\sin\delta_{ij}-B_{ij}\cos\delta_{ij})
\end{cases}
\tag{4-50}
$$

$i=j$ 时对角元素：

$$
\begin{cases}
H_{ii}=V_i^2B_{ii}+Q_i \\
N_{ii}=-V_i^2G_{ii}-P_i \\
K_{ii}=V_i^2G_{ii}-P_i \\
L_{ii}=V_i^2B_{ii}-Q_i
\end{cases}
\tag{4-51}
$$

综上总结牛顿-拉夫逊法的求解过程如下：

(1) 形成节点导纳矩阵；

(2) 设备节点电压的初值；

(3) 将各节点电压的初值代入计算，求得修正方程式中的不平衡量；

（4）利用各节点电压的初值求得修正方程式的系数矩阵——雅可比矩阵的各个元素；

（5）解修正方程式,求各节点电压的修正量；

（6）计算各节点电压的新值,即修正后值；

（7）运用各节点电压的新值自第三步开始进入下一次迭代；

（8）计算平衡节点功率和线路功率。

4.3 PQ 分解法潮流计算

PQ 分解法是由极坐标形式的牛顿法演化而来,但是该方法在内存占用量和计算速度方面,都比牛顿法有较大的改进,是目前国内外最优先使用的算法。

4.3.1 PQ 分解法的简化过程

牛顿法潮流计算的核心是求解修正方程。当节点功率方程式采用极坐标系时,修正方程式为:

$$\Delta \boldsymbol{P} = -\boldsymbol{H}\Delta\boldsymbol{\delta} \qquad \Delta\boldsymbol{Q} = -\boldsymbol{L}\boldsymbol{U}^{-1}\Delta\boldsymbol{U} \tag{4-52}$$

其中上式的系数矩阵可以表示为:

$$\begin{cases} H_{ij} = U_i U_j B_{ij} & (i,j=1,2,\cdots,n-1) \\ L_{ij} = U_i U_j B_{ij} & (i,j=1,2,\cdots,m) \end{cases} \tag{4-53}$$

写成矩阵形式为:

$$\boldsymbol{H} = \begin{bmatrix} U_1 B_{11} U_1 & U_1 B_{12} U_2 & \cdots & U_1 B_{1,n-1} U_{n-1} \\ U_2 B_{21} U_1 & U_2 B_{22} U_2 & \cdots & U_2 B_{2,n-1} U_{n-1} \\ \vdots & \vdots & & \vdots \\ U_{n-1} B_{n-1,1} U_1 & U_{n-1} B_{n-1,2} U_2 & \cdots & U_{n-1} B_{n-1,n-1} U_{n-1} \end{bmatrix} = \boldsymbol{U}_{D1} \boldsymbol{B}' \boldsymbol{U}_{D1} \tag{4-54}$$

$$\boldsymbol{L} = \begin{bmatrix} U_1 B_{11} U_1 & U_1 B_{12} U_2 & \cdots & U_1 B_{1,m} U_m \\ U_2 B_{21} U_1 & U_2 B_{22} U_2 & \cdots & U_2 B_{2,m} U_m \\ \vdots & \vdots & & \vdots \\ U_m B_{m,1} U_1 & U_m B_{m,2} U_2 & \cdots & U_m B_{m,m1} U_m \end{bmatrix} = \boldsymbol{U}_{D2} \boldsymbol{B}'' \boldsymbol{U}_{D2} \tag{4-55}$$

简化的修正方程:

$$\begin{bmatrix} \dfrac{\Delta P_1}{U_1} \\ \dfrac{\Delta P_2}{U_2} \\ \vdots \\ \dfrac{\Delta P_{n-1}}{U_{n-1}} \end{bmatrix} = \begin{bmatrix} B_{11} & B_{12} & \cdots & B_{1,n-1} \\ B_{21} & B_{22} & \cdots & B_{2,n-1} \\ \vdots & \vdots & & \vdots \\ B_{n-1,1} & B_{n-1,2} & \cdots & B_{n-1,n-1} \end{bmatrix} \begin{bmatrix} U_1 \Delta\delta_1 \\ U_2 \Delta\delta_2 \\ \vdots \\ U_{n-1}\Delta\delta_{n-1} \end{bmatrix} \tag{4-56}$$

$$\begin{bmatrix} \dfrac{\Delta Q_1}{U_1} \\ \dfrac{\Delta Q_2}{U_2} \\ \vdots \\ \dfrac{\Delta Q_m}{U_m} \end{bmatrix} = \begin{bmatrix} B_{11} & B_{12} & \cdots & B_{1m} \\ B_{21} & B_{22} & \cdots & B_{2m} \\ \vdots & \vdots & & \vdots \\ B_{n-1,\,1} & B_{n-1,\,2} & \cdots & B_{mm} \end{bmatrix} \begin{bmatrix} \Delta U_1 \\ \Delta U_2 \\ \vdots \\ \Delta U_{n-1} \end{bmatrix} \tag{4-57}$$

收敛条件：$\max\{|\Delta P_i^{(k)}|\} < \varepsilon_p$

$$\max\{|\Delta P_i^{(k)}|\} < \varepsilon_p \tag{4-58}$$

4.3.2　PQ 分解法的潮流计算步骤

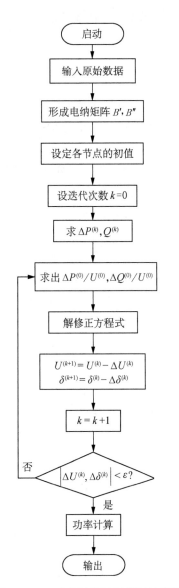

PQ 分解法潮流计算的步骤与牛顿-拉夫逊法潮流计算类似,其流程框图如图 4-3 所示。具体步骤为:

(1) 建模并列出导纳矩阵。对电力系统建模并画出等效电路,在输入数据时可以忽略电阻,并列出等效电路的电纳矩阵。为了后面列方程和编程方便,列导纳矩阵之前,要根据给定的节点性质来进行节点标号,一般把平衡节点作为最后一个节点,PQ 节点全放在前面,设 PQ 节点有 m 个,然后是 PV 节点,PV 节点有 $n-1-m$ 个。

(2) 求出 B'、B''。由前面讨论知,B' 为 $n-1$ 阶矩阵,是在电纳矩阵中去掉平衡节点构成的,B'' 为 m 阶,是在电纳矩阵中划去平衡节点和 PV 节点后构成的。

(3) 设定各节点的初值为 $\delta_1^{(0)}$,$\delta_2^{(0)}$,$\cdots$,$\delta_{n-1}^{(0)}$ 和 $U_1^{(0)}$,$U_2^{(0)}$,$\cdots$,$U_m^{(0)}$。在电力系统潮流计算中因为电压及其相位角应该都在额定电压及其额定相位角附近,所以一般可以假设其初值为 $\delta_1^{(0)} = \delta_2^{(0)} = \cdots = \delta_{n-1}^{(0)} = 0$,$U_1^{(0)} = U_2^{(0)} = \cdots = U_m^{(0)} = 1$。

(4) 求 $\Delta P^{(0)}$、$\Delta Q^{(0)}$。将设定的初值(或求出的值)和已知值代入,求出差值 ΔP($n-1$ 阶列向量),$\Delta Q^{(0)}$(m 阶列向量)。求出 $\Delta P^{(0)}/U^{(0)}$,$\Delta Q^{(0)}/U^{(0)}$。

(5) 解修正方程,求 $\Delta\delta^{(0)}$,$\Delta U^{(0)}$:

$$U^{(0)}\Delta\delta^{(0)} = (B')^{-1}(\Delta P^{(0)}/U^{(0)})$$

$$\Delta U^{(0)} = (B'')^{-1}(\Delta Q^{(0)}/U^{(0)})$$

图 4-3　PQ 分解法潮流计算的流程图

（6）修正各节点电压 $\delta_1^{(1)}$，$\delta_2^{(1)}$，…，$\delta_{n-1}^{(1)}$ 和 $U_1^{(1)}$，$U_2^{(1)}$，…，$U_m^{(1)}$。

$$\delta^{(1)} = \delta^{(0)} - \Delta\delta^{(0)}$$

$$U^{(1)} = U^{(0)} - \Delta U^{(0)}$$

（7）求出新值。运用求出的电压的新值自第（3）步开始进行下一次迭代，直到各节点的电压或功率误差满足收敛条件。

（8）功率计算。通过牛顿-拉夫逊迭代求出各节点电压值后，再根据功率方程求出平衡点注入的有功功率 P_n 和无功功率 Q_n，并求出 PV 节点所需要注入的无功功率 Q_{m+1}，Q_{m+2}，…，Q_{n-1}。

案例分析与仿真练习

（四）电力系统潮流仿真计算

任务一：知识点巩固

1. 节点电压方程中常用哪几种方程？节点导纳矩阵和节点阻抗矩阵中各元素的物理意义是什么？

2. 节点导纳矩阵如何形成和修改？其阶数与电力系统节点数的关系如何？

3. 电力系统潮流计算中变量和节点是如何分类的？

4. 电力系统中变量的约束条件是什么？

5. 高斯-塞德尔潮流计算的迭代式是什么？迭代步骤如何？对 PV 节点如何处理。

任务二：仿真实践与练习

1. 掌握用软件编程语言完成电力系统潮流计算的方法；通过编程方式采用牛顿-拉夫逊法建立二机五节点的环式电力网络矩阵分析模型，对环式网络的潮流分布进行计算与分析。

2. 分析系统结构的等值电路如图4-4所示，节点5、3之间和节点4、2之间以变压器连接，变压器的阻抗、变比及线路的阻抗、导纳均以标幺值表示于图4-4中。

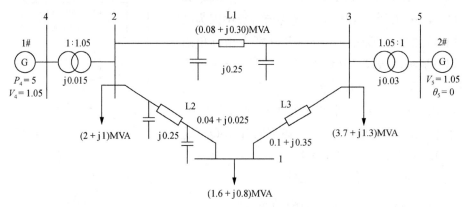

图4-4 电力系统的等值网络图

注意:在电力系统潮流计算中,取基准功率 $S_B = 100\,\text{MVA}$,基准电压等于各级平均额定电压。两台发电机侧为 10 kV,线路侧为 110 kV,其对应的基准电压则为 10.5 kV 和 115 kV。5 号节点为平衡节点,4 号节点为 PV 节点,1、2、3 节点为 PQ 节点。1 号节点初始功率为 $(1.6+\text{j}0.8)\text{MVA}$,2 号节点初始功率为 $(2+\text{j}1)\text{MVA}$,3 号节点初始功率为 $(3.7+\text{j}1.3)\text{MVA}$。 L1、L2 为电力线路,L3 为阻抗支路,在三个母线处的负荷分别为:$(2+\text{j}1)\text{MVA}$、$(3.7+\text{j}1.3)\text{MVA}$ 和 $(1.6+\text{j}0.8)\text{MVA}$。

习题

4-1 节点电压方程中常用的方程有几种? 节点导纳矩阵和节点阻抗矩阵中各个元素的物理意义是什么?

4-2 节点导纳矩阵的修正方法有几种情况,具体修改方法是什么?

4-3 电力系统潮流计算中变量和节点是如何分类的?

4-4 电力系统中变量的约束条件是什么?

4-5 电力系统潮流计算中变量和节点是如何分类的?

4-6 电力系统中变量的约束条件是什么?

4-7 高斯-赛德尔潮流计算的迭代式是什么? 迭代步骤是什么?

4-8 某一等效电力网络如图 4-5 所示,各元件等效电抗的标幺值标在该图中。要求:

(1) 写出该网络的节点导纳矩阵。

(2) 当变压器的变比由 1∶1.1 变为 1∶1 时,说明需要修改节点导纳矩阵中的哪些元素。

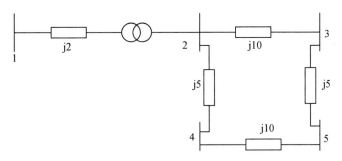

图 4-5 题 4-8 图

4-9 给定的某电网节点导纳矩阵如下:

$$\begin{bmatrix} -\text{j}0.225 & \text{j}0.1 & \text{j}0.12 \\ \text{j}0.1 & -\text{j}0.34 & \text{j}0.2 \\ \text{j}0.12 & \text{j}0.2 & -\text{j}0.42 \end{bmatrix}$$

试写出当节点 2 和 3 之间的双回路中有一回线停电维修,且节点 1 和 2 之间新增一条阻抗为 j5 Ω 的输电线路后新的节点导纳矩阵。

责任与使命

随着社会电力需求的增长和电力系统技术水平的提高,直流输电得到迅速发展。作为交流输电的有力补充,直流输电和交流输电相互配合,共同构成了现代电力传输系统。区域电网互联和高压直流输电技术在电力系统中的广泛应用使我国电力系统朝着大规模、跨地区、交直流互联方向发展。

电力系统分析的对象从纯交流系统变为交直流混联电力系统,为掌握交直流混联电力系统的运行状态,以及了解通过直流系统传输如此巨大的功率会对送端和受端系统产生何种影响,就需要计算交直流混联系统的潮流。图 4-6 展示了一个送端电网(交流系统1)经过直流系统与受端电网(交流系统 2)连接的示意图,所谓送端电网是指某个区域内的发电有功总容量大于负荷总容量,从而有向其他电网输出有功功率的能力。而受端电网则与之相反,因发电总容量小于其负荷容量,导致其需要从其他电网受电才能保证发用电的平衡。这样,通过直流系统的连接,两个交流系统之间就能交换巨大的能量。

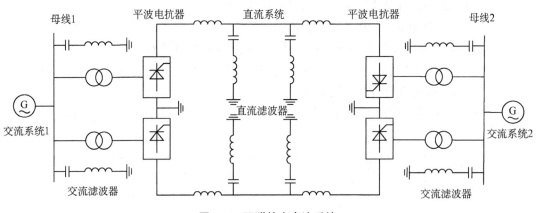

图 4-6　互联的交直流系统

对于图 4-6 这种分隔式的交直流混联系统,如直流输电系统受电和送电的功率可以给定,那么在潮流计算中可以将交直流系统直接解耦。具体的做法是将母线 1 输送给直流系统的功率等效为一个连接在母线 1 上的负荷,而将母线 2 从直流系统中接收的功率等效为一个连接在母线 2 上的电源。这样,在潮流计算中,直流系统在送端系统中等效为负荷,在受端系统中等效为提供功率的电源,如不关心直流系统内部的功率分布,则直流系统就可以被解耦而免于潮流求解。然后,就可以采用常规的潮流计算方法对两个交流系统分别计算潮流。对于两个交流系统来说,其潮流分布与连接有直流系统时相比,是严格一致的。

然而在多数情况下,并不能直接给定直流系统两端的功率或电压,这使得交直流系统的直接解耦变得困难,并且由于增加了直流系统变量,交直流电力系统的潮流计算就与纯交流系统潮流计算有所不同,此时,决定潮流分布的不仅仅是节点的电压大小和相位,还有直流系统的控制方式。

　　因此,交直流系统的潮流计算是根据交流系统各节点给定的负荷和发电情况,结合直流系统指定的控制方式,通过计算来确定整个系统的运行状态。

　　目前广泛采用的交直流电力系统潮流计算方法有统一解法和顺序解法两大类。

　　统一解法就是以极坐标形式的牛顿-拉夫逊法为基础,对直流系统方程和交流系统方程统一进行迭代求解。雅可比矩阵除包括交流电网参数外,还包括直流换流器和直流输电线路的参数。该解法的优点是完整地考虑了交、直流系统间的耦合关系,具有良好的收敛性。

　　顺序解法也称交替迭代法,是统一解法的简化,其基本过程是:在求解交流系统方程组时,将直流系统用接在相应节点上的负荷来等效,其有功功率和无功功率都为已知。而在求解直流系统方程组时,将交流系统等效成加在换流器交流母线上的恒定电压源。在每次迭代中,交流系统方程组的求解将为其后的直流系统方程组的求解提供换流器交流母线的电压值,而直流系统方程组的求解又为下一次迭代中交流系统方程组提供等效有功功率和无功功率负荷值。

　　交直流互联使得大规模交直流电力系统的动态行为更加复杂。因此,大规模交直流电力系统的安全稳定运行面临更多的挑战,这对电网安全稳定控制技术提出了更高的要求。我们电力行业从业者更需在学习和研究工作中紧跟时代步伐,关注国家政策,进一步推进能源生产和消费革命,构建清洁低碳、安全高效、持续发展的能源体系。

第5章

电力系统功率平衡与控制

电力系统的电压和频率是衡量电能质量的重要指标。频率是反映有功功率供求关系的重要指标,电力系统运行中功率供求不平衡将导致频率偏移,系统频率控制的目的就是抑制频率波动。由于电力系统结构复杂,负荷分布不均,各节点的负荷变动会引起各节点电压的波动,因此电力系统控制的目的就是使得各节点的电压偏移在允许范围之内。

本章涉及的基本概念:电力系统无功功率平衡,电压中枢点,调压方式,调压措施;频率调整,有功功率平衡,有功功率-频率静态特性,频率的一次调整,频率的二次调整。本章重点:电力系统无功功率平衡,中枢点电压的调整方式及调整措施;有功功率平衡及其对系统频率的影响,频率的一次调整和二次调整过程。本章难点:电压调整的分析计算;频率的一次调整和二次调整过程。

5.1 电力系统中有功功率平衡

1. 频率偏移的起因

正弦交流电的频率是指正弦交流电压或电流在 1 s 内交变的次数,用符号 f 表示,单位为赫兹(Hz),我国电力系统的额定频率为 50 Hz。在电力系统中根据原动机机械特性不同,不同类型的同步发电机组的转速会有很大不同,大型水轮发电机组转速低于 100 r/min,高温高压汽轮机组转速为 3 000 r/min,中温中压汽轮机组转速为 1 500 r/min。为使各类机组均产生 50 Hz 正弦交流电,同接入电力系统并列运行,具有极对数 P 的同步发电机转速 n(r/min)应满足:

$$n = \frac{60f}{P} = \frac{3\ 000}{P} \tag{5-1}$$

由此可看出若所有接入电力系统的同步发电机均稳定地运行在额定转速,则电力系统中交流电压电流的频率就等于 50 Hz。

考察发电机的运行情况,只有当发电机输出电磁功率对应的电磁转矩与原动机机械转矩平衡时,发电机组才对应恒定的转速。以图 5-1 所示的一个单发电机带负荷系统为例来分析频率偏移产生的原因。

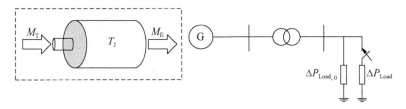

图 5-1　单发电机电力系统结构

这个发电机组转子的运动方程为：

$$T_J \frac{\mathrm{d}\omega}{\mathrm{d}t} = M_T - M_E \tag{5-2}$$

式中，ω 为转子角速度，M_T、M_E 分别为机械驱动转矩和电磁制动转矩，T_J 为转子惯性时间常数。发电机运行在额定转速时，电磁转矩和机械转矩是平衡的。如果此时发电机所带负荷增大，发电机的电磁功率增大，即发电机转子上的电磁转矩增大，转矩平衡被打破，在机械转矩未能调整达到新的转矩平衡之前，会导致转子转速下降，即表明系统在负荷突增时会引起频率下降，反之突然切除用电负荷会引起转速（频率）升高。

在实际的电力系统中，存在与这个简单的系统类似的频率波动。由于电力系统的有功负荷是随时变化的，尽管发电机功率会追随负荷变化而出现调整，但是在负荷的变化过程中，特别是发生较大的负荷变化时，系统频率的小幅波动是经常发生的。为避免频率的过度波动，需要采取技术措施将频率的偏移限制在一个较小的范围内。我国频率允许波动范围是 $\pm 0.2\ \mathrm{Hz}$，目前随着我国技术的进步，我国主要区域电网已能将频率偏移控制在 $\pm 0.1\ \mathrm{Hz}$。

2. 频率偏移的影响

频率是电力系统运行的一个重要的质量指标，直接影响着负荷的正常运行。所有电力系统设备都是按照额定电压和频率进行设计的，频率的变化对用电设备、发电机组及电力系统运行状态都有很大影响，因此对电力系统的频率进行调整是十分必要性的。

电力系统理论上应该时刻保持有功功率平衡，所有发电厂发出的有功功率的总和 $\sum P_G$ 恒等于电力系统消耗的有功功率之和 $\sum P_L$，而 $\sum P_L$ 包括所有用户的有功功率 $\sum P_D$、所有发电厂厂用电有功功率 $\sum P_S$ 和网络的有功损耗 $\sum P_C$，即表示为：

$$\sum P_G = \sum P_L = \sum P_D + \sum P_S + \sum P_C \tag{5-3}$$

电力系统频率的变化主要是由有功负荷消耗的变化引起的，当电力系统发出的有功功率之和大于电力系统消耗的有功功率之和时，电力系统的频率将会上升；反之，电力系统的频率将会下降。

频率不稳定给电气设备带来一系列危害。对用户来讲，会导致电气设备产品质量降低。系统频率的变化将引起工业用户的电动机转速的变化，这将影响产品的质量。频率降低使电动机有功功率降低，将影响所传动机械的出力。频率不稳定，将会影响电子设备的准确性。雷达、电子计算机等重要设施会因频率过低而无法运行。

频率变化对发电机也会造成一系列影响。发电厂的厂用机械多使用异步电动机拖动,系统频率降低使电动机出力降低,若频率降低过多,将使电动机停止运转,会造成严重后果。电力系统低频运行时容易引起汽轮器低压叶片的共振,缩短汽轮器叶片的寿命,严重时会使叶片断裂,造成重大事故。此外,系统频率降低时,异步电动机和变压器的励磁电流大大增加,将引起系统无功损耗增加,若系统备用无功电源不足,将导致电压降低。

5.1.1 有功功率负荷及调整

电力系统的有功功率负荷时刻都在不停地变化,对某个具体的负荷来说这种变化可能是毫无规律的,但对整个系统或某个子系统来说,通过观测发现,这种变化还是有一定的统计规律的。对系统实际负荷变化曲线的分析表明,系统负荷 P 可以看作是由三种具有不同变化规律的变动负荷组成,如图5-2所示。第一种是变化幅度很小,变化周期很短的负荷,用曲线 P_1 表示,一般是中小型用电设备的投入或切除引起的,带有很大的随机性;第二种是变化幅度较大,变化周期较长的负荷变化,用曲线 P_2 表示,主要是周期性地需要大量有功功率的用电设备,如轧钢机、电动机等的投入或切除引起的;第三种是变化缓慢且持续性变动的负荷变化,用曲线 P_3 表示,引起负荷变化的原因主要是工厂的作息制度、生活规律、气象条件的变化等。前两种负荷变化是无法预计的,而第三种负荷变化则可通过分析以前的负荷变化资料加以预测,事先进行计算,并按最优分配的原则作出各发电厂的日发电曲线,各发电厂按此曲线调节发电出力。

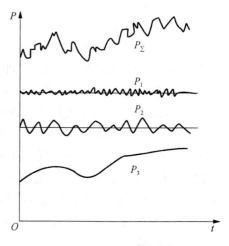

图5-2 负荷变化曲线

负荷的变化将引起频率的相应变化,电力系统的有功功率和频率调整大体上分一次、二次、三次调整三种。

(1)频率的一次调整(或称为一次调频)

它是由发电机组的调速器进行的,是对第一种负荷[变化幅度很小、频率高、周期变化很短(10 s以内)]变动引起的频率偏移做调整。

(2)频率的二次调整(或称为二次调频)

它是由发电机组的调频器进行的,是对第二种负荷[变化幅度大、频率较低、周期较长(10 s~3 min)]变动引起的频率偏移做调整。

(3)频率的三次调整(或称为三次调频)

它是指对第三种负荷(各发电厂的日发电曲线)变动引起的频率偏移做调整。

电力系统将在有功功率平衡的基础上,按照最优化的原则在各发电厂之间进行功率分配。

5.1.2　有功功率电源及备用

（1）有功功率电源及备用

电力系统运行中,任何时刻所有发电厂发出的有功功率之和 $\sum P_{\mathrm{G}}$,都和系统的总负荷 $\sum P_{\mathrm{L}}$ 相平衡。

$$\sum P_{\mathrm{G}} = \sum P_{\mathrm{D}} + \sum P_{\mathrm{S}} + \sum P_{\mathrm{C}} = \sum P_{\mathrm{L}} \tag{5-4}$$

式中,$\sum P_{\mathrm{D}}$ 为用户的有功功率,$\sum P_{\mathrm{S}}$ 为发电厂厂用电有功功率,$\sum P_{\mathrm{C}}$ 为电力网络有功功率损耗。为保证可靠供电和良好的电能质量,电力系统的有功功率平衡是在额定运行参数下确定的。而且,还应具有一定的备用容量,在系统最大负荷情况下,系统电源容量大于发电负荷的部分称为系统的备用容量。系统备用容量一般分负荷备用、事故备用、检修备用和国民经济备用等。

① 负荷备用

负荷备用是指调整系统中短时的负荷波动并担负计划外的负荷增加而设置的备用。负荷备用容量的大小应根据系统负荷的大小、运行经验并考虑系统中各类用电的比重确定。一般为最大负荷的 2%～5%,大系统采用较小数值,小系统采用较大数值。

② 事故备用

事故备用是指使电力用户在发电设备发生偶然性事故时不受严重影响,维持系统正常供电所需的备用。事故备用容量的大小应根据系统容量、发电机台数、单位机组容量、机组的事故概率、系统的可靠性指标等确定,一般约为最大负荷的 5%～10%,但不得小于系统中最大机组的容量。

③ 检修备用

检修备用是指为保证系统的发电设备进行定期检修时,不致影响供电而在系统中留有的备用。所以发电设备运行一段时间以后,都必须进行检修。检修分大修和小修。一般大修分批分期安排在一年中最小负荷季节进行。小修则利用节假日进行,以尽量减少因检修停机对备用容量的需求。

④ 国民经济备用

国民经济备用是考虑到工农业用户的超计划生产,新用户的出现等而设置的备用,其值根据国民经济的增长情况而确定,一般约为系统最大负荷的 3%～5%。

负荷备用、事故备用、检修备用、国民经济备用归纳起来以热备用和冷备用的形式存在于系统中。因而不难想见,热备用中至少应包括全部负荷备用和一部分事故备用。

（2）各类电厂的运行特点及合理组合

电力系统有功功率电源主要来自系统中的各类发电厂,目前主要有水力发电厂、火力发电厂、原子能发电厂(核电厂)和新能源发电厂三类。各类发电厂由于其设备容量、机械特性、使用的动力资源等不同,而有着不同的技术经济特性。必须结合它们的特点,合理地组织这些发电厂的运行方式,恰当安排它们在电力系统日负荷曲线和年负荷曲线中的位置,以提高电力系统运行的经济性。

① 火力发电厂的主要特点

a. 要支付燃料及运输费用,不受自然条件的影响。

b. 存在有功出力最小限制,启停时间长且启停费用高。

c. 效率与蒸汽参数有关,高温高压设备效率最高,低温低压设备效率最低。

d. 热电厂总效率较高,但与热负荷相应的输出功率是不可调节的强迫功率。

② 水力发电厂的特点

a. 必须释放水量——强迫功率。

b. 出力调节范围比火电机组大,启停费用低,且操作简单。

c. 不需要支付燃料费,但一次性投资大,需抽水蓄能,水电厂的运行依水库调节性能的不同在不同程度上受自然条件的影响。

③ 原子能发电厂的特点

a. 最小技术负荷小,为额定负荷的 $10\%\sim15\%$。

b. 启停费用高;负荷急剧变化时,调节费用高;启停及急剧调节时,易于损坏设备。

c. 一次性投资大,运行费用小。

④ 风力发电厂和光伏发电厂特点

a. 有功输出波动大:风能和太阳能都属于可再生能源,受季节、气象因素影响很大,致使风力发电和光伏发电具有较大的间歇性与随机性。风电机组的功率与当前风速关系密切,在 24 h 内,相邻几小时的风力发电功率可能出现从满发到零的大幅变化。光伏发电因昼夜、阴晴的影响将出现短时间内较大的功率波动。

b. 调峰问题突出:当系统调峰容量受限时,风力发电有可能在低负荷时段出现弃风情况,而光伏发电将改变每日最低和高峰负荷出现的时刻,大大增加等效负荷的峰谷差。

根据各类发电厂的特点,安排各类发电厂的发电任务时要从经济性与安全性出发,充分、合理地利用国家电力资源,特别是对清洁可再生能源的利用。故在安排各类发电厂的发电任务时要遵循合理组合的原则:

① 充分利用水力资源、太阳能、风能等。在系统内调节能力充足情况下应充分、合理地利用水力资源、太阳能、风能等,避免弃水、弃风。

② 降低火电机组的单位煤耗,发挥高效机组的作用。

③ 核电厂一次性投资大,运行费用小,建成后应尽可能利用,原则上承担额定容量负荷。综合来看,核电厂、不可调的水电厂和热电厂在负荷曲线的底部运行。

④ 风电和光伏优先上网,负责负荷中部运行,而后风电、光伏发电带来的波动加上负荷本身的波动由火电厂和水电厂及储能电站来承担。

根据上述原则,在夏季丰水期和冬季枯水期各类电厂在日负荷曲线中的安排示意图见图 5-3。图中抽水蓄能电厂、储能电站在低谷负荷时应当作负

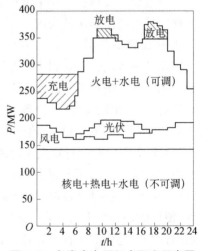

图 5-3　各类发电厂组合顺序示意图

荷来考虑;在高峰负荷时则与常规水电厂无异。虽然抽水蓄能电厂与储能电站在充放电过程中存在一定的电能损耗,但这类储能电厂有利于风电、光伏并网及系统稳定运行。

5.1.3　有功功率负荷的最优分配

对于一个有 n 台运行发电机的发电系统,某一时间段的总负荷有功功率分配给各台发电机组的方案有很多种,不同方案间对应的总发电成本存在差异。因此,从电力系统运行经济角度而言,应选择发电成本最低的有功负荷分配方案。电力系统中有功功率负荷合理分配的目标是,在满足一定约束条件的前提下,尽可能节约消耗的能源,降低成本,这种分配方案被称为发电最优分配方案或经济调度方案。首先了解发电机成本和几种成本描述术语。

(1) 发电机的成本及耗量特性

耗量特性即发电设备单位时间内消耗的能源与发出的有功功率的关系,通常用一个关于发电功率的二次多项式来表示发电消耗能源特性,如图 5-4 所示。横坐标为发电机输出的电功率 P_G,单位为 MW 或 kW;纵坐标是单位时间内消耗的燃料 F,单位为 t/h,或单位时间内消耗的水量 W,单位为 $\mathrm{m^3/s}$。

耗量微增率是指耗量特性曲线上某一点切线的斜率,表示在单位时间内输入能量微增量与输出功率微增量的比值,表达式为:

$$\lambda = \frac{\mathrm{d}F}{\mathrm{d}P} \ \text{或}\ \lambda = \frac{\mathrm{d}W}{\mathrm{d}P} \tag{5-5}$$

比耗量是指耗量特性曲线上某点纵坐标和横坐标之比,表达式为:

$$\mu = \frac{F}{P} \ \text{或}\ \mu = \frac{W}{P} \tag{5-6}$$

当燃料 F 与水量 W 的计量单位相同时,发电设备的输出效率就是比耗量的倒数,即表示为:

$$\mu = \frac{1}{\eta} \quad \eta = \frac{1}{\mu} \tag{5-7}$$

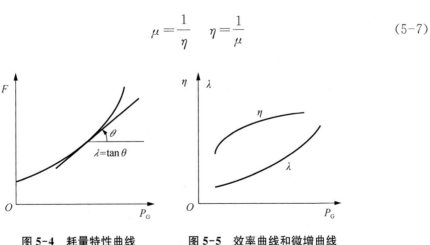

图 5-4　耗量特性曲线　　　图 5-5　效率曲线和微增曲线

(2) 有功负荷的最优分配目标、约束条件和准则

前面已经阐述系统有功负荷最优分配是指:在系统分配中,在满足一定约束条件的前

提下,使某一目标函数(消耗的能源和成本)为最优(能耗和成本最低)。在电力系统中有功负荷最优分配的目标在于:在供应同样大小负荷有功功率的前提下,单位时间内的能源消耗最少。此处,目标函数应该是总耗量,原则上总耗量与所有变量有关,为简化分析它只与各发电机设备所发出有功功率 P_{Gi} 函数有关,这里的目标函数表示为:

$$F_{\sum} = F_1(P_{G1}) + F_2(P_{G2}) + \cdots + F_n(P_{Gn}) = \sum_{i=1}^{n} F_i(P_{Gi}) \tag{5-8}$$

式中,$F_i(P_{Gi})$ 表示某发电设备发出有功功率 P_{Gi} 时单位时间内所消耗的能源。

就整个系统而言,约束条件分为等式约束条件和不等式约束条件,等式约束即为有功功率必须保持平衡:

$$\sum_{i=1}^{n} P_{Gi} = \sum_{i=1}^{n} P_{Li} + \Delta P_{\sum} \tag{5-9}$$

式中,P_{Li} 表示系统有功负荷,$\Delta P_{\sum}$ 为网络总损耗时,当忽略网络总损耗,平衡关系为:

$$\sum_{i=1}^{n} P_{Gi} = \sum_{i=1}^{n} P_{Li} \tag{5-10}$$

这个不等式约束条件为发电机发出的有功功率 P_G、发电机发出的无功功率 Q_G 和电压大小 U 均不超过其各自的额定值,表示为:

$$\begin{cases} P_{Gmin} \leqslant P_{Gi} \leqslant P_{Gmax} \\ Q_{Gmin} \leqslant Q_{Gi} \leqslant Q_{Gmax} \\ U_{imin} \leqslant U_i \leqslant U_{imax} \end{cases} \tag{5-11}$$

综上所述,在上面的约束条件下,目标函数为最优。以两套并联机组间的负荷分配为例进行分析研究,如图 5-6 所示。将系统负荷 P_{LD} 在两台发电机之间进行分配,目标函数为:

$$F_{\sum} = F_1(P_{G1}) + F_2(P_{G2}) \tag{5-12}$$

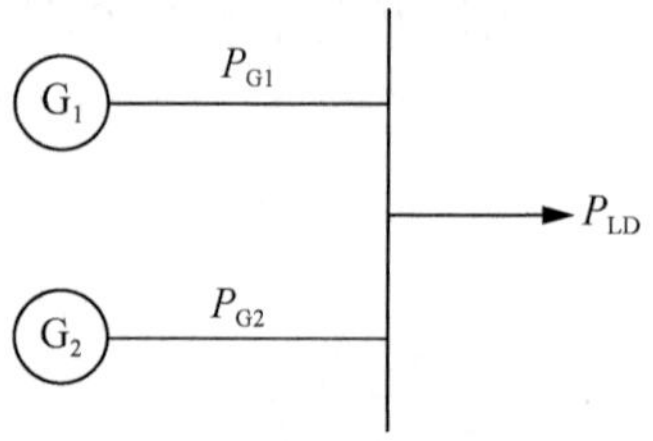

为使得目标函数中两台电机消耗的能量最小,其约束条件为:

图 5-6 系统负荷分配

$$P_{G1} + P_{G2} - P_{LD} = 0 \tag{5-13}$$

将式(5-12)和式(5-13)构造成一个不受约束的拉普拉斯函数,多元函数求极值,拉氏函数表示为:

$$L = F_1(P_{G1}) + F_2(P_{G2}) - \lambda(P_{G1} + P_{G2} - P_{LD}) \tag{5-14}$$

求极值使 L 最小,即对 L 求 P_{G1}、P_{G2} 和 λ 的偏导数为:

$$\frac{\partial L}{\partial P_{G1}} = 0 \qquad \frac{\partial L}{\partial P_{G2}} = 0 \qquad \frac{\partial L}{\partial \lambda} = 0 \tag{5-15}$$

计算得出：

$$\begin{cases} \dfrac{dF_1(P_{G1})}{dP_{G1}} - \lambda = 0 \\[2mm] \dfrac{dF_2(P_{G2})}{dP_{G2}} - \lambda = 0 \\[2mm] P_{G1} + P_{G2} + P_{LD} = 0 \end{cases} \qquad (5\text{-}16)$$

由于 $\dfrac{dF_1(P_{G1})}{dP_{G1}}$、$\dfrac{dF_2(P_{G2})}{dP_{G2}}$ 分别是发电机 1、2 各自承担有功功率负荷 P_{G1}、P_{G2} 时的耗量微增率 λ_1 和 λ_2，根据式(5-16)得出 $\lambda_1 = \lambda_2 = \lambda$，即为等耗量微增率准则。该准则表示为使得总耗量最小应按相等的耗量微增率 $\lambda_1 = \lambda_2 = \lambda$ 在发电机设备或发电厂之间分配负荷。该结论可推广应用于多个发电厂之间的负荷分配。

【例 5 - 1】 一个互联的电力系统区域内有三台火力发电厂，系统总负荷为 400 MW，按照等耗量微增率准则运行。各个电厂的燃料消耗特性和不等式约束条件为：

$$F_1 = 4 + 0.3P_{G1} + 0.000\,7P_{G1}^2 \qquad 100\ \text{MW} \leqslant P_{G1} \leqslant 200\ \text{MW}$$

$$F_2 = 3 + 0.32P_{G2} + 0.000\,4P_{G2}^2 \qquad 120\ \text{MW} \leqslant P_{G2} \leqslant 250\ \text{MW}$$

$$F_3 = 3.5 + 0.3P_{G3} + 0.000\,45P_{G3}^2 \qquad 150\ \text{MW} \leqslant P_{G3} \leqslant 300\ \text{MW}$$

试分别确定在不计网损情况下发电厂间功率的最经济的分配方案。

解： 三个发电厂的运行耗量微增率为：

$$\lambda_1 = \frac{dF_1}{dP_{G1}} = 0.3 + 0.001\,4P_{G1}$$

$$\lambda_2 = \frac{dF_2}{dP_{G2}} = 0.32 + 0.000\,8P_{G2}$$

$$\lambda_3 = \frac{dF_2}{dP_{G2}} = 0.3 + 0.000\,9P_{G3}$$

按照等耗量微增量准则，有：$\lambda_1 = \lambda_2 = \lambda_3$，则得出：

$$P_{G1} = 14.29 + 0.572P_{G2}$$

$$P_{G1} = 0.643P_{G3}$$

根据等式约束条件：$P_{G1} + P_{G2} + P_{G3} = 400\ \text{MW}$，得出：$P_{G2} = 147.7\ \text{MW}$，$P_{G1} = 98.77\ \text{MW}$。由于 P_{G1} 低于下限，故应取 $P_{G1} = 100\ \text{MW}$，其余的 300 MW 负荷在电厂 2 和 3 之间重新分配，得出：$P_{G2} = 147.05\ \text{MW}$，$P_{G3} = 152.95\ \text{MW}$。

5.2 电力系统的频率调整

5.2.1 电力系统负荷有功功率-频率静态特性

当频率变化时，电力系统中的有功功率负荷也将发生变化（包括用户取用的有功功率和网络中的无功损耗)。当电力系统处于稳态运行时,系统中有功负荷随频率的变化特性称为负荷的有功功率-频率静态特性。电力系统综合负荷的有功功率与频率的关系用数学式表示为:

$$P_{L} = a_0 P_{LN} + a_1 P_{LN} \left(\frac{f}{f_N} \right) + a_2 P_{LN} \left(\frac{f}{f_N} \right)^2 + a_3 P_{LN} \left(\frac{f}{f_N} \right)^3 + \cdots \quad (5-17)$$

式中,P_L为电力系统频率为f时,整个系统的有功负荷,P_{LN}为电力系统频率为额定值f_N时,整个系统的有功负荷,a_i为上述有功负荷占P_{LN}的百分数,$a_0 + a_1 + a_2 + a_3 + \cdots = 1$,以标幺值表示为:

$$P_{L*} = a_0 + a_1 f_* + a_2 f_*^2 + a_3 f_*^3 + \cdots \quad (5-18)$$

式子表明,当电力系统频率降低时,电力系统负荷的有功功率也将随之降低。当频率偏移额定值不大时,负荷从电网中取用有功功率与电网频率的关系近似表示为一条直线,如图5-7所示。

负荷的单位调节功率(负荷的频率调节效应系数)即综合有功负荷的静态频率特性曲线的斜率如下:

$$K_{L} = \frac{\Delta P_{L}}{\Delta f} (\text{MW/Hz}) \quad (5-19)$$

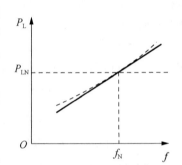

图5-7 有功负荷的静态频率特性曲线

或者用标幺值表示为:

$$K_{L*} = -\frac{\Delta P_L f_N}{P_{LN} \Delta f} = K_L f_N / P_{LN} \quad (5-20)$$

频率偏离额定值时,负荷实际取用的功率会发生变化,这个现象称为负荷的频率调节效应。一般而言,$K_{L*} \approx 1.5$,其值决定于系统中各类有功负荷的比重,不能控制。

5.2.2 发电机组有功功率-频率静态特性

当电力系统有功负荷功率与原动机输入功率不平衡时,系统频率将发生变化。此时并列发电机原动机的调速系统将自动改变原动机的进汽(水)量,相应增加或减少发电机出力。当调节过程结束并达到新的稳态时,发电机有功功率和频率之间的关系称为发电机组的有功功率-频率静态特性,如图5-8所示。

发电机的单位调节功率K_G是发电机组原动机或电源频率特性曲线的斜率,表示为式(5-21),其标幺值表示为式(5-22)。

$$K_{G} = -\frac{\Delta P_{G}}{\Delta f} \quad (\text{MW/Hz}) \quad (5-21)$$

$$K_{G*} = -\frac{\Delta P_G f_N}{P_{GN} \Delta f} = K_G f_N / P_{GN} \quad (5-22)$$

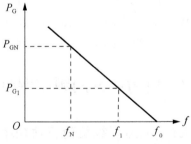

图5-8 发电机组的有功功率-频率静态特性曲线

式中，ΔP_G 为发电机输出功率的变化量，Δf 为频率的变化量。其中 $\Delta P_G = P_G - P_{GN}$，$\Delta f = f - f_N$，发电机的单位调节功率 K_G 标志着随频率的升降发电机组发出功率减少或增加的多寡，负号表示二者变化方向相反。

制造厂家提供的发电机组特性参数通常不是单位调节功率，而是调差系数 σ，即调差率。发电机组的调差系数是指机组由空载运行到满载运行时，转速（频率）变化与发电机输出功率变化之比，可表示为：

$$\sigma = -\frac{\Delta f}{\Delta P_G} = -\frac{f_N - f_0}{P_{GN} - 0} = \frac{f_0 - f_N}{P_{GN}} \tag{5-23}$$

其百分数表达式形式为：

$$\sigma\% = -\frac{\Delta f P_{GN}}{f_N \Delta P_{GN}} \times 100\% = \frac{f_0 - f_N}{f_N} \times 100\% \tag{5-24}$$

发电机的单位调节功率与调差系数之间的关系为：

$$K_{G*} = \frac{1}{\sigma\%} \times 100\% \tag{5-25}$$

一般来说发电机的单位调节功率是可以整定的：汽轮发电机组 $\sigma\% = 3 \sim 5$ 或 $K_{G*}\% = 33.3 \sim 20$；水轮发电机组 $\sigma\% = 2 \sim 4$ 或 $K_{G*}\% = 50 \sim 25$。

5.2.3　电力系统的频率调整

负荷的变化将引起频率的相应变化，电力系统的有功功率和频率调整大体上分一次、二次、三次调整三种。频率的一次调整（或称为一次调频）是由发电机组的调速器进行的，是对第一种负荷变动引起的频率偏移做调整。频率的二次调整（或称为二次调频）是由发电机组的调频器进行的，是对第二种负荷变动引起的频率偏移做调整。频率的三次调整（或称为三次调频）是对第三种负荷变动引起的频率偏移做调整。电力系统将在有功功率平衡的基础上，按照最优化的原则在各发电厂之间进行功率分配。

（1）频率的一次调整

电力系统负荷变化引起的频率波动取决于发电机组和负荷的调节效应。对上述曲线特性同时考虑来说明频率的一次调整。此时频率调节过程如图 5-9 所示，系统初始运行于点 Q 的稳定状态，当系统负荷增加 $\Delta P_L = \Delta P_{L0}$ 后，负荷的有功功率频率调节特性曲线向上移动 ΔP_{L0}，且由于负荷的突然增加，发电机组有功功率不能及时随之改变，故转速下降，频率下降。在电力系统频率下降的同时，发电机组的调速器进行一次调整导致发电机组发出的有功功率增大，负荷的有功功率也因自身的调节效应而减少。前者沿发电机有功功率-频率特

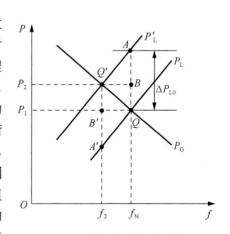

图 5-9　一次调频的频率调节图

性曲线向上增大,后者沿着负荷有功功率-频率特性曲线向下减少,如此经过这个过程抵达一个新的平衡点 Q'。数学表达式:

$$\Delta P_{L0} = -(K_G + K_L)\Delta f \tag{5-26}$$

$$-\Delta P_{L0}/\Delta f = K_G + K_L = K_S \tag{5-27}$$

K_S 称为系统的单位调节功率,单位为 MW/Hz,表示原动机调速器和负荷本身的调节效应共同作用下系统频率下降或上升的多少。需要注意的是:取功率的增大或频率的上升为正;为保证调速系统本身运行的稳定,不能采用过大的单位调节功率;对于满载机组,不再参加调整。

由于 K_L 不能人为改变,频率变化主要取决于 K_G 的大小,增加发电机台数,可增大 K_S。对于系统有若干台机组参加一次调频的情况,则:

$$K_S = \sum K_G + K_L \tag{5-28}$$

具有一次调频的各机组间负荷的分配,按其调差系数即下降特性自然分配。

(2)频率的二次调整

当负荷变动幅度较大($0.5\%\sim1.5\%$),周期较长(几分钟),仅靠一次调频作用不能使频率的变化保持在允许范围内,这时需要调速系统中的调频器动作,使发电机组的功频特性平行移动,从而改变发电机的有功功率以保持系统频率不变或在允许范围内。此时,二次调频的频率调节图如图 5-10 所示。

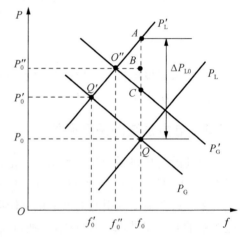

图 5-10 二次调频的频率调节图

类似式(5-26)和式(5-27),二次调频过程的数学表达式为:

$$\Delta P_{L0} - \Delta P_{G0} = -(K_G + K_L)\Delta f \tag{5-29}$$

$$-\frac{\Delta P_{L0} - \Delta P_{G0}}{\Delta f} = K_G + K_L = K_S \tag{5-30}$$

此时当系统负荷增加时,系统提供的有功功率由以下三方面提供:

① 二次调频的发电机组增发的功率 ΔP_G;

② 发电机组执行一次调频,按有差特性的调差系数分配而增发的功率 $K_G\Delta f$;

③ 由系统的负荷频率调节效应所减少的负荷功率 $K_L\Delta f$。

如果在二次调频过程中 $\Delta P_{L0} = \Delta P_{G0}$,即发电机组增发的有功功率等于负荷功率的原始增量,则 $\Delta f = 0$,即所谓的无差调节。

对于系统有 N 台发电机组时,则:

$$-\frac{\Delta P_{L0} - \Delta P_{G0}}{\Delta f} = \sum K_G + K_L = K_S \tag{5-31}$$

第 n 台发电机负责二次调频任务，其余机组进行一次调频，此时的 $\sum K_G$ 远大于一台机组的单位调节功率 K_G，故在同等功率盈亏的情况下，系统的频率变化比单一发电机组参与调频时小得多。

【例 5-2】　我国某电力系统中发电机组的容量和它的调差系数百分值分别如下：水轮机组容量为 600 MW，$\delta\% = 3$；汽轮机组容量为 1 200 MW，$\delta\% = 4.5$。系统总负荷为 1 400 MW，其中水轮机组带 500 MW 负荷，负荷的单位调节功率标幺值为 1.5，现系统的总负荷增加 150 MW。

1. 若两机组均只进行一次调频，求系统的频率变化和各机组增发的功率；

2. 若水轮机组的同步器动作增发 60 MW 功率，同时两系统进行一次调频，求系统的频率变化和各机组增发的功率。

解：1. 应用发电机、负荷的单位调节功率计算公式，以及根据参加一次调频机组的不同情况得出：

$$K_{\mathrm{G水}} = \frac{P_{\mathrm{GN水}}}{\delta_* \cdot f_\mathrm{N}} = \frac{600}{0.03 \times 50} = 400 \, (\mathrm{MW/Hz})$$

$$K_{\mathrm{G汽}} = \frac{1\,200}{0.045 \times 50} = 533.3 \, (\mathrm{MW/Hz})$$

$$K_\mathrm{L} = K_{\mathrm{L}*} \frac{P_{\mathrm{LN}}}{f_\mathrm{N}} = 1.5 \times \frac{1\,400}{50} = 42 \, (\mathrm{MW/Hz})$$

$$K = K_\mathrm{L} + K_{\mathrm{G汽}} + K_{\mathrm{G水}} = 975.3 \, (\mathrm{MW/Hz})$$

$$\Delta f = -\frac{\Delta P_{\mathrm{L0}}}{K} = -\frac{150}{975.3} = -0.154 \, (\mathrm{Hz})$$

$$\Delta P_{\mathrm{G水}} = K_{\mathrm{G水}} \Delta f = 400 \times 0.154 = 61.52 \, (\mathrm{MW})$$

$$\Delta P_{\mathrm{G汽}} = K_{\mathrm{G汽}} \Delta f = 82.02 \, (\mathrm{MW})$$

2. 若水轮机组的同步器动作增发 60 MW 功率，同时两系统进行一次调频，则系统的频率变化和各机组增发的功率为：

$$\Delta f = -\frac{\Delta P_{\mathrm{L0}} - \Delta P_{\mathrm{G水二}}}{K} = -\frac{150 - 60}{975.3} = -0.092 \, (\mathrm{Hz})$$

$$\Delta P_{\mathrm{G水}} = K_{\mathrm{G水}} \Delta f + 60 = 400 \times 0.092 + 60 = 96.9 \, (\mathrm{MW})$$

$$\Delta P_{\mathrm{G汽}} = K_{\mathrm{G汽}} \Delta f = 49.21 \, (\mathrm{MW})$$

（3）互联系统的频率调整

现在电力系统结构复杂，能将若干独立电力系统通过联络线或其他连接设备连接起来的系统称为互联系统。在互联系统的调频过程中，须注意联络线交换功率的控制问题。以两个系统联合成的互联系统为分析对象，如图 5-11 所示。

假定系统 A 和系统 B 都能进行频率的二次调整,两系统的负荷变化量为 ΔP_{LA}、ΔP_{LB},两系统由二次调频而得到的发电机组的功率增量分别为 ΔP_{GA}、ΔP_{GB},两系统的单位调节功率分别为 K_A、K_B。假定由 A 到 B 的功率流方向为正方向,则联络线上的交换功率 ΔP_{AB} 为正值,那么对 A 系统 ΔP_{AB} 可看作是一个负荷,则有:

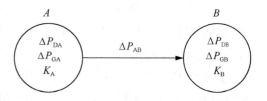

图 5-11　互联系统的功率交换

$$\Delta P_{LA} + \Delta P_{AB} - \Delta P_{GA} = -K_A \Delta f_A \tag{5-32}$$

对 B 系统 ΔP_{AB} 可以看作是一个电源,从而有:

$$\Delta P_{LB} - \Delta P_{AB} - \Delta P_{GB} = -K_B \Delta f_B \tag{5-33}$$

当两个式子联合运行时,系统的频率相同,所产生的频率偏移也是相等的,即:

$$\Delta f_A = \Delta f_B = \Delta f \tag{5-34}$$

由式(5-32)和式(5-33)相加可得:

$$(\Delta P_{LA} - \Delta P_{GA}) + (\Delta P_{LB} - \Delta P_{GB}) = -(K_A + K_B)\Delta f \tag{5-35}$$

由上式可得:

$$\Delta P_{AB} = \frac{K_A(\Delta P_{LB} - \Delta P_{GB}) - K_B(\Delta P_{LA} - \Delta P_{GA})}{K_A + K_B} \tag{5-36}$$

和

$$\Delta f = -\frac{(\Delta P_{LA} - \Delta P_{GA}) + (\Delta P_{LB} - \Delta P_{GB})}{K_A + K_B} = -\frac{\Delta P_L - \Delta P_G}{K_A + K_B} \tag{5-37}$$

式中,$\Delta P_L = \Delta P_{LA} + \Delta P_{LB}$,$\Delta P_G = \Delta P_{GA} + \Delta P_{GB}$。$\Delta P_G$ 为联合系统二次调频的发电功率总量,ΔP_L 为全系统负荷增量。

令 $\Delta P_A = \Delta P_{LA} - \Delta P_{GA}$,$\Delta P_B = \Delta P_{LB} - \Delta P_{GB}$,$\Delta P_A$、$\Delta P_B$ 为 A、B 两电力系统的功率缺额,则交换功率和频率波动写成:

$$\Delta P_{AB} = \frac{K_A \Delta P_B - K_B \Delta P_A}{K_A + K_B} \tag{5-38}$$

$$\Delta f = -\frac{\Delta P_A + \Delta P_B}{K_A + K_B} \tag{5-39}$$

由上述的分析可得出:

(1) 当联合系统二次调频的发电功率总量等于全系统负荷增量,即 $\Delta P_G = \Delta P_L$ 时,$\Delta f = 0$,说明系统可以实现无差调节。

(2) 当系统联络线上交换功率 $\Delta P_{AB} = 0$ 时,由式(5-38)可得出,系统 A 和 B 都进行

二次调频,而且两部分的功率缺额同其单位调节功率成正比,即满足条件:

$$\frac{\Delta P_{LA} - \Delta P_{GA}}{K_A} = \frac{\Delta P_{LB} - \Delta P_{GB}}{K_B} = \Delta f \tag{5-40}$$

（3）当有一个系统不进行二次调频,例如 $\Delta P_{GB} = 0$,要想保持频率不变,则 B 系统的负荷变化量 ΔP_{LB} 将由 A 系统的二次调频来承担,并由通过联络线送来的 ΔP_{AB} 来抵偿。当整个系统功率能够平衡, $\Delta P_{LA} + \Delta P_{LB} = \Delta P_{GA}$ 时,则有 $\Delta P_{AB} = \Delta P_{LB}$,即联络线交换的功率 ΔP_{AB} 最大。

【例 5-3】　两系统由联络线连接为互联系统。正常运行时,联络线上没有交换功率。两系统的容量分别为 1 500 MW 和 1 000 MW,各自的调节功率（分别以两系统容量为基准的标幺值）如图所示。设 A 系统负荷增加 100 MW,试计算下列情况下的频率变化量和联络线上流过的交换功率:

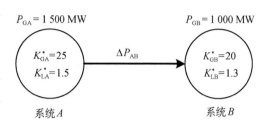

图 5-12　例题 5-3 互联系统运行

1. A、B 两系统机组只参加一次调频;

2. A、B 两系统机组都不参加一、二次调频;

3. 两系统都参加一次调频,A 系统有机组参加二次调频,增发 60 MW;

4. A 系统不参加一、二次调频,B 系统参加一次调频。

解: 先将标幺值还原为有名值:

$$K_{GA} = K_{GA}^* \frac{P_{GA}}{f_N} = 25 \times \frac{1\,500}{50} = 750\,(\text{MW/Hz})$$

$$K_{GB} = K_{GB}^* \frac{P_{GB}}{f_N} = 20 \times \frac{1\,000}{50} = 400\,(\text{MW/Hz})$$

$$K_{LA} = K_{LA}^* \frac{P_{LA}}{f_N} = 1.5 \times \frac{1\,500}{50} = 45\,(\text{MW/Hz})$$

$$K_{LB} = K_{LB}^* \frac{P_{LB}}{f_N} = 1.3 \times \frac{1\,000}{50} = 26\,(\text{MW/Hz})$$

1. A、B 两系统机组都只参加一次调频

$$\Delta P_A = \Delta P_{LA} - \Delta P_{GA} = 100 - 0 = 100\,(\text{MW})$$

$$\Delta P_B = \Delta P_{LB} - \Delta P_{GB} = 0 - 0 = 0$$

$$K_A = K_{GA} + K_{LA} = 750 + 45 = 795\,(\text{MW/Hz})$$

$$K_B = K_{GB} + K_{LB} = 400 + 26 = 426\,(\text{MW/Hz})$$

$$\Delta f = -\frac{\Delta P_A + \Delta P_B}{K_A + K_B} = -\frac{100}{795 + 426} = -0.082\,(\text{Hz})$$

$$\Delta P_{AB} = \frac{K_A \Delta P_B - K_B \Delta P_A}{K_A + K_B} = -34.9 (\mathrm{MW})$$

2. A、B 两系统机组都不参加一、二次调频

$$\Delta P_A = \Delta P_{LA} - \Delta P_{GA} = 100 - 0 = 100 (\mathrm{MW})$$

$$\Delta P_B = \Delta P_{LB} - \Delta P_{GB} = 0 - 0 = 0$$

$$K_A = K_{GA} + K_{LA} = 0 + 45 = 45 (\mathrm{MW/Hz})$$

$$K_B = K_{GB} + K_{LB} = 0 + 26 = 26 (\mathrm{MW/Hz})$$

$$\Delta f = -\frac{\Delta P_A + \Delta P_B}{K_A + K_B} = -\frac{100}{45 + 26} = -1.41 (\mathrm{Hz})$$

$$\Delta P_{AB} = \frac{K_A \Delta P_B - K_B \Delta P_A}{K_A + K_B} = -\frac{2\ 600}{45 + 26} = -36.62 (\mathrm{MW})$$

3. 两系统都参加一次调频，A 系统有机组参加二次调频，增发 60 MW

$$\Delta P_A = \Delta P_{LA} - \Delta P_{GA} = 100 - 60 = 40 (\mathrm{MW})$$

$$\Delta P_B = \Delta P_{LB} - \Delta P_{GB} = 0$$

$$K_A = K_{GA} + K_{LA} = 795 (\mathrm{MW/Hz})$$

$$K_B = K_{GB} + K_{LB} = 426 (\mathrm{MW/Hz})$$

$$\Delta f = -\frac{\Delta P_A + \Delta P_B}{K_A + K_B} = -\frac{40}{795 + 426} = -0.033 (\mathrm{Hz})$$

$$\Delta P_{AB} = \frac{K_A \Delta P_B - K_B \Delta P_A}{K_A + K_B} = -\frac{426 \times 40}{795 + 426} = -13.96 (\mathrm{MW})$$

4. A 系统不参加一次、二次调频，B 系统参加一次调频

$$\Delta P_A = \Delta P_{LA} - \Delta P_{GA} = 100 (\mathrm{MW})$$

$$\Delta P_B = \Delta P_{LB} - \Delta P_{GB} = 0$$

$$K_A = K_{LA} = 45 (\mathrm{MW/Hz})$$

$$K_B = K_{GB} + K_{LB} = 426 (\mathrm{MW/Hz})$$

$$\Delta f = -\frac{\Delta P_A + \Delta P_B}{K_A + K_B} = -\frac{100}{45 + 426} = -0.21 (\mathrm{Hz})$$

$$\Delta P_{AB} = \frac{K_A \Delta P_B - K_B \Delta P_A}{K_A + K_B} = -\frac{426 \times 100}{45 + 426} = -90.45 (\mathrm{MW})$$

5.3　电力系统中无功功率的平衡

电力网络结构复杂,节点较多,负荷分布不均匀,当节点负荷发生变动时会引起各节点电压的波动,要维持各节点电压为额定值是不可能的,因此要在满足各负荷正常需求的条件下,使各节点的电压偏移保持在允许范围之内。电压偏移过大,会影响工农业产品的生产质量和产量,损坏设备,甚至引起系统性的"电压崩溃",造成大面积停电。

影响电力系统电压的主要因素是无功功率。这是由于电力系统传输的有功功率是根据负荷需要确定的,正常运行情况下不能随意削减,而无功功率电源有很多,易于分散配置和控制,因此调压主要通过对无功功率的调整来完成。

由综合负荷的无功功率-电压静态特性分析可知,负荷的无功功率随电压的降低而减少,要想保持负荷端的电压水平就得向负荷供应所需要的无功功率。电力系统的无功功率必须保持平衡,即无功电源发出的无功功率要与系统无功功率负荷和无功功率损耗相平衡,这是维持电力系统电压水平的必要条件。

一般规定节点电压偏移不超过电力网额定电压的±5%,220 kV 用户电压偏移为−10%～+5%,35 kV 及以上用户电压偏移为 0～10%,10 kV 及以下电压供电的用户电压偏移为±7%。

5.3.1　无功功率负荷和无功功率损耗

(1) 无功功率负荷

无功功率负荷是以滞后功率因数运行的用电设备(主要是异步电动机,特别是当异步电动机轻载时,所吸收的无功功率较多)所吸收的无功功率。一般综合负荷的功率因数为0.6～0.9。

(2) 无功功率损耗

电力系统损耗分为有功功率损耗和无功功率损耗,其中无功功率损耗主要是变压器和电力线路的无功功率损耗。

变压器中的无功功率损耗分两部分,即励磁支路损耗和绕组漏抗中损耗,如公式(5-41)所示。

$$\Delta Q_T = \frac{I_0\%}{100}S_N + \frac{U_S\%}{100}S_N\left(\frac{S}{S_N}\right)^2 \tag{5-41}$$

其中励磁支路损耗的百分值基本上等于空载电流的百分值,约为 1%～2%;绕组漏抗中的损耗,在变压器满载时,基本上等于短路电压 U_S 的百分值,约为 10%。

电力线路的无功功率损耗也分两部分,即等效电路中并联电纳和串联电抗中的无功功率损耗,如公式(5-42)所示。并联电纳中的无功损耗又称充电损耗,与电力线路电压的平方成正比,呈容性。串联电抗中的无功功率与负荷电流的平方成正比,呈感性。

$$\Delta Q = \frac{P_2'^2 + Q_2'^2}{U_2^2}X - \frac{B}{2}(U_1^2 + U_2^2) \tag{5-42}$$

一般情况下,对线路长度不超过 100 km,电压等级为 220 kV 电力线路,线路将消耗感性无功功率;对线路长度为 300 km 左右,电压等级为 220 kV 电力线路,线路基本上既不消耗感性无功功率也不消耗容性无功功率,呈电阻性;当线路大于 300 km 时,线路为电容性的,消耗容性无功功率(即向电网侧发出无功功率)。

5.3.2 无功功率电源

电力系统的无功功率电源包括发电机、调相机、并联电容器、静止无功补偿器和静止无功发生器。相比有功电源,无功电源较为易得,如在负荷侧装设无功补偿装置,直接发出无功功率补偿负荷的无功消耗部分。另外,部分补偿装备除了能给系统提供无功功率外,还具有吸收系统过剩无功功率的能力,用来调节由于无功过剩引起的节点电压偏高的问题。

(1)同步发电机

发电机是电力系统唯一的有功功率电源,也是基本的无功功率电源。发电机在额定状态下运行时,可发出无功功率:

$$Q_{GN} = S_{GN} \sin \varphi_N = P_{GN} \tan \varphi_N \tag{5-43}$$

当系统中无功功率电源不足,而有功备用容量又较充足时,可利用靠近负荷中心的发电机降低功率因数运行,多发无功功率以提高电力系统的电压水平。现代大容量发电机的额定功率因数一般较高(为 0.85～0.9),降低功率因数过多时,发出的无功功率会超过额定值,但是考虑到自身运行安全与稳定,发电机的运行点不应越出 P-Q 极限曲线的范围,如图 5-13 所示,故发电机供给的无功功率不是无限可调的。

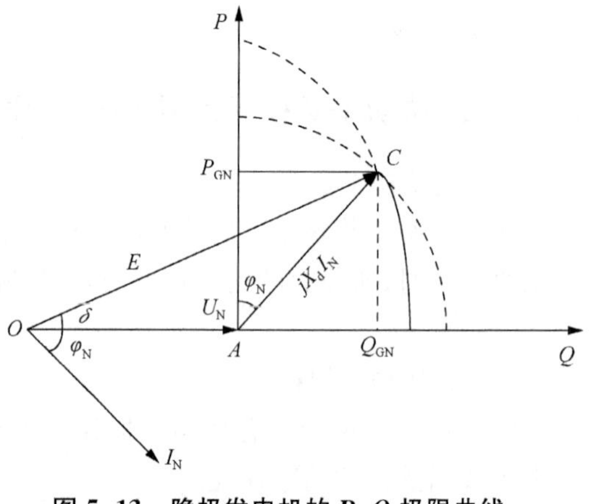

图 5-13　隐极发电机的 P-Q 极限曲线

(2)同步补偿机(调相机)

同步调相机是一种特殊运行状态下的发电机,运行于电动状态,不带负荷也不连接原动机,只向电力系统输送或吸收无功功率。通过励磁调节装置调节,同步调相机在过励磁、欠励磁的不同情况下,可分别发出或吸收感性无功功率。只要改变它的励磁,就可以平滑地调节无功功率输出,单机容量也可以做得较大。通常,它可以直接装设在用户附近就近供应无功功率,从而减少输送过程中的损耗。但由于它是旋转电机,故运行维护比较复杂,投资费用大,且有功功率损耗较大。

(3)静电电容器

静电电容器费用低廉、能量损耗低,且装设可大可小,可按三角形和星形接法连接在变电所母线上,既可集中使用也可分散装设来提供无功功率。它供给的无功功率 Q_C 值与所在节点电压的平方成正比,即:

$$Q_C = U^2 / X_C \tag{5-44}$$

并联电容器无功补偿方式的缺点是电容器的无功功率调节性能比较差。而其优点是静电电容器的装设容量可大可小,静电电容器既可集中使用,又可以分散安装。且电容器每单位容量的投资费用较小,运行时功率损耗亦较小,维护也较方便。

(4) 静止无功补偿器

静止无功补偿器(Static Var Compensator,SVC)简称静止补偿器,是 20 世纪 60 年代起发展起来的一种新型可控的静止无功补偿装置。其特点是:利用晶闸管电力电子元件所组成的电子开关来分别控制电容器组与电抗器的投切,这样它的性能完全可以做到和同步补偿机一样,既可发出感性无功,又可发出容性无功,并能依靠自身装置实现快速调节,从而可以作为系统的一种动态无功电源,对稳定电压、提高系统的暂态稳定性以及减弱动态电压闪变等均能起到较大的作用。

常见的静止补偿器主要分为以下三种:晶闸管控制电抗型(TCR 型)、晶闸管开关电容型(TSC 型)和饱和电抗器型(SR 型),其结构基本如图 5-14 所示。

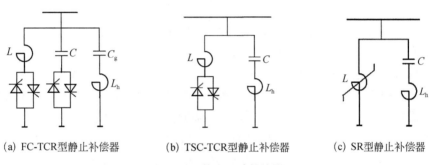

(a) FC-TCR型静止补偿器　　(b) TSC-TCR型静止补偿器　　(c) SR型静止补偿器

图 5-14　静止无功补偿器

静止无功发生器(Static Var Generator,SVG),是指采用全控型电力电子器件组成的桥式变流器来进行动态无功补偿的装置。其基本原理是将桥式变流电路通过电抗器并联在电网上适当调节桥式变流电路交流侧输出电压的相位和幅值,或者直接控制其交流侧电流,从而实现动态无功补偿目的。

根据直流侧储能元件(电容或电感)的不同,SVG 可分为采用电压型桥式电路和电流型桥式电路两种类型,如图 5-15 所示。

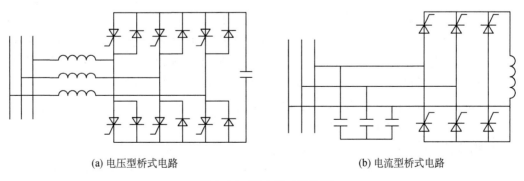

(a) 电压型桥式电路　　　　　　　　　　(b) 电流型桥式电路

图 5-15　静止无功发生器

5.3.3 无功功率平衡

电力系统无功功率平衡的基本要求为系统中的无功电源可以发出的无功功率应该大于或至少等于负荷所需的无功功率和网络中的无功损耗,如式(5-45)所示。

$$Q_{GC} - Q_{LD} - Q_L = Q_{res} \tag{5-45}$$

式(5-45)中,Q_{LD} 为无功负荷之和,Q_L 为总的无功损耗之和,Q_{res} 为无功备用。总无功功率损耗包括变压器无功损耗、线路电抗无功损耗和线路电纳的无功损耗。

$$Q_L = Q_{LT\Sigma} + \Delta Q_{L\Sigma} + \Delta Q_{B\Sigma} \tag{5-46}$$

系统无功电源 Q_{GC} 的总输出功率包括发电机发出的无功功率和各种无功补偿设备的无功功率。

$$Q_{GC} = Q_{G\Sigma} + Q_{C\Sigma} \tag{5-47}$$

式(5-45)中,$Q_{res} > 0$ 表示系统中无功功率可以平衡且有适量的备用;$Q_{res} < 0$ 表示系统中无功功率不足,应考虑加设无功补偿装置。

要保持节点的电压水平就必须维持无功平衡,因而保持充足的无功电源是维持电压质量的关键。由于负荷的综合功率因数一般在 0.6~0.9 之间,多数在 0.7~0.8 之间,加之线路无功损耗约为总无功负荷的 25%,变压器的总无功损耗最多可达总无功负荷的 75%。因而,需要由系统中各类无功电源所供给的无功负荷最多可达系统总无功负荷的 2 倍左右,而从数量级上看甚至接近于有功负荷的 2 倍。绝大多数电力系统必须采取专门的无功功率补偿措施,才能达到维持电压水平的目的。

5.4 电力系统的电压控制

5.4.1 电压中枢点控制

(1) 中枢点控制方法

电力系统进行调压的目的,就是要采取各种措施,使用户处的电压偏移保持在规定的范围内。由于电力系统结构复杂,负荷较多,如对每个用电设备电压都进行监视和调整,不仅不经济而且无必要。因此,电力系统电压的监视和调整可通过监视、调整电压中枢点电压来实现。电力系统电压中枢点是指那些可以反映和控制整个系统电压水平的主要发电厂或枢纽变电所母线。如能控制住这些点的电压偏移,也就控制住了系统中大部分负荷的电压偏移。常见的中枢点选择为区域性发电厂和枢纽变电所的高压母线、枢纽变电所二次母线、有大量地方负荷的发电厂母线、城市直降变电所的二次母线。

根据负荷的性质和变化,采用中枢点调压的方式分为逆调压、顺调压和恒调压三种,如表 5-1 所示。在最大负荷时可保持中枢点电压比线路额定电压高 5%,在最小负荷时保持为线路额定电压,这种方法称为逆调压。通常在系统供电线路较长、负荷变动较大的中枢点往往要求采用这种调压方式。

当系统线路带小负荷时允许中枢点电压高一些,但不应超过线路额定电压的107.5％,这种方法称为顺调压。通常在系统供电线路不长、负荷变动小的中枢点往往采用顺调压方式。

将中枢点电压维持在允许电压偏移范围内某个值或较小的范围内(如 $1.025U_N$ ~ $1.05U_N$),这种方法称为恒调压。该方法通常应用在负荷变动小、供电线路电压损耗也较小的网络。

表 5-1　电力系统调压方式

调压方式	负荷类型	
	最大负荷	最小负荷
逆调压	调为 $1.05U_N$	调为 U_N
顺调压	不低于 $1.025U_N$	不高于 $1.075U_N$
恒调压	$1.05U_N$	

(2)电压调整原理及措施

拥有较充足的无功功率电源是保证电力系统有较好的运行电压水平的必要条件,但是要使所有用户的电压质量都符合要求,还必须采用各种调压手段。

以图 5-16 为例说明常用的各种调压措施所依据的基本原理,忽略电力线路的电容功率、变压器的励磁功率和网络的功率损耗,变压器参数归算到高压侧,则负荷端电压计算公式如式(5-46)所示。

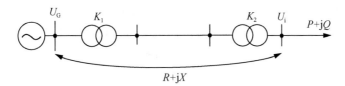

图 5-16　电压调整原理图

$$U_i = (U_G k_1 - \Delta U)/k_2 = \left(U_G k_1 - \frac{PR + QX}{U_N}\right)/k_2 \tag{5-48}$$

式中,k_1、k_2 分别为升压变压器和降压变压器的变比,$R+jX$ 为电网中两台变压器和输电线路的总电阻和总电抗。由此可知,调整负荷用户端电压可以采用以下措施:

① 调节发电机励磁电流以改变发电机机端电压 U_G。

② 改变变压器的变比 k_1、k_2,即合理选择变压器的分接头开关。

③ 改变功率分布 $P+jQ$,使电压损耗 ΔU 变化。由于 P 主要根据负荷的变化来确定,故主要调节网络中无功功率的分布。

④ 改变网络参数 $R+jX$,以改变电压损耗 ΔU。改变 R 主要通过对输电线路的导线横截面积进行合理选择,改变 X 通常采用串联电抗器的方法。

5.4.2　电压调整的基本方法

根据上一节分析的电压调整原理依据,本小节重点对调节发电机端电压、改变变压器的变比、采用无功补偿装置和改变输电线路参数这四种措施进行分析。

(1) 改变发电机机端电压 U_G

这种调压手段是一种不需要耗费投资,且最直接的调压方法,应首先考虑采用。但是不同类型的供电网络,发电机调压所起的作用是不同的。

① 对于发电机不经升压直接供电的小型电力系统,供电线路不长,线路上电压损耗不大,可采用改变发电机端电压的方法实行逆调压,就可以达到负荷点要求的电压质量。

② 对由发电机经多级变压向负荷供电的大中型电力系统,线路较长,供电范围大,从发电厂到最远处的负荷之间的电压损耗和变化幅度都很大。这时,单靠发电机调压是不能解决问题的。发电机调压主要是为了满足近处地方负荷的电压质量要求,发电机采用逆调压方式。对于远处负荷电压变动,只能靠其他调压方式来解决。

③ 对有若干发电厂并列运行的大型电力系统,利用发电机调压,会出现新的问题。首先,要提高发电机的电压,该发电机就要多输出无功功率,这就要求对电厂的母线电压进行调整,这会引起系统中无功功率的重新分配,还可能同无功功率的经济分配发生矛盾。所以在大型电力系统中,发电机调压一般只作为一种辅助的调压措施。

(2) 改变变压器变比调压

该调压措施采用改变变压器的分接头的方法或采用专门的调压变压器来进行电压调整。改换变压器分接头的方式有两种:一种是在停电的情况下改换分接头,以兼顾在最大、最小负荷两种运行方式下电压偏移不超出允许波动范围,称为无励磁调压(或称为无载调压)。另一种调压方式称为有载调压,它可以在不停电的情况下改换变压器的分接头,从而使调压变得很方便。有载调压变压器的关键部件是有载调压的分接开关。一般的变压器只要配用有载分接开关后,就可以被制成有载调压变压器。

① 无载调压

普通双绕组变压器的高压绕组和三绕组变压器的高、中压绕组都留有几个抽头供调压选择使用,一般容量在 6 300 kVA 及以下的双绕组变压器高压侧一般有 3 个分接头,电压分别为 $1.05U_N$、U_N、$0.95U_N$,调压范围为 ±5%。容量在 8 000 kVA 及以上的双绕组变压器高压侧一般有 5 个分接头,电压分别为 $1.05U_N$、$1.025U_N$、U_N、$0.975U_N$、$0.95U_N$,调压范围为 ±2×2.5%。

a. 降压变压器分接头的选择

如图 5-17 所示为一台降压变压器,变压器高、低压侧实际电压分别为 U_1、U_2,令变压器变比 $k = U_{1T}/U_{2N}$,其中 U_{1T} 为高压绕组分接头电压,U_{2N} 为低压绕组额定电压。

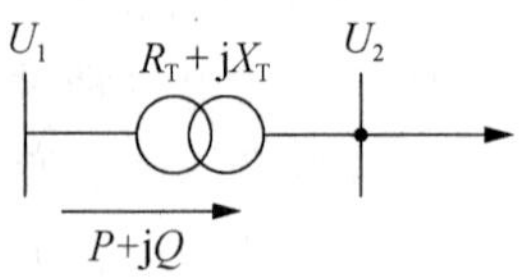

根据推算,由低压母线侧实际电压或给定电压 U_2 推算到高压母线侧要求电压 U_1,得出:

图 5-17 降压变压器

$$U_2 = (U_1 - \Delta U_T)/k \tag{5-49}$$

$$\Delta U_T = (PR_T + QX_T)/U_1 \tag{5-50}$$

将 k 的表达式代入式(5-49)中,得高压侧分接头电压:

$$U_{1T} = U_{2N}(U_1 - \Delta U_T)/U_2 \tag{5-51}$$

当变压器通过不同的功率时,可以通过计算求出在不同负荷下为满足低压侧调压要求所应选择的高压侧分接头电压。当变压器带最大负荷和最小负荷时,变压器高压侧母线电压分别为 U_{1max}、U_{1min},归算到高压侧的变压器阻抗为 $R_T + jX_T$,变压器低压侧母线在最大、最小负荷要求下的实际电压为 U_{2max}、U_{2min},则计算最大负荷和最小负荷下所要求的分接头电压公式为:

$$\begin{cases} U_{1Tmax} = (U_{1max} - \Delta U_{Tmax})U_{2N}/U_{2max} \\ U_{1Tmin} = (U_{1min} - \Delta U_{Tmin})U_{2N}/U_{2min} \end{cases} \tag{5-52}$$

在实际工程中最大、最小负荷两种情况下变电所低压母线实际电压大体相等,通常采用近似方法,即取两种情况下的平均电压为分接头电压。

$$U_{1tav} = (U_{1Tmax} + U_{1Tmin})/2 \tag{5-53}$$

根据 U_{1tav} 选择一个最接近的分接头,再按选定的分接头校验低压母线上的实际电压能否满足要求。

b. 升压变压器分接头的选择

发电厂升压变压器分接头的选择方法与降压变压器的选择方法基本相同,差别仅在于由高压母线侧所要求电压 U_1 推算到低压母线侧的实际电压或给定电压 U_2,功率流是从低压侧流向高压侧,如图 5-18 所示。

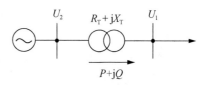

图 5-18　升压变压器

与之前计算式(5-52)中 ΔU_T 前的符号相反,即应将电压损耗和高压侧电压相加,因而有:

$$\begin{cases} U_{1Tmax} = (U_{1max} + \Delta U_{Tmax})U_{2N}/U_{2max} \\ U_{1Tmin} = (U_{1min} + \Delta U_{Tmin})U_{2N}/U_{2min} \end{cases} \tag{5-54}$$

在最大负荷和最小负荷下计算出电压平均值,根据计算结果选择一个最接近的分接头电压值。

$$U_{1t} = U_{2N}(U_1 + \Delta U_T)/U_2 \tag{5-55}$$

c. 三绕组变压器分接头的选择

三绕组变压器的高、中压绕组带有分接头可供选择,低压绕组没有分接头。上述双绕组变压器分接头的选择公式也适用于三绕组变压器。其计算步骤和计算公式如下。

第一步:将高低绕组看作双绕组,确定高绕组接头及其电压值;

$$U_{1t} = \frac{U_1 - \Delta U_{T13}}{U_3} U_{3N} \tag{5-56}$$

第二步:将高中绕组看作双绕组,确定中绕组分接头位置及其电压值。

$$U_{2t} = \frac{U_{1t}}{U_1 - \Delta U_{T12}} U_2 \quad \left(U_2 = \frac{U_1 - \Delta U_{T12}}{k_{12}} = \frac{U_1 - \Delta U_{T12}}{U_{1t}/U_{2t}} \right) \tag{5-57}$$

② 有载调压

有载调压变压器可以在带负荷的条件下切换分接头,而且电压调节范围也比较大,一般在 15% 以上。目前我国暂定,110 kV 级的调压变压器有 7 个分接头,即 $U_N \pm 3 \times 2.5\%$;220 kV级的有 9 个分接头,即 $U_N \pm 4 \times 2.0\%$。 如图 5-19 所示为有载调压变压器的接线原理图,它的主绕组与一个具有若干分接头的调压绕组相串联,通过一个特殊的切换装置中的两个动触头在有负荷电流情况下改换分接头,电抗器 L(或电阻器)用于在切换过程中限制两个分接头间的短路电流。

采用有载调压变压器时,可以根据最大负荷算得的 U_{1Tmax} 值和最小负荷算得的 U_{1Tmin} 分别选择合适的分接头。这样就能缩小次级电压的变化幅度,甚至改变电压变化的趋势。

（3）无功补偿设备补偿容量计算

上述的调节发电机端电压或调节变压器分接头的调压方式,只有在电力系统无功电源充足的条件下才是行之有效的。当系统无功电源不足时,为了防止发电机因输出过多的无功功率而严重过负荷,往往不得不降低整个电力系统的电压水平,以减少无功功率的消耗量,这时如采用调节变压器分接头等方法尽管可以局部地提高系统中某些点的电压水平,但这样做的结果反而增加了无功功率的损耗,迫使发电机

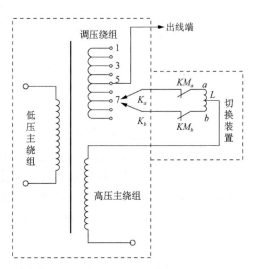

图 5-19 有载调压变压器的接线图原理

不得不进一步降压运行,以限制系统中总的无功功率消耗,从而导致整个系统的电压水平更为低落,形成电压水平低落和无功功率供应不足的恶性循环,甚至导致电压崩溃。

因此,当电力系统的无功电源不足时,就必须在适当的地点装设新的无功电源对所缺的无功进行补偿,只有这样才能实现调压的目的。下面以采用并联电容器为例进行补偿计算。

按调压要求选择无功补偿设备(静电电容器)容量,但静电电容器只能发出无功功率提高节点电压,不能吸收无功功率来降低电压。因此为充分利用补偿容量,则在最大负荷时将电容器全部投入,在最小负荷时全部退出,如图 5-20 所示,其原理如下:

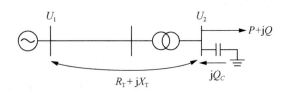

图 5-20 并联电容器补偿系统

由图可知,在并联电容器进行补偿前,线路及变压器的电压损耗为:

$$\Delta U = \frac{PR_T + QX_T}{U_2} \tag{5-58}$$

在并联电容器进行补偿后,线路及变压器的电压损耗为:

$$\Delta U = \frac{PR_T + (Q - Q_C)X_T}{U_2} \tag{5-59}$$

根据线路电压计算得出线路端部在补偿前后的电压,计算公式如下:

$$U_1 = U_2' + \frac{PR_T + QX_T}{U_2'} \tag{5-60}$$

$$U_1 = U_{2C}' + \frac{PR_T + (Q - Q_C)X_T}{U_{2C}'} \tag{5-61}$$

式中,U_2'、U_{2C}'为补偿前、补偿后归算到高压侧的变电所低压母线电压,由于补偿前后 U_1 保持不变,故:

$$U_2' + \frac{PR_T + QX_T}{U_2'} = U_{2C}' + \frac{PR_T + (Q - Q_C)X_T}{U_{2C}'} \tag{5-62}$$

由上式解得补偿容量计算为:

$$Q_C = \frac{U_{2C}'}{X_T}\left[(U_{2C}' - U_2') + \left(\frac{PR_T + QX_T}{U_{2C}'} - \frac{PR_T + QX_T}{U_2'}\right)\right] \tag{5-63}$$

由于式中第二项很小,可忽略,则补偿容量可表示为:

$$Q_C = \frac{U_{2C}'}{X_T}(U_{2C}' - U_2') \tag{5-64}$$

令变压器变比 $k = U_t/U_{2N}$,于是有:

$$Q_C = \frac{k^2 U_{2C}}{X_T}\left(U_{2C} - \frac{U_2'}{k}\right) = \frac{k^2 U_{2C}}{X_T}(U_{2C} - U_2) \tag{5-65}$$

选用并联电容器进行补偿时,通常在大负荷时降压变电所电压偏低,在小负荷时电压偏高。电容器只能发出感性无功功率以提高电压,但电压过高时却不能吸收感性无功功率来使电压降低。为了充分利用补偿容量,在最大负荷时电容器应全部投入,在最小负荷时全部退出。

(4) 改变输电线路的参数进行调压

改变电路参数主要是改变输电电路的电阻和电抗,从电压损耗的计算公式可知,改变这两个参数都可以达到改变电压损耗的目的。

① 改变线路电阻。通过增大输电导线截面积,可降低电压损耗,同时降低网损,该方法用于 10 kV 及以下线路。由于减小电阻将增加导线材料的消耗,此外电压损耗计算公式中 QX/U 这一项对电压损耗的影响更大,所以目前一般都倾向于减小电抗 X 来降低电压损耗。

② 改变线路电抗。通过在线路上串联电容的方法来降低电压损耗,多用于 35 kV 及

以上线路。其原理是采用串联电容器的容抗来抵消线路的感抗,可利用式(5-66)求出所需串联电容器的电抗值:

$$X_C = \frac{U_1(\Delta U_1 - \Delta U_1')}{Q_1} \tag{5-66}$$

相应的电容器组的容量为:

$$Q_{C3} = 3mnQ_{NC} = 3mnU_{NC}I_{NC} \tag{5-67}$$

式中,m、n 为每相电容器并联串数、串联个数;U_{NC}、I_{NC} 为每个电容器的额定电压、额定电流。

(5)各种调压措施的综合应用

① 要求各类用户将负荷的功率因数提高到现行规程规定的参数。

② 改变发电机励磁,可以改变发电机输出的无功功率和发电机的端电压。

③ 根据无功功率平衡的需要,增添必要的无功补偿容量,并按无功功率就地平衡的原则进行补偿容量的分配。

④ 当系统的无功功率供应比较充裕时,各变电所的调压问题可以通过选择变压器的分接头来解决。

⑤ 在整个系统无功功率不足的情况下,不宜采用调整变压器分接头的办法来提高电压。

⑥ 对于 10 kV 及以下电压等级的电网,由于负荷分散、容量不大,按允许电压损耗来选择导线截面积是解决电压质量问题的正确途径。

【例 5-4】 某降压变压器归算至高压侧的参数及负荷功率均标注于图 5-21 中。在最大负荷时 $U_{1max} = 112$ kV,最小负荷时 $U_{1min} = 113$ kV,变压器低压母线实际电压为 10×1.075 kV。要求变压器的低压母线采用顺调压方式,选择变压器分接头电压。

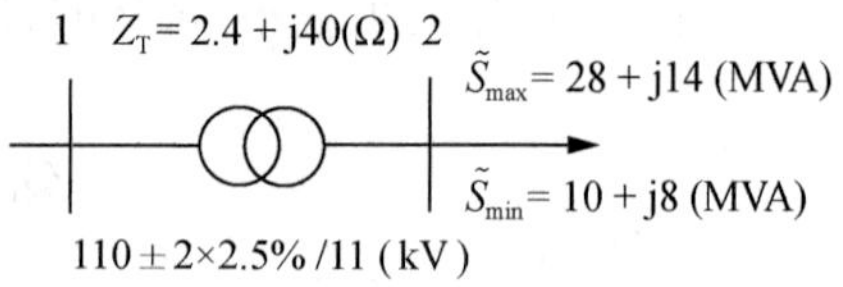

图 5-21 变压器调压线路

解:当线路末端分别是最大负荷和最小负荷时,变压器阻抗中的功率损耗计算为:

$$\Delta \tilde{S}_{Tmax} = \frac{28^2 + 14^2}{110^2} \times (2.4 + j40) = 0.19 + j3.24(MVA)$$

$$\Delta \tilde{S}_{Tmin} = \frac{10^2 + 8^2}{110^2} \times (2.4 + j40) = 0.03 + j0.54(MVA)$$

最大负荷和最小负荷时变压器首端高压侧功率为:

$$\tilde{S}_{1max} = \tilde{S}_{max} + \Delta \tilde{S}_{Tmax} = 28.19 + j17.24(MVA)$$

$$\tilde{S}_{1min} = \tilde{S}_{min} + \Delta \tilde{S}_{Tmin} = 10.03 + j8.54(MVA)$$

在最大负荷和最小负荷时,变压器阻抗的电压损耗计算为:

$$\Delta U_{Tmax} = \frac{28.19 \times 2.4 + 17.24 \times 40}{112} = 6.76(kV)$$

$$\Delta U_{T\min} = \frac{10.03 \times 2.4 + 8.54 \times 40}{113} = 3.24(\text{kV})$$

计算变压器在最大负荷和最小负荷时分接头电压,选取分接头:

$$U_{1T\max} = \frac{U_{1\max} - \Delta U_{T\max}}{U_{2\max}} U_{2N} = \frac{112 - 6.76}{10 \times 1.025} \times 11 = 112.94(\text{kV})$$

$$U_{1T\min} = \frac{113 - 3.24}{10 \times 1.075} \times 11 = 112.31(\text{kV})$$

其平均值为: $U_{1tav} = \frac{1}{2}(U_{1T\max} + U_{1T\min}) = 112.63(\text{kV})$

最后,选取最接近分接头电压的标准分接头为 112.75 kV。

校验在最大负荷和最小负荷情况下,所选分接头后是否满足调压要求:

$$U_{2\max} = \frac{112 - 6.76}{112.75} \times 11 = 10.27(\text{kV}) > 1.025 \times 10 = 10.25(\text{kV})$$

$$U_{2\min} = \frac{113 - 3.24}{112.75} \times 11 = 10.71(\text{kV}) < 1.075 \times 10 = 10.75(\text{kV})$$

根据结果可见,所选分接头满足调压要求。

5.5　输电线路导线截面的选择

上一节中讲到改变输电线路参数(线路电阻)可以起到调压的作用,因此合理选择输电线路导线截面较为重要。但输电线路导线截面的选择要同时考虑实际工程应用,目前应遵循的基本原则主要为发热条件、电压损耗条件、机械强度条件、经济条件和电晕条件。

(1)发热条件:导线在通过正常最大负荷电流(计算电流)时产生的发热温度不超过其正常运行时的最高允许温度。按发热条件选择三相系统中的相线截面的方法:应使导线的允许载流量(安全电流) I_{al} 不小于通过相线的计算电流 I_{30} ,即: $I_{al} \geqslant I_{30}$,详细参考附录中附表 I-1 和附表 I-2。

导线的允许载流量与环境温度和敷设条件有关。当敷设地点的环境温度与允许载流量所采用的环境温度不同时,则允许载流量应乘以温度校正系数。

(2)电压损失条件:导线或电缆在通过正常最大负荷电流时产生的电压损失应小于要求的电压损失,以保证供电质量。

(3)机械强度条件:在正常工作条件下,导线应有足够的机械强度以防止断线,故要求导线截面不应小于最小允许截面。在输电线路机械强度规范规程中对各种不同电压等级的电力线路和不同的导线材料,按机械强度的要求规定了导线最小允许截面,如表 5-2 所示。

表 5-2　按机械强度要求的最小允许截面(mm²)或直径(mm)

导线构造	导线材料	架空线路等级		导线构造	导线材料	架空线路等级	
		Ⅰ级	Ⅱ级			Ⅰ级	Ⅱ级
单股	铜	不许使用	10	多股	铜	16	10
	钢、铁		φ3.5		钢、铁	16	10
	铝及铝合金		不许使用		铝、铝合金及钢芯铝绞线	25	16

（4）经济条件：选择导线截面时，既要降低线路的电能损耗和维修费等年运行费用，又要尽可能减少线路投资和有色金属消耗量，通常可按国家规定的经济电流密度选择导线截面。

（5）电晕条件：高压输电线路产生电晕时，不仅会引起电晕损耗，而且还会产生噪声和无线电干扰，为了避免电晕的产生，导线的外径不能过小。因此，应按晴天导线不产生电晕这一条件选择导线最小允许截面或最小允许直径，具体如表 5-3 所示。

表 5-3　不必验算电晕的导线最小直径

额定电压/V	110	220	330	
			单导线	双分裂导线
导线外径/mm	9.5	21.4	33.1	2×21.4
相应型号	LGJ-50	LGJ-240	LGJ-600	LGJ-240×2

根据工程设计经验，不同等级的电网侧重考虑的条件也有所不同，具体的原则如下：

（1）区域电力网

对于电压等级在 35 kV 以上，供电半径在 50～300 km 以内的电力网，各省区的高压电力网，先按经济电流密度选择导线截面，然后再校验机械强度和电晕条件。

（2）地方电力网

对于电压等级在 35 kV 及以下，供电半径在 20～50 km 以内的中压电力网（或称为配电网），先按允许电压损失条件选择导线截面，以保证用户的电压质量，然后再校验机械强度和发热条件。

（3）低压配电网

对于线路为 380/220 V 的低压配电网，通常先按发热条件选择导线截面，然后再校验机械强度和电压损失。

本节主要按照经济电流密度和电压损耗条件选择导线截面来分析说明。

5.5.1　按照经济电流密度选择导线截面

经济电流密度的概念是：导线截面越大，线路的功率损耗和电能损耗越小（即年运行费用越少），但是线路投资和有色金属消耗量都要增加；反之，导线截面越小，线路投资和有色金属消耗量越少，但是线路的功率损耗和电能损耗却要增大，即年运行费用越多。综合以上两种情况,使年运行费用达到最少、初始投资费用又不过多而确定的符合总经济利益的导线截面,称为经济截面,用 A_{ec} 表示。

对应于经济截面的导线电流密度,称为经济电流密度,用 j_{ec} 表示,I_{30} 是线路中的计算电流,关系表达式为:

$$A_{ec} = \frac{I_{30}}{j_{ec}} \tag{5-68}$$

在实际的截面选择中,计算出经济截面后,应该选最接近而又偏小一点的标准截面。我国现行的经济电流密度见表 5-4。

表 5-4　我国经济电流密度　　　　　　　　　单位:A/mm²

线路电压/kV	导线型号	最大负荷年利用小时数 T_{max}/h				
		3 000	4 000	5 000	6 000	7 000
10	LJ	1.19	1.00	0.86	0.75	0.67
	LGJ	1.40	1.17	1.00	0.87	0.78
35～220	LGJ	1.53	1.28	1.10	0.96	0.84

【例 5-5】　有一条长 15 km 的 35 kV 架空线路,计算负荷为 4 850 kW,功率因数为 0.8,年最大负荷利用小时数为 4 600 h。试按经济电流密度选择其导线截面,并校验其发热条件和机械强度。

解:按经济电流密度选择导线截面,首先计算线路的计算电流,然后查出经济电流密度,再根据式(5-68)来计算导线的经济截面:

线路的计算电流为:

$$I_{30} = \frac{P_{30}}{\sqrt{3}U_N \cos\varphi} = \frac{4\ 850}{\sqrt{3} \times 35 \times 0.8} = 100(\text{A})$$

查表 5-4 得出经济电流密度为 1.15 A/mm²,则导线的经济截面为:

$$A_{ec} = \frac{100}{1.15} = 87(\text{mm}^2)$$

故选择 LGJ-70 型铝绞线。

校验发热条件:

查附表 Ⅰ-1 得 LGJ-70 的允许载流量(室外 25℃)$I_{al} = 275\ \text{A} > I_{30} = 100\ \text{A}$,满足要求。

校验机械强度:

查表 5-2 得,35 kV 钢芯铝绞线的最小允许截面为 25 mm²,因此所选 LGJ-70 满足机械强度要求。

5.5.2 按允许电压损耗选择导线截面

在地方电力网中,电力线路导线截面一般是按允许电压损耗来选择的。以图 5-22 为例分析线路电压损失的计算过程。

图中,小写 p、q 为各负荷点的负荷功率,大写 P、Q 表示各段干线的功率,小写 l、r 和 x 分别表示各段线路的长度、电阻和电抗,大写 L、R 和 X 表示各负荷到电源之间的干线长度、电阻和电抗。

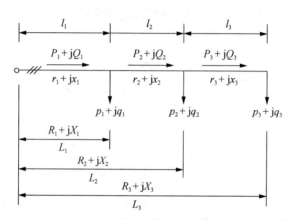

图 5-22 树干式线路

当忽略各段线路的功率损耗时,每段干线上的功率可由各支线负荷点的功率来表示:

l_1段: $P_1 = p_1 + p_2 + p_3$, $Q_1 = q_1 + q_2 + q_3$;

l_2段: $P_2 = p_2 + p_3$, $Q_2 = q_2 + q_3$;

l_3段: $P_3 = p_3$, $Q_3 = q_3$。

每段干线上的电压损失计算为:

l_1段: $\Delta U_1 = \dfrac{P_1 r_1 + Q_1 x_1}{U_N}$;

l_2段: $\Delta U_2 = \dfrac{P_2 r_2 + Q_2 x_2}{U_N}$;

l_3段: $\Delta U_3 = \dfrac{P_3 r_3 + Q_3 x_3}{U_N}$

那么,n 段干线的总电压损失为各段干线的电压损失之和,那么:

$$\Delta U = \sum_{i=1}^{n} \Delta U_i = \sum_{i=1}^{n} \frac{P_i r_i + Q_i x_i}{U_N} \tag{5-69}$$

若将各干线段的负荷用各支线负荷表示,则式(5-69)表示为:

$$\Delta U = \sum_{i=1}^{n} \frac{p_i R_i + q_i X_i}{U_N} = \Delta U_r + \Delta U_x \tag{5-70}$$

由于导线截面对电抗的影响很小，由上式可知，当 U_N、q_i 一定时，可认为 ΔU_x 为近似不变的定值。令 ΔU_{al} 为允许电压损耗，则可确定 ΔU_r，计算公式为：

$$\Delta U_r = \Delta U_{al} - \Delta U_x \tag{5-71}$$

且另有：

$$\Delta U_r = \frac{\sum_{i=1}^{n} p_i R_i}{U_N} = \frac{r_1 \sum_{i=1}^{n} p_i L_i}{U_N} = \frac{\rho \sum_{i=1}^{n} p_i L_i}{S U_N} \tag{5-72}$$

式中，U_N、ΔU_x、L_i 和 p_i 的单位分别为 kV、V、km、kW，$r_1 = \rho / S$，ρ 为导线材料的电阻率，单位为 $\Omega \cdot mm^2 / km$。那么由式(5-72)可推算出导线截面 S 的值：

$$S = \frac{\rho \sum_{i=1}^{n} p_i L_i}{\Delta U_r U_N} \tag{5-73}$$

根据上述方法计算出导线横截面积 S 后，选一个与计算截面相近而偏大的标准截面作为导线截面。

【例 5-6】 如图 5-23 为某 10 kV 架空线路，导线采用钢芯铝绞线，按正三角形排列，线间距离为 100 cm，允许电压损失为 5%，全线采用同一截面的导线，试选择导线截面。

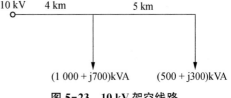

图 5-23　10 kV 架空线路

解:1. 计算选型

设线路单位长度的电抗 $x_1 = 0.38 \ \Omega / km$，则电力线路电抗中的电压损耗计算为：

$$\Delta U_x = \frac{x_1 \sum q_i L_i}{U_N} = \frac{0.38 \times (700 \times 4 + 300 \times 9)}{10} = 209(V)$$

允许电压损耗为：

$$\Delta U_{al} = \frac{\Delta U_{al} \%}{100} \times U_N = \frac{5}{100} \times 10 \ 000 = 500(V)$$

电力线路电阻中的电压损耗：

$$\Delta U_r = \Delta U_{al} - \Delta U_x = 500 - 209 = 291(V)$$

根据公式(5-73)计算出横截面为：

$$S = \frac{\rho \sum pL}{U_N \Delta U_r} = 31.5 \times \frac{1 \ 000 \times 4 + 500 \times 9}{10 \times 291} = 92.01(mm^2)$$

根据计算初步选择 LGJ-95 型导线。

2. 校验

已知 LGJ-95 导线的参数为：$r_1 = 0.33\ \Omega/\text{km}$，$x_1 = 0.334\ \Omega/\text{km}$，计算出电压损耗为：

$$\Delta U = \frac{r_1 \sum p_i l_i + x_1 \sum q_i l_i}{U_N} = 464.2\ \text{V} \leqslant \Delta U_{\text{al}} = 500\ \text{V}$$

经过校验，所选线路满足调压要求。

5.6 电力系统无功补偿仿真分析应用

静止无功补偿器（Static Var Compensator，SVC）一般由两部分组成，分别为并联电容器与可调节的感性电抗器。SVC 可以通过根据电力系统的无功功率波动情况来进行同步跟进的无功补偿，使电压在一定程度上保持稳定。静止无功补偿器的主要种类有：饱和电抗器型（SR）、晶闸管控制电抗型（TCR）、晶闸管开关电容型（TSC）等。本节重点介绍 TCR-TSC 型 SVC 设计模型及分析过程。

TCR 模块由三个单相 TCR 通过三角形连接并联接入电力网络。三个单相 TCR 接入三相电力系统的连接点，对外部输出感性无功功率，感性无功功率的在数值上为负，TCR 模块抵消电网中过量的无功功率。如图 5-24 所示，单相 TSC 由反向并联的晶体闸流管和一个感性电抗器与一个容性电抗器构成，串联电容器是为了在电容器投入电网时减小产生的冲击电流。在[Bp][Bm]单相 TCR 的外部信号接入口，晶闸管通过识别外部信号来控制通断从而达到投切电抗器的目的。

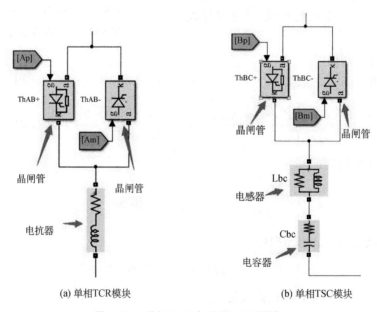

(a) 单相 TCR 模块　　(b) 单相 TSC 模块

图 5-24　单相 TCR 与单相 TSC 模块

5.6.1　SVC 的控制系统单元与建模

大部分 SVC 系统通用 TSC-TCR 型的 SVC 控制系统,主要包含测量系统、电压调节器、触发脉冲发生器、同步系统和辅助控制系统等。其中的电压调节器将测量得到的控制变量与参考信号相比较,然后误差信号经过控制器的变换后输出了一个标幺值电纳 Bsvc 信号,这个电纳信号的作用是通过判断该信号的数值大小来观察控制的误差,这使得输出的无功功率更加精确,使系统达到稳态,误差接近零,并达到控制 TSC 和 TCR 上晶体闸流管的导通状态的目的。

(1) 电压测量系统单元

如图 5-25 所示,一次侧电压 Vabc_prim 经过 1 接入口接入电压测量系统,Manual Switch(手动开关)可供用户选择信号接入类型,3-phase signal(三相信号发生器)是用户拟定的三相固定频率信号,可经 3-phase signal(三相信号发生器)整定系统初始电压波形。此时设定 Manual Switch 选择接入一次侧电压 Vabc_prim,经过 Measurement system 模块得到当前 SVC 端口电压的控制变量 Vmeas。

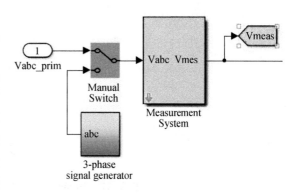

图 5-25　电压测量系统

图 5-26 所示为 Measurement system(测量系统)模块内部结构,电压 Vabc 经左边 1 口接入 3-phase PLL(锁相环)模块,将电压 Vabc 作为矢量信号分解得到 Freq(电压频率)、wt(相位)、Sin-Cos(向量正余弦比),和电压 Vabc 共同接入 PLL-Driven(锁相环驱动的正序列基本值)模块,得到电压控制信号 Vmes。

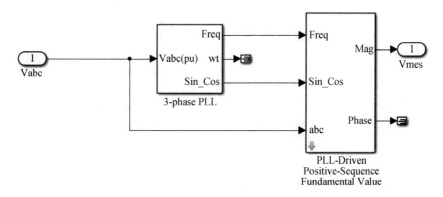

图 5-26　Measurement system(测量系统)模块

3-phase PLL(锁相环)模块参数设置如图 5-27 所示,这个 3-phase PLL(锁相环)模块可以用来同步一组可变频率的三相正弦信号。如果自动增益控制是使能的,PLL 稳压器的输入(相位误差)则根据输入信号的幅度缩放。

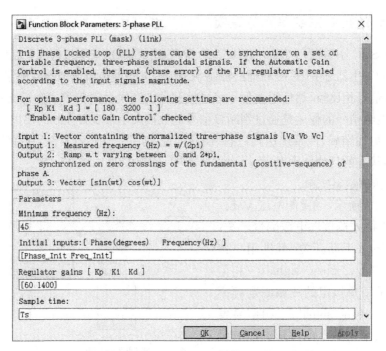

图 5-27　3-phase PLL(锁相环)模块参数设置

　　在一个由输入 1 给出的基频周期的运行窗口上计算输入 3 信号的正序列分量。该信号可以是包含谐波的三个平衡或不平衡信号的集合。对于第一个模拟周期,输出保持不变。最小频率参数用于确定模型中可变传输延迟模块的缓冲区值大小。

```
Function Block Parameters: PLL-Driven Positive-Sequence Fundamental Value          ×
Discrete 3-phase PLL-Driven Positive-Sequence Fundamental Value (mask) (link)
Compute the positive-sequence component of the input 3 signal over a running
window of one cycle of fundamental frequency given by input 1. The signal can
be a set of three balanced or unbalanced signals which may contain harmonics.
The reference frame required for the computation is given by the input 2 (a
two-dimension signal).

The two outputs return respectively the magnitude (same units as the input 3
signal) and phase (in degrees relative to the PLL phase) of the fundamental.

For the first cycle of simulation, the outputs are held constant to the
values specified by the Initial input parameter. The Minimum frequency
parameter is used to determine the buffer size of the Variable Transport
Delay block used in the model.

Parameters
Initial frequency (Hz):
Freq_Init
Minimum frequency (Hz):
45
Initial input (positive component): [ Mag  Phase-relative-to-PLL(degrees) ]
[Mag_Init 0]
Sample time:
Ts
                    OK          Cancel        Help        Apply
```

图 5-28　PLL-Driven(锁相环驱动的正序列基本值)参数

（2）电压调节器单元

如图 5-29 所示，电压调节器主要将上个模块输出的变量 Vmeas 和电压 Vref 作对比，得到变化数值，通过内部处理器变换得到一个电纳值，再以输入 Bref 为基准电纳值，给出一个标幺值为 Bsvc 的电纳信号。这个信号主要作用是判断控制误差。

图 5-29 中参考电压值 Vref 是由常量模块 Constant 与指定时间信号发生模块 Timer 经累加得到。常量模块 Constant 输出由"常量值"参数指定的常量，如图 5-30 所示。

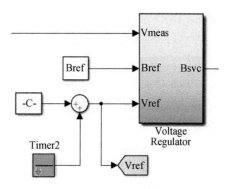

图 5-29　电压调节器单元

如果"常量值"是一个向量，并且"将向量参数解释为一维"是开启的，则将该常量值视为一维数组。否则，输出一个与常数值具有相同维数的矩阵。图 5-31 为指定时间信号发生模块 Timer 生成在指定时间变化的信号。如果在时间 0 时没有指定信号值，输出将保持在 0 直到第一个指定的过渡时间。

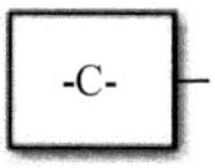

图 5-30　常量模块 Constant

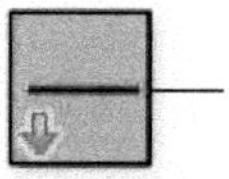

图 5-31　指定时间信号发生模块 Timer

（3）离散单元

如图 5-32 所示，Distribution Unit（离散单元）主要将得到的 Bsvc 电纳信号进行分解，根据功率角大小将相应的信号给到个同步单元。

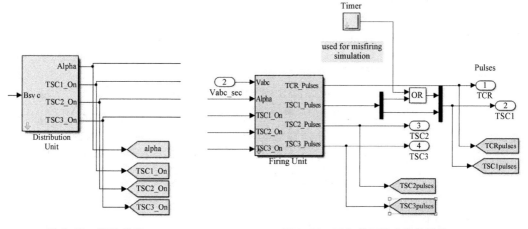

图 5-32　离散单元

图 5-33　同步单元脉冲发生模块

（4）同步单元触发脉冲发生器

同步单元脉冲发生模块如图 5-33 所示，由离散单元得到的 TSC1-on、TSC2-on、TSC3-on 信号和功率角输入到电压同步系统和触发脉冲发生器时，结合二次侧电压信号

Vabc_sec,Firing Unit(脉冲发生器)做出反应产生脉冲信号,对 TSC 和 TCR 支路上的晶闸管进行导通控制,实现对电力系统的无功补偿。

(5) SVC 控制系统仿真模块搭建

由上述模块单元组成如图 5-34 所示 SVC 控制系统仿真模块,电压测量系统单元、电压调节器单元、离散单元、同步单元触发脉冲发生器四个部分共同构成 SVC 的核心控制单元。

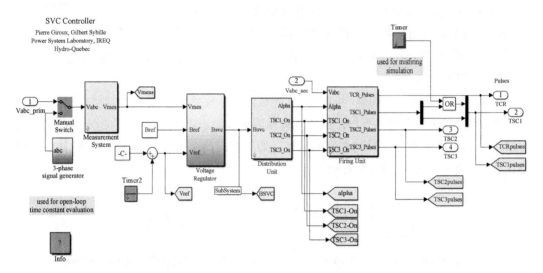

图 5-34 SVC 控制系统仿真模块

外部输入一次侧电压 Vabc_Prim 和二次侧电压 Vabc_Sec 信号经过内部变换可判断该时刻电力系统的电压波动,通过控制 TCR 和 TSC 的晶闸管的通断,实现对电抗器的投切和控制,达到吸收或补偿系统中的无功的目的。

5.6.2 构成 SVC 的电力系统仿真模块

(1) 三相可编程电压源

三相可编程电压源及参数设定如图 5-35 和图 5-36 所示,该模块是一个理想化的三相电压源,该电压源没有阻抗。三个源的公共节点(中性)可进行输入访问。该三相电压源的振幅、相位、频率和谐波随时间的变化都可通过预写编写的程序来实现。使用此模块可生成具有时间变化参数的三相可变电压。

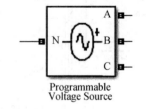

图 5-35 三相可编程电压源

(2) 耦合变压器

耦合变压器如图 5-37 所示,耦合变压器是用来将电力系统输电线路上的高电压变化为较低电压的装置,本次仿真使用 MATLAB 耦合变压器模块来模拟电网中的电压转换。本文设置耦合变压器一次侧和二次侧电压变比为 220 kV/10 kV。

图 5-36　三相可编程电压源参数设置

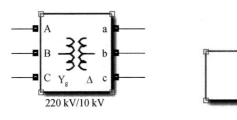

图 5-37　耦合变压器模块　　　图 5-38　Powergui 模块

（3）Powergui 模块

如图 5-38 所示的是 Powergui 模块。

① 该模块能够显示系统稳定状态下的电流、电压和电路全部的状态变量值；

② 该模块允许修改初始状态以方便进行仿真；

③ 可以用以计算负载潮流；

④ 当 Powergui 模块中带有对阻抗值大小进行测量的模块时，该模块可以展示阻抗的大小与频率的关系波形。

（4）SVC 操控模块

SVC 操控模块及参数设定如图 5-39、图 5-40 所示，该模块由一个可控硅控制的电抗器组（TCR）和三个可控硅开关电容器组（SVC）组成。

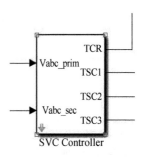

图 5-39　SVC 操控模块

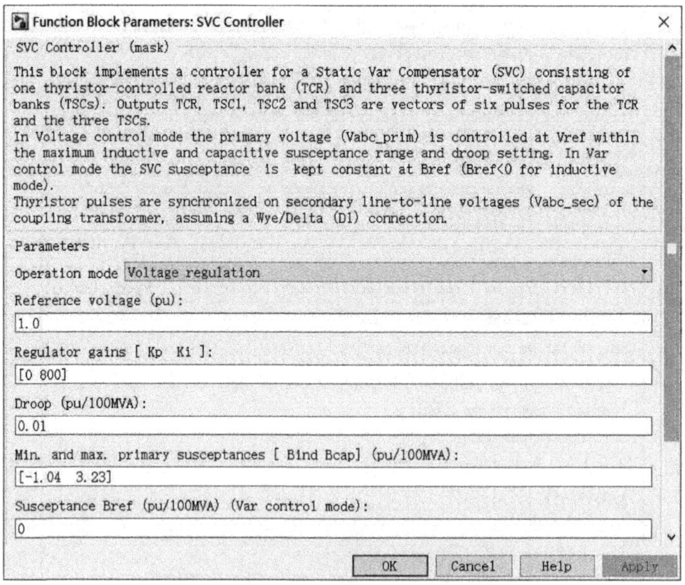

图 5-40 SVC 操控模块参数设置

（5）三相 *RLC* 负载

如图 5-41、图 5-42 所示，三相 *RLC* 电路是由电阻、电感、电容组成，分为串联型和并联型，本文采用的是并联型 *RLC* 二阶电路，用来模拟输电线路的电阻和发电机产生的无功功率。当电子元件被视为线性元件时 *RLC* 负载可以作为电子谐波振荡器、带通或带阻的滤波器。在固定频率下，*RLC* 负载阻抗固定。

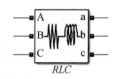

图 5-41 三相 *RLC* 负载

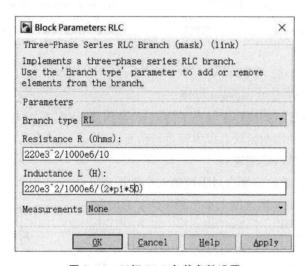

图 5-42 三相 *RLC* 负载参数设置

（6）Signal & Scopes(SVC 信号监测)模块

如图 5-43 所示为 SVC 信号检测模块，通过该模块可以在 SVC 运行过程中用示波器来观察 SVC 和各项电力系统的各项参数波形的变化,这些参数分别为一次侧电压和电流、系统中的无功功率、SVC 端口电压均值和参考值、TCR 触发延迟导通角、TSC 的导通个数。

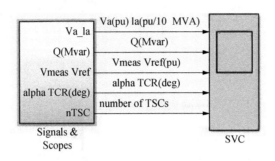

图 5-43　Signal & Scopes(SVC 信号监测)模块

5.6.3　SVC 系统仿真模型搭建

(1) SVC 系统仿真模型

建立一个带 SVC 的电力系统仿真,使用的是 Simulink 中的 PSB 模型库,本案例分析了一个 45 Mvar/−20 Mvar 静止无功补偿器(SVC)的操作情况。通过一个 45 Mvar 静态无功补偿器(SVC)调节一个系统容量为 1 000 MVA,电压等级为 220 kV 电力系统上的电压。

SVC 由 220 kV/10 kV 耦合变压器、一台 20 Mvar 可控反应电抗器组(TCR)和三个 15 Mvar 可控管开关电容器组(TSC1、TSC2、TSC3)组成,在变压器的二次侧连接。开关 TSC 允许通过 15 Mvar 的步进发出 0~45 Mvar 电容性无功功率,而 TCR 的相位控制允许其从 0~20 Mvar 电感的连续变化中吸收无功功率。

当本系统与电力系统连接,无功功率不足时,结合实际情况投入一定数量的 TSC 对系统补偿无功功率。考虑到变压器的泄漏电抗(15%),从电网侧看到的 SVC 等效电感率可以从−1.04 pu/10 MVA(全感应)连续变化到 3.23 pu/10 Mvar(全电容)。SVC 对系统的无功波动进行跟踪,结合系统状况同步进行无功补偿,无功不足时,TCR 不导通,TSC 投入运行。无功充裕时,TCR 全导通,TSC 退出,SVC 发出感性无功,感性无功为负,抵消系统中多余无功。

(2) 系统模型及仿真运行

设置电源电压为 220 kV,频率为 50 Hz。在仿真过程中可以预先编写具有电压变化程序的电压源模块来模拟系统电压的变化,设置电阻为 4.84 Ω,感抗为 0.13 Ω。在整个仿真过程中,可编程电压源的电压变化设置为:

① 0~0.1 s 设置电压幅值为 1.0 pu;

② 0.1~0.4 s 设置电压幅值为 1.025 pu;

③ 0.4~0.7 s 设置电压幅值为 0.93 pu;

④ 0.7~1.0 s 设置电压幅值为 1.0 pu。

系统在进行补偿前的模拟如图 5-44 所示。

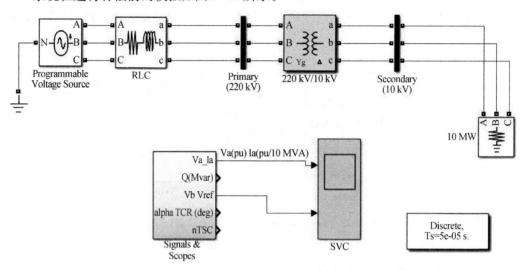

图 5-44 补偿前电力系统

带有 SVC 补偿后的电力系统接线如图 5-45 所示。补偿后运行模拟,通过 SVC 集成块连接示波器,在示波器上观察波形。此时设置 SVC 为电压控制模式,其参考电压设置为 1.0 pu。电压每变化 0.01 pu,实际电压就变化 10 MVA。因此,当 SVC 装置发出的无功从电容式(45 Mvar)变为感应式(−20 Mvar)时,SVC 电压在 0.93～1.025 pu 之间变化。

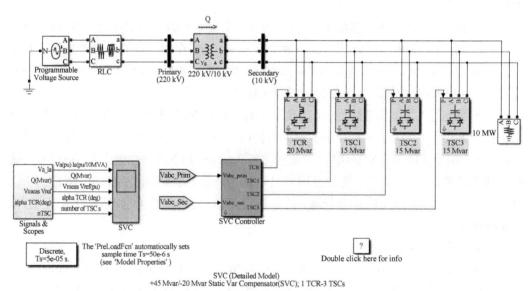

图 5-45 带有 SVC 补偿后电力系统

5.6.4 SVC 系统仿真分析结果

设置 SVC 的控制模式为电压控制,基准电压值设置为 1 pu(标幺值)。图 5-46(a)为补偿前一次侧母线电压、电流曲线,图 5-46(b)为二次侧母线电压曲线,由此可以看到补偿前一次 V_a 和二次 V_b 母线电压在依照程序设定的电压值进行波动。

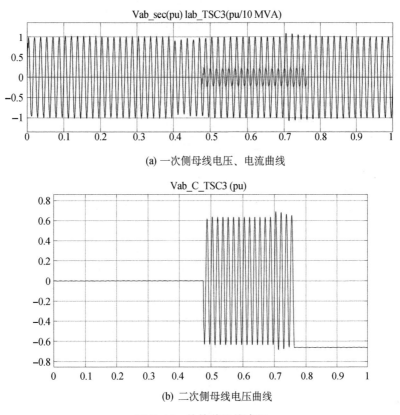

(a) 一次侧母线电压、电流曲线

(b) 二次侧母线电压曲线

图 5-46　补偿前母线电压

图 5-47 为 SVC 的仿真波形图,图 5-47(a)为变压器一次侧电压 V_a 与一次侧电流 I_a 标幺值曲线。图 5-47(b)为 SVC 输出的无功功率有名制曲线。图 5-47(c)为测量电压 V_{meas} 与参考电压 V_{ref}。图 5-44(d)为 TCR 触发角变化情况。图 5-47(e)为投入 TSC 的个数,比如,初始时 SVC 端口电压为 1 pu,TCR 触发角为 90°,TSC 投入个数为 1,SVC 输出的无功功率 Q 为 0,整个 SVC 没有向系统吸收或者发出无功功率。

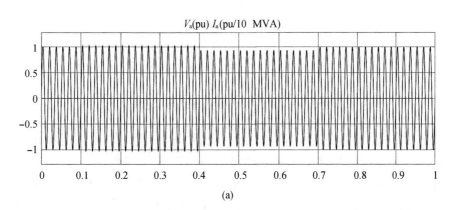

(a)

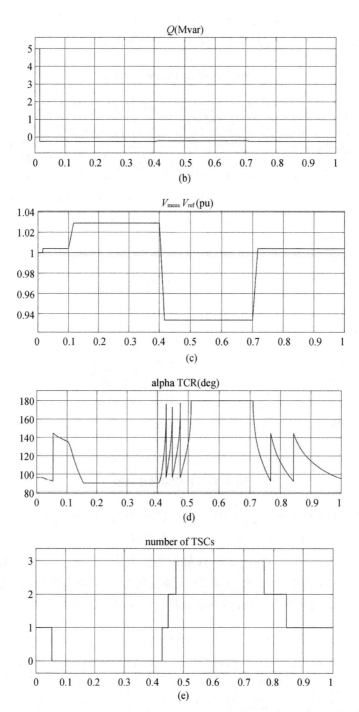

图 5-47　SVC 补偿后系统仿真参数波形

　　如图 5-47 所示,当系统运行到 0.11 s 时,可以看到一次侧电压 V_a 小幅波动和 SVC 测量 Vmeas 电压小幅增大,此时系统无功过多,TSC1 退出,补偿电容减小,TCR 触发角增大,电感值减小,此时 Q 为 0 Mvar,SVC 未发出或者吸收无功。0.11～0.41 s 阶段,可以看到 TCR 触发角逐渐减小到 91°左右,发出的感性无功提高,而 TSC 未投入,SVC 输出

无功 Q 逐渐从 0 下降到为 -20 Mvar,SVC 从系统中吸收无功功率,V_{meas} 电压恢复平稳。在 $0.41\sim0.5$ s 阶段,V_{meas} 电压剧烈下降,三个 TSC 依次投入,每个 TSC 投入的过程中 TCR 触发角都会从 $90°$ 增大到 $180°$,输出的感性无功逐渐减小,这保证了向系统中投入的无功是连续的,从 SVC 总输出无功 Q 可以看出,输出的无功达到了 45 Mvar。在 $0.7\sim0.75$ s,V_{meas} 电压升高后下降到了最初水平,3 个 TSC 退出至保留一个,TCR 触发角也回到了最初的 $90°$。整个系统恢复至初始水平。

案例分析与仿真练习

（五）电力系统频率、电压调整

任务一:知识点巩固

1.电力系统运行过程中为什么会发生频率偏移?

2.电力系统运行中依靠什么办法来抑制频率的波动,从而满足频率质量的要求?

3.电力系统一次调频的基本原理与应用是什么?电力系统二次调频的基本原理与应用是什么?

4.电压中枢点是指哪些?电压中枢点的调压方式有哪几种?

5.电力系统无功补偿的方法有哪些?其原理和特点是什么?

任务二:仿真实践与练习

设计含有静止无功补偿器(SVC)的简单电力系统,如图 5-48 所示。构建一个110 kV 的 SVC 的仿真模型,线路长度为 50 km,$r_0=0.21$ Ω/km,$x_0=0.21$ Ω/km,系统负荷为 10 MW。要求:当系统中投入大负荷时,SVC 迅速发挥作用对各节点进行无功补偿,在经过短暂过渡过程后,各节点电压逐步稳定,负载侧和电源侧电流迅速降低,系统恢复到了原来的水平。(具体模型可参考 5.6 节内容。)

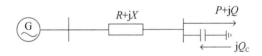

图 5-48　任务二中电力系统

习题

5-1　电力系统频率波动对系统的危害有哪些?

5-2　电力系统的负荷变化与系统的频率调整的关系是什么?

5-3　电力系统的一次调频、二次调频和三次调频的原理是什么?

5-4　耗量特性、比耗量、耗量微增率的定义是什么?电力系统负荷最优分配准则是什么?

5-5　电力系统负荷的有功功率-频率静态特性是什么?有功负荷的频率调节效应是什么?

5-6 电力系统发电机的有功功率-频率静态特性是什么？发电机的单位调节功率是什么？

5-7 调差系数的定义是什么？与发电机单位调节功率的标幺值的计算有什么关系？

5-8 电力系统中无功功率与节点电压的关系是什么？

5-9 电力系统中无功负荷和无功损耗主要有哪些？

5-10 电力系统中无功功率电源有哪些？

5-11 电压中枢点的概念是什么？电力系统中电压中枢点有哪些？

5-12 电力系统中性点调压方式有哪几种？具体使用场合是什么？

5-13 电力系统调压措施有哪些？各自调压特点是什么？

5-14 比较电力系统并联电容器和串联电容在无功补偿原理上的区别和具体使用情况。

5-15 A、B 两个系统由联络线相连，如图 5-49 所示。A 系统的参数：$K_{GA} = 800 \text{ MW/Hz}$，$K_{LA} = 50 \text{ MW/Hz}$，$\Delta P_{LA} = 100 \text{ MW}$。$B$ 系统的参数：$K_{GB} = 700 \text{ MW/Hz}$，$K_{LB} = 40 \text{ MW/Hz}$，$\Delta P_{LB} = 50 \text{ MW}$。

求在下列情况下频率的变化量 ΔP_{AB}：

(1) 两系统机组都参加一次调频。

(2) A 系统机组参加一次调频，而 B 系统机组不参加一次调频。

(3) 两系统机组都不参加一次调频。

(4) A、B 两系统机组都参加一、二次调频，A、B 两系统机组都增发 50 MW。

(5) A、B 两系统机组都参加一次调频，并 A 系统有机组参加二次调频，增发 60 MW。

(6) A、B 两系统都参加一次调频，B 系统并有机组参加二次调频，增发 60 MW。

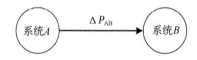

图 5-49 题 5-15 图

5-16 有一降压变压器归算至高压侧的阻抗为 $(2.44+\text{j}40)\Omega$，变压器的额定电压为 $[110 \pm 2 \times 2.5\%]/6.3 \text{ kV}$。在最大负荷时，变压器高压侧通过功率为 $(28+\text{j}14)\text{MVA}$，高压母线电压为 113 kV，低压母线要求电压为 6 kV；在最小负荷时，变压器高压侧通过功率为 $(10 + \text{j}6)\text{MVA}$，高压母线电压为 115 kV，低压母线要求电压为 6.6 kV。试选择该变压器的分接头。

5-17 水电厂通过 SFL-40000/110 型升压变压器与系统连接，变压器归算至高压侧阻抗为 $(2.1+\text{j}38.5)\Omega$，额定电压为 $[121 \pm 2 \times 2.5\%]/10.5 \text{ kV}$，系统在最大、最小负荷时高压母线电压分别为 112.09 kV 和 115.92 kV，低压侧要求的电压在系统最大负荷时不低于 10 kV，在系统最小负荷时不高于 11 kV，当在系统最大、最小负荷时水电厂输出功率均为 $(28+\text{j}21)\text{MVA}$ 时，试选择该变压器的分接头。

5-18 某一系统如图 5-50 所示，其中折算到高压侧的 i 和 j 之间的阻抗 $Z_{ij} = (8 + \text{j}40)\,\Omega$，$S_{j\max} = (20 + \text{j}10)\text{MVA}$，$U_i = 105 \text{ kV}$，变压器额定电压为 $[110(1 \pm$

$4\times2.5\%)$〕$/11\,kV$，变压器低压侧 j 节点要求逆调压，求变压器的电压比和并联电容器的最小补偿量。

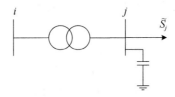

图 5-50　题 5-18 图

5-19　有一条 $10\,kV$ 配电线路，其末端(变压器的高压侧)的负荷为 $(1.5+j1)MVA$，导线采用钢芯铝绞线，三相导线的几何平均距离为 $1\,m$，线路长度为 $9\,m$，当线路允许电压损耗为 5% 和 10% 时，选择该线路导线截面。

5-20　一条长为 $90\,km$ 的 $110\,kV$ 架空线路，考虑到 5 年的发展，其中最大负荷为 $40\,MW$，功率因数为 0.9，最大负荷利用小时数为 $5\,500\,h$，试确定导线截面。

5-21　一条 $220\,kV$ 架空输电线路，长度为 $160\,km$，最大负荷为 $20\,MW$，负荷功率因数为 0.9，最大负荷利用小时数为 $5\,500\,h$，试确定导线截面。

技术探索

(一) 电力系统发电与频率调节(AGC)

随着大规模电网互联的出现，互联电网的频率稳定性，以及联络线是否按交换计划输送有功功率成为被关注的重点。自动发电控制(Automatic Generation Control，AGC)是实现复杂电力系统频率和有功功率自动控制的系统，其任务是通过控制发电机组的有功出力来追踪有功负荷变化，从而使系统频率和区域间净交换功率维持在给定范围内，并且在此前提下使系统以最经济的方式运行。

AGC 指令的计算由调度中心的监控软件实现，计算时需要监测联络线潮流、电网频率等网上实时参数，以及负荷预报系统、网络分析系统、机组发电计划和机组本身的相关参数。监控软件计算出电网中可调机组的发电目标值，并传送到相关发电厂的远程终端单元，进而通过场内的通信电缆与发电机组的主控联系，达到直接控制机组目标出力的目的。

(二) 电力系统的自动电压控制(AVC)

电压控制是电力系统运行调度人员最重要的日常工作之一，历史上主要通过人工完成调压，这项工作相当繁复，工作量可能占到运行调度人员日常工作量的近一半。电压控制与频率调整类似，在时间尺度上分为三个级别，分别是一次调节、二次调节和三次调节。随着电力系统的不断发展，电网规模日益扩大，这种依赖于人工经验的电压控制方式越来越难以适应电网自身的复杂性，正是在这样的背景下，自动电压控制系统(Automatic

Voltage Control，AVC)应运而生。

AVC是指利用计算机系统、通信网络和可调控设备，根据电网实时运行工况在线计算控制策略，自动闭环控制无功功率和电压调节设备，以实现合理的无功功率电压分布。AVC系统取代了传统的人工电压控制，一般由运行在控制中心的主站系统与运行在厂站侧的子站系统构成，二者通过调度数据网进行远程通信。AVC系统利用调度自动化系统的遥测与遥信功能，将电网各节点运行状态实时采集并上传至控制中心，在控制中心主站系统内以提高全网电压水平(或降低网络损耗)为目标进行优化决策，得到对全网不同控制设备的优化调节指令，并通过调度自动化系统的遥控与遥调功能下发至厂站侧，由厂站侧子站系统或监控系统最终执行，实现自动、闭环、优化控制。AVC系统与自动发电控制(AGC)系统共同构成了电力系统稳态自动控制的基石，对于运行调度人员驾驭复杂大电网具有重要意义。

经过近20年的不断发展，自动电压控制(AVC)已经和自动发电控制(AGC)一起共同构成了中国电网控制中心不可或缺的常备控制系统，该系统对无功电压进行自动化全局优化控制，极大地降低了运行调度人员的工作强度，有力支撑了中国特大规模复杂电网的安全、优质与经济运行，保障了大规模可再生能源的可靠消纳。

广大电力行业者应该认识到科技创新成果乃国之利器，新时代我辈有幸参与国家电力事业的发展，坚定科技兴国、创新强国的信念，努力投身到具有中国特色的现代电力系统建设中。山河为证、岁月为名，伴随飞速迭代的科技，未来万物互联、赋能万物，由电力见证的中国奇迹还远未结束。

第6章

电力系统对称短路电流的计算

短路故障对电力系统的危害很大,轻则导致设备损坏,重则将引起电力系统运行失去稳定。面对短路危害,一方面要提高技术水平、加强管理,尽量防止短路故障发生;另一方面是一旦发生短路故障,尽量降低其危害,避免后续连锁事故的发生。

短路问题是电力技术方面的基本问题之一,在电厂、变电所以及整个电力系统的设计和运行工作中,都必须事先进行短路计算,以此作为合理选择电气接线、选用有足够热稳定度和动稳定度的电气设备和载流导体、确定限制电流的措施、在电力系统中合理地配置各种继电保护并整定其参数等的重要依据。因此,掌握短路发生以后的物理过程以及短路时各种运行参量(电流、电压等)的计算方法是非常必要的。

本书的第 6、7 和 8 章将介绍短路的定义、短路的类型、短路电流的特征量及计算方法,以及短路后节点电压分布的计算方法等内容。本章介绍三相突然短路时电流的变化过程以及电流中包含的各种分量,定义短路电流的特征量,介绍短路电流周期分量起始值的计算方法以及采用运算法计算短路任一时刻的短路电流情况,最后给出几种常见的实用工程算例。

6.1　电力系统故障概述

电力系统在运行时可能受到各种扰动,例如负荷切换、系统内个别元件的绝缘老化引起不同相线之间或相线与地线之间发生短路等,这些扰动如果导致电力系统不能正常运行,就称为电力系统故障。如果电力系统中只有某一处发生故障称为简单故障,如果有两个以上的简单故障同时发生,则称为复杂故障,本章节只讨论简单故障。

电力系统可能发生的故障主要可分为短路故障和断相故障。短路故障属于横向故障,其中发生概率最大的是单相短路故障。短路是指一切不正常的相与相之间或相与地(或中线)之间发生导通的情况。因为短路故障引起的短路电流要比电力系统正常运行时的电流大得多,其冲击效应和热效应都会对电气设备造成损害,同时短路故障改变了电力系统的网络结构,因此对发电机的输出功率也有影响,严重时可造成发电机组之间的失步,使电力系统失去稳定,因此必须对电力系统的各种暂态情况进行分析研究,并根据分析结果选择相应的保护设备。

发生短路故障的原因有很多,常见的有:①元件的绝缘自然老化造成短路;②因雷击或过电压引起电弧放电,风、雪等自然灾害引起电杆倒塌;③运行人员违规操作;④其他因素,如鸟兽等跨接裸露导线、自然因素等造成的短路。

发生短路故障时可能产生以下后果:

(1)通过短路点的很大短路电流和所燃起的电弧使短路点的元件发生故障甚至损坏。

(2)短路电流通过非故障设备时,由于发热和电动力作用,导致设备使用寿命缩短甚至损坏。

(3)电力系统中部分地区的电压大大降低,使大量电力用户的正常工作遭到破坏。

(4)破坏电力系统中各发电厂之间并列运行的稳定性,引起系统振荡甚至使系统崩溃。

短路故障(横向故障)又可以分为:三相接地故障,用 $K^{(3)}$ 表示;单相接地故障,用 $K^{(1)}$ 表示;两相短接故障,用 $K^{(2)}$ 表示;两相接地短路故障,用 $K^{(1,1)}$ 表示。在三相交流电力系统发生的各种短路故障中,单相接地短路故障所占的比例最高,其次为两相短路故障和两相短路接地故障,三相短路故障发生的概率最小,且电力系统短路故障大多数发生在架空线路部分(约占70%以上)。表6-1给出2002年我国220 kV电网输电线路各种类型故障发生的次数和百分比。

表 6-1　2002 年我国 220 kV 电网输电线路故障统计表

故障类型	三相短路	两相短路	两相接地	单相接地	其他故障
故障次数	17	28	91	1 319	32
故障百分比/%	1.14	1.88	6.12	88.7	2.16

断相故障主要有断一相故障和断两相故障,断相故障属于纵向故障。在这些故障中,三相短路故障虽然很少发生,但一旦发生情况比较严重,且三相短路时电力系统仍是三相对称的,称为对称故障,分析比较容易,因此对三相短路的研究有十分重要的意义。

电力系统出现短路故障时,主要特征是短路电流非常大,为了能在工程实用要求的准确度范围内迅速计算短路电流,在计算短路电流时可以采用如下的方法简化:

(1)不考虑发电机间的摇摆现象和磁路饱和。

(2)假设发电机是对称的,不对发电机作过细的讨论,只用次暂态电动势 U''_G 和次暂态电抗 X''_G 来表示发电机。

(3)因为短路电流很大,相比之下可以忽略变压器的对地导纳(即忽略其励磁支路)。

(4)忽略电力线路的对地电容,在高压电网上(110 kV 及以上)忽略电力线路的电阻。

这样简化后可以大大减小短路分析的工作量,尤其是在手工计算时这样的简化更有必要。

6.2　无限大容量电源供电的电力系统三相短路

电源距短路点的电气距离较远时,由短路而引起的电源送出功率的变化 ΔS 远小于电源的容量 S,这时可设 $S=\infty$,则该电源为无限大容量电源。电源的端电压及频率在短路后的暂态过程中保持不变,且电源的内阻抗为零。无限大容量电源是一个相对概念,真正的无限大容量电源是不存在的。

6.2.1　无限大容量电源供电的三相短路电流分析

图 6-1 为一个由无限大容量电源供电的三相短路电路,由于电路是对称的,故可以只分析其中的一相,这里以 a 相为例。

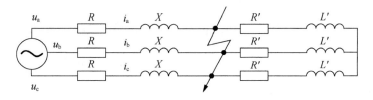

图 6-1　由无限大容量电源供电的三相短路电路

短路发生前, a 相的电压和电流的表达式如下:

$$u_a = U_m \sin(\omega t + \theta_0) \tag{6-1}$$

$$i_a = I_m \sin(\omega t + \theta_0 - \varphi) \tag{6-2}$$

其中:

$$I_m = \frac{U_m}{\sqrt{(R + R')^2 + \omega^2(L + L')^2}}$$

$$\varphi = \arctan\frac{\omega(L + L')}{R + R'}$$

式中, $R + R'$ 和 $L + L'$ 分别为短路前每一相的电阻和电感。

当在短路点发生三相短路时,这个电路即被分成两个独立回路。对于右半回路,没有电源,电流将从短路发生瞬间不断衰减,一直衰减到磁场中储存的能量全部变为电阻中所消耗的热能,即电流衰减到零,这个过程中最大电流发生在故障初始瞬间,即正常运行电流,不会对设备产生危害。电路左边的回路与电源相连,短路发生后,每相阻抗有所减少,其稳态电流值必然增大,故电路暂态过程的分析与计算主要针对左半回路。

假定短路是在 $t = 0$ 时发生,则 a 相的微分方程式为:

$$U_m \sin(\omega t + \theta_0) = Ri_a + L\frac{di_a}{dt} \tag{6-3}$$

其解为:

$$i_a = \frac{U_m}{Z}\sin(\omega t + \theta_0 - \varphi_k) + Ce^{-\frac{t}{T_a}} \tag{6-4}$$

式中, U_m 为电源电压的幅值; Z 为短路回路的阻抗, $Z = \sqrt{R^2 + (\omega L)^2}$; θ_0 为短路瞬间电压 u_a 的相位角; φ_k 为短路回路的阻抗角, $\varphi_k = \arctan\frac{\omega L}{R}$; C 为由起始条件确定的积分常

数；T_a 为由短路回路阻抗确定的时间常数，$T_a = \dfrac{L}{R}$。

短路发生瞬间 $t = 0$ 时刻的电流，由式（6-4）可表示为：

$$i_{a0} = I_{\omega m}\sin(\theta_0 - \varphi_k) + C \tag{6-5}$$

式中 $I_{\omega m} = \dfrac{U_m}{Z}$ 为短路电流周期分量的幅值。C 是非周期分量电流的最大值 i_{a0}，其值为：

$$C = i_{a0} = I_m\sin(\theta_0 - \varphi) - I_{\omega m}\sin(\theta_0 - \varphi_k)$$

非周期分量电流的表达式：

$$\begin{aligned} i_{at} = i_{a0}\mathrm{e}^{-\frac{t}{T_a}} &= \left[I_m\sin(\theta_0 - \varphi) - I_{\omega m}\sin(\theta_0 - \varphi_k)\right]\mathrm{e}^{-\frac{t}{T_a}} \\ &= K_a i_{a0} \end{aligned} \tag{6-6}$$

故 a 相电流的完整表达式：

$$\begin{aligned} i_a = &I_{\omega m}\sin(\omega t + \theta_0 - \varphi_k) + \\ &\left[I_m\sin(\theta_0 - \varphi) - I_{\omega m}\sin(\theta_0 - \varphi_k)\right]\mathrm{e}^{-\frac{t}{T_a}} \end{aligned} \tag{6-7}$$

同理，用 $\theta_0 - 120°$ 和 $\theta_0 + 120°$ 代替上式中的 θ_0 可分别得到 i_b 和 i_c 的表达式。

6.2.2 短路冲击电流

短路冲击电流就是短路电流的可能最大瞬时值。图 6-2 是非周期分量最大时的短路电流波形图，计算短路冲击电流的作用是检验电气设备和载流导体的动稳定度。在短路回路中，通常电抗远大于电阻，可认为 $\varphi_k = 90°$，故此时的 a 相全电流的表达式为：

$$i_a = -I_{\omega m}\cos\omega t + I_{\omega m}\mathrm{e}^{-\frac{t}{T_a}} \tag{6-8}$$

短路冲击电流发生在短路后半个周期时，其值为：

$$i_{imp} = I_{\omega m} + I_{\omega m}\mathrm{e}^{-\frac{0.01}{T_a}} = (1 + \mathrm{e}^{-\frac{0.01}{T_a}})I_{\omega m} = K_{imp}I_{\omega m} \tag{6-9}$$

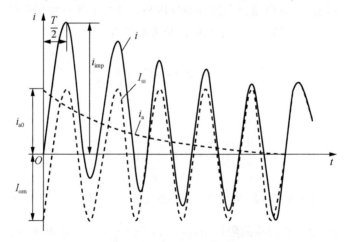

图 6-2 非周期分量最大时的短路电流波形图

式中，K_{imp} 为冲击系数，由于电路中含有电阻和电抗，故冲击系数的取值范围是 $1 \sim 2$ 之间，一般取 $1.8 \sim 1.9$。在高压电网中，短路时冲击系数为 1.8，$i_{imp} = 1.8\sqrt{2} I_\omega$；在发电机端部发生短路，冲击系数为 1.9，$i_{imp} = 1.9\sqrt{2} I_\omega$；在低压电网中发生短路，冲击系数为 1.3，$i_{imp} = 1.3\sqrt{2} I_\omega$。$I_\omega$ 为短路电流周期分量的有效值。

6.2.3　短路电流的最大有效值和短路功率

在校验电力设备的断流能力和耐流强度时，需要计算短路电流的最大有效值。由图 6-2 可知在短路后第一个周期内电流的非周期分量的有效值最大，故最大有效值电流也发生在短路后半个周期 $t = T/2 (0.01 \text{ s})$ 时，其值为：

$$i_{imp} = \sqrt{I_\omega^2 + \left[(K_{imp} - 1) \sqrt{2} I_\omega \right]^2} = I_\omega \sqrt{1 + 2(K_{imp} - 1)^2} \tag{6-10}$$

当 $K_{imp} = 1.9$ 时，$i_{imp} = 1.62 I_\omega$；当 $K_{imp} = 1.8$ 时，$i_{imp} = 1.52 I_\omega$。

在选择电气设备时有时需要用到短路功率的概念，短路功率定义为：

$$\begin{cases} \text{表达式：} & S_{kt} = \sqrt{3} U_N I_{kt} \\ \text{标幺值表示：} & S_{*kt} = I_{*kt} S_B \\ \text{有名值计算式：} & S_{kt} = \sqrt{3} U_{av} I_{\omega t} \end{cases}$$

短路功率的标幺值计算式可表示为：

$$S_{*kt} = \frac{S_{kt}}{S_B} = \frac{\sqrt{3} U_N I_{kt}}{\sqrt{3} U_B I_B} \tag{6-11}$$

当选择额定电压为基准电压时，短路功率的标幺值计算采用短路电流的标幺值计算式：

$$S_{*kt} = \frac{S_{kt}}{S_B} = \frac{\sqrt{3} U_N I_{kt}}{\sqrt{3} U_B I_B} = \frac{I_{kt}}{I_B} = I_{*kt} = \frac{1}{X_\Sigma^*} \tag{6-12}$$

当系统为无穷大电源系统时，其值等于回路各元件电抗标幺值之和的倒数，故有：

$$S_{kt} = S_B S_{kt}^* = \frac{S_B}{X_\Sigma^*} \tag{6-13}$$

短路功率主要用来校验断路器的切断能力。把短路功率定义为短路电流和网络额定电压的乘积是因为：首先断路器要能切断短路电流；其次在断路器断流时，其触头应该能经受住额定电压的作用。在有名值计算中，网络额定电压一般为平均额定电压 U_{av}，短路电流有效值一般采用短路电流周期分量有效值 I_ω。

6.2.4　无限容量系统的三相短路计算

三相短路稳态电流是指短路电流非周期分量衰减完后的短路全电流，其有效值用 I_∞ 表示，在无限大容量系统中，短路后任何时刻的短路电流周期分量有效值（习惯上用 I_K 表示)始终不变,所以有 $I_{\mathrm{K}} = I_{\infty} = I_{\omega}$。

短路电流周期分量有效值:

$$I_{\omega} = \frac{U_{\mathrm{av,k}}}{\sqrt{3}\,X_{\sum}} \tag{6-14}$$

短路电流周期分量标幺值:

$$I_{*\omega} = \frac{I_{\omega}}{I_{\mathrm{B}}} = \frac{\dfrac{U_{\mathrm{av,k}}}{\sqrt{3}\,X_{\sum}}}{\dfrac{U_{\mathrm{B}}}{\sqrt{3}\,X_{\mathrm{B}}}} = \frac{1}{X_{*\sum}} \tag{6-15}$$

当计及电阻影响时,则可改用下式计算:

$$I_{*\omega} = \frac{1}{Z_{*\sum}} = \frac{1}{|Z_{*\sum}|}\mathrm{e}^{-\mathrm{j}\varphi_{\mathrm{k}}} \tag{6-16}$$

如图 6-3(a)所示系统中任意一点 M 的残余电压 $\dot{U}_{*\mathrm{M}}$ 为

$$\dot{U}_{*\mathrm{M}} = \dot{I}_{*\omega}(R_{*\mathrm{M}} + \mathrm{j}X_{*\mathrm{M}}) \tag{6-17}$$

它超前于电流的相位角为

$$\varphi_{\mathrm{M}} = \arctan\frac{X_{*\sum}}{R_{*\sum}} \tag{6-18}$$

由式(6-17)可见,当 M 点向左移动时,电压 U_{M} 将逐渐增大。当参数均匀分布时,根据三相系统的对称性,可绘出三相电压沿系统各点的分布情况,如图 6-3(c)所示。

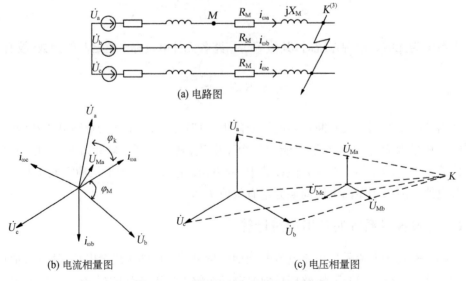

(a) 电路图

(b) 电流相量图　　　　　　　　(c) 电压相量图

图 6-3　三相短路时电流、电压相量图

6.3　非无限容量系统三相短路的实用计算

6.3.1　起始次暂态电流计算

在电力系统三相短路后第一个周期内认为短路电流周期分量是不衰减的,而求得的短路电流周期分量的有效值即为起始次暂态电流 I''。计算起始次暂态电流 I'',用于校验断路器的断开容量和继电保护整定计算中。采用运算曲线法得到短路后任一时刻的短路电流,用于电气设备稳定校验。

(1) 起始次暂态电流 $\dot{I}''$ 的精确计算步骤

① 系统元件参数计算(标幺值)。

② 计算起始次暂态电动势 $\dot{E}''_0$(在短路前正常运行时求得)

③ 化简网络。

④ 计算短路点 k 的起始次暂态电流 $\dot{I}''_k$。

$$\dot{I}''_k = \frac{\dot{E}''_\Sigma}{(Z_\Sigma + Z_f)} = \frac{\dot{U}_{k(0)}}{(Z_\Sigma + Z_f)} \tag{6-19}$$

若 $Z_f = 0$,则:

$$\dot{I}''_k = \dot{E}''_\Sigma / Z_\Sigma = \dot{U}_{k(0)} / Z_\Sigma \tag{6-20}$$

若只计电抗,则:

$$\dot{I}''_k = \dot{E}''_\Sigma / X_\Sigma = \dot{U}_{k(0)} / X_\Sigma \tag{6-21}$$

(2) 起始次暂态电流的近似计算

① 系统元件参数计算(标幺值)。

② 对电动势、电压、负荷进行简化。

③ 化简网络。

④ 短路点 k 起始次暂态电流 I''_k 的计算式为:

$$\begin{cases} I''_k = 1/(Z_\Sigma + Z_f) & \\ I''_k = 1/Z_\Sigma & (Z_f = 0) \\ I''_k = 1/X_\Sigma & (R = 0) \end{cases} \tag{6-22}$$

(3) 实用计算的基本假设——各元件模型

在实用工程计算中,对电网中的各元件的模型常做一定的假定,这有利于减少短路分析的工作量,尤其是在手工计算时这样的假设更有必要。

① 发电机

短路瞬间同步电机的次暂态电动势 E'' 保持为短路前的瞬时值,若计算中忽略负荷,则短路前为空载,次暂态电势标幺值为1,则次暂态电动势的向量表示为 $\dot{E}''_0 = \dot{U}_0 + jx''_d \dot{I}_0$,近似计算次暂态电动势的大小值为:

$$E''_0 \approx U_0 + I_0 x''_d \sin \varphi_0 \tag{6-23}$$

其中,$\dot{U}_0$、$\dot{I}_0$ 为短路前瞬时的电压和电流值。

② 电网方面

短路之后,母线电压降低,对地支路的电流非常小,故忽略变压器励磁支路和输电线路对地电容支路。计算高压电网时可忽略电阻,标幺值计算采用近似方法,变压器变比为平均额定电压之比。

③ 负荷

通常普通负荷只作近似估计,或当作恒定电抗。

④ 异步电动机

当短路点附近有大容量异步电动机时,短路后瞬间,电动机由于机械和电磁惯性会送出短路电流。异步电动机突然短路时的等值电路也可以用次暂态电势和次暂态电抗表示。异步电动机次暂态电抗标幺值通常为启动电流的倒数,一般取值为0.2,次暂态电动势的向量表示为:

$$\dot{E}''_0 = \dot{U}_0 - jx'' \dot{I}_0 \tag{6-24}$$

近似计算次暂态电动势的大小值的表达式为:

$$E''_0 = U_0 - I_0 x'' \sin \varphi_0 \tag{6-25}$$

电机内的次暂态电抗参数通常是出厂时即给定值。

6.3.2 非无限容量系统三相短路时的冲击电流

(1)非无限容量系统冲击电流和短路电流的最大有效值计算

只要将等值电路中系统所有元件都用各自的暂态参数表示,起始次暂态电流的计算就同稳态电流的计算一样。对于非无限容量系统三相短路分析,同步发电机的冲击电流为:

$$i_{imp,G} = \sqrt{2} K_{imp,G} I''_G \tag{6-26}$$

异步电动机的冲击电流为:

$$i_{imp,M} = \sqrt{2} K_{imp,M} I''_M \tag{6-27}$$

$$K_{imp,M} = e^{-\frac{0.01}{T_a}} + e^{-\frac{0.01}{T_a}} = 2e^{-\frac{0.01}{T_a}} \tag{6-28}$$

在实用计算中,异步电动机的冲击系数可选用表6-2的数值,同步电动机和调相机冲击系数之值和同容量的同步发电机冲击系数大约相等。

表 6-2　异步电动机冲击系数

异步电动机(或综合负荷) 容量/kW	200 以下	200～500	500～1 000	1 000 以上
冲击系数 $K_{\text{imp.M}}$	1	1.3～1.5	1.5～1.7	1.7～1.8

注:功率在 800 kW 以上,3～6 kV 电动机冲击系数也可取 1.6～1.75。

当计及异步电动机影响时,短路的冲击电流为:

$$i_{\text{imp}} = \sqrt{2} K_{\text{imp.G}} I''_G + \sqrt{2} K_{\text{imp.M}} I''_M \tag{6-29}$$

同步发电机供出的短路电流的最大有效值为:

$$I_{\text{imp.G}} = \sqrt{1 + 2(K_{\text{imp.G}} - 1)^2} \, I''_G \tag{6-30}$$

异步电动机供出的短路电流的最大有效值为:

$$I_{\text{imp.M}} = \frac{\sqrt{3}}{2} K_{\text{imp.M}} I''_M \tag{6-31}$$

向短路点供出总短路电流最大有效值为:

$$I_{\text{imp}} = \sqrt{1 + 2(K_{\text{imp.M}} - 1)^2} \, I''_G + \frac{\sqrt{3}}{2} K_{\text{imp.M}} I''_M \tag{6-32}$$

(2) 关于时间常数 T_a 等问题

在做粗略计算时,可以直接引用等效时间常数的推荐值。表 6-3 中的推荐值是以 $\omega T_a = \dfrac{X}{R}$ 给出的,而时间常数 $T_a = X/(\omega R) = X/(314R)$。

表 6-3　不同短路点 X/R 的值

短路点	(X/R)/rad	短路点	(X/R)/rad
汽轮发电机端	80	高压侧母线 (主变 10～100 MVA)	35
水轮发电机端	60	远离发电厂的短路点	15
高压侧母线 (主变 100 MVA 以上)	40	发电厂出线电抗器之后	40

6.3.3　电力系统三相短路分析实例

【例 6-1】　如图 6-4 所示网络,降压变电所 10.5 kV 母线上发生三相短路时,可将系统看作无穷大电源供电系统,求此时短路点的冲击电流、短路电流最大有效值和短路功率。

其中变压器 T_1 的参数:

$S_{T1} = 20$ MVA;变比:115/38.5;短路电压百分比:$U_s\% = 10.5$

变压器 T_3、T_4 型号一样,其参数为:

$S_{T3、T4} = 3.2\ \text{MVA}$;变比:35/10.5;短路电压百分比:$U_S\% = 7$

输电线路参数:

$L = 10\ \text{km}$;电抗:$x_1 = 0.4\ \Omega/\text{km}$;电阻忽略不计

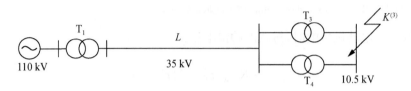

图 6-4   三相短路系统

解:令容量的基准值 $S_B = 100\ \text{MVA}$,电压基准值 $U_B = U_{av}$,采用标幺值计算:

变压器 T_1 的电抗标幺值计算为:

$$x_1^* = 0.105 \times \frac{100}{20} = 0.525$$

输电线路的电抗标幺值计算为:

$$x_2^* = 0.4 \times 10/Z_d = 0.4 \times 10 \times \frac{100}{37^2} = 0.292$$

变压器 T_3、T_4

$$x_3^* = x_4^* = 0.07 \times \frac{100}{3.2} = 2.19$$

对上述的元件进行编号,画出等值网络。其中表述的数字分母为电抗标幺值,数字分子为元件编号,由于在短路计算中忽略电阻的影响,故在表示时将电抗前的 j 去掉。由于系统是无穷大电源系统,故电源电动势的标幺值为:$E^* = 1$。

得出的该系统的等效网络如图 6-5 所示。

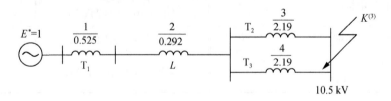

图 6-5   三相短路系统等值网络

则系统网络的电抗标幺值之和为:

$$x_{\Sigma}^* = 0.525 + 0.292 + 2.19/2 = 1.912$$

短路电流周期电流分量有效值:

$$I_\mathrm{P}^* = \frac{E^*}{x_\Sigma^*} = \frac{1}{1.912} = 0.523$$

有名值：

$$I_\mathrm{P} = I_\mathrm{P}^* \cdot I_\mathrm{B} = 0.523 \times \frac{100}{\sqrt{3} \times 10.5} = 2.88(\mathrm{kA})$$

当 $K_\mathrm{imp} = 1.8$，则冲击电流有名值为：

$$i_\mathrm{imp} = K_\mathrm{imp} I_\mathrm{pm} = 1.8 \times 2.88\sqrt{2} = 7.34(\mathrm{kA})$$

$$S_\mathrm{k} = I_\mathrm{P}^* \cdot S_\mathrm{B} = 0.523 \times 100 = 52.3(\mathrm{MVA})$$

$$I_\mathrm{imp} = I_\mathrm{P}\sqrt{1 + 2(K_\mathrm{imp} - 1)^2} = 4.38(\mathrm{kA})$$

【例 6-2】　如图 6-6 所示系统，发电机直接向电
动机供电，发电机和电动机的额定功率均为
30 MVA，额定电压均为 10.5 kV，次暂态电抗均为
0.2。线路电抗以电机的额定值为基准值的标幺值为
0.1。设正常运行情况下电动机消耗的功率为
20 MW，功率因数为 0.8 滞后，端电压为 10.2 kV，若

图 6-6　简单电力系统

在电动机端点 f 发生三相短路，试求短路后瞬时故障点的短路电流以及发电机和电动机
支路中电流的交流分量。

解： 令基准容量 $S_\mathrm{d} = 30\ \mathrm{MVA}$，电压基准值 $U_\mathrm{d} = U_\mathrm{av} = 10.5\ \mathrm{kV}$，则电流基准值：

$$I_\mathrm{d} = \frac{30 \times 1\ 000}{\sqrt{3} \times 10.5} = 1\ 650(\mathrm{A})$$

系统非短路时正常电流为：

$$\dot{I}_0 = \frac{20 \times 10^3}{0.8 \times 10.2 \times \sqrt{3}}\angle -36.9° = 1\ 415\angle -36.9°(\mathrm{A})$$

这个电流标幺值表示为：

$$I_0 = \frac{1\ 415}{1\ 650}\angle -36.9° = 0.86\angle -36.9° = 0.69 - \mathrm{j}0.52$$

根据短路前的等值电路计算次暂态电势（运行在非额定状态下）。

$$\dot{U}_\mathrm{f0} = \frac{10.2}{10.5}\angle 0° = 0.97\angle 0°$$

发电机的次暂态电动势 $\dot{E}_\mathrm{G0}'' = \dot{U}_\mathrm{f0} + \mathrm{j}\,\dot{I}_0 x_\mathrm{d\Sigma}'' = 0.97 + \mathrm{j}(0.69 - \mathrm{j}0.52) \times 0.3 = 1.126 + \mathrm{j}0.207$

电动机的次暂态电动势 $\dot{E}''_{M0} = \dot{U}_{f0} - j\dot{I}_0 x''_{d\sum} = 0.97 - j(0.69 - j0.52) \times 0.2 = 0.866 - j0.138$

根据短路后的等值电路计算各处电流。

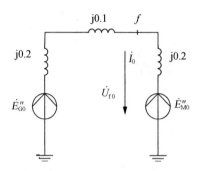

图6-7　简单电力系统等值网络

发电机支路中的电流：

$$I''_G = \frac{1.126 + j0.207}{j0.3} \times 1\,650 = 1\,139 - j6\,193(A)$$

电动机支路中的电流：

$$I''_M = \frac{0.866 - j0.138}{j0.2} \times 1\,650 = -1\,139 - j7\,145(A)$$

那么故障点总电流：

$$I''_f = I''_M + I''_G = -j13\,338(A)$$

本题也可以采用叠加原理来求解，此处略。

【**例6-3**】　图6-8为复杂电力系统，其中C为系统调相机，M为异步电动机，其他负荷为由各种电动机组成的综合负荷，系统各个参数如图6-8所示。计算 K 点发生三相短路时冲击电流和短路电流最大有效值。

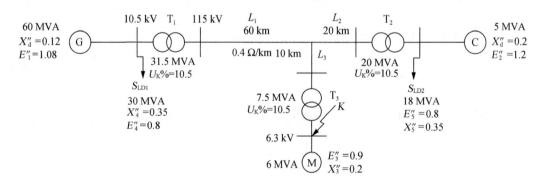

图6-8　复杂电力系统

解:1. 取系统标准容量为 $S_B = 100\ \text{MVA}$，计算各元件电抗标幺值，作出等值电路：

根据公式：$x = x_N \dfrac{S_B}{S_N}, x_T = \dfrac{U_k \%}{100} \cdot \dfrac{S_B}{S_N}, x_L = x_1 l \cdot \dfrac{S_B}{U_B^2}$ 计算出发电机 G、电动机 M、调相机、综合负荷 LD1 和 LD2 在标准容量下的电抗标幺值：

三个变压器电抗：
$$\begin{cases} X_{T1}^* = \dfrac{U_k \%}{100} \dfrac{S_B}{S_N} = \dfrac{10.5}{100} \times \dfrac{100}{31.5} = 0.333 \\[2mm] X_{T2}^* = \dfrac{U_k \%}{100} \dfrac{S_B}{S_N} = \dfrac{10.5}{100} \times \dfrac{100}{20} = 0.525 \\[2mm] X_{T3}^* = \dfrac{U_k \%}{100} \dfrac{S_B}{S_N} = \dfrac{10.5}{100} \times \dfrac{100}{7.5} = 1.4 \end{cases}$$

发电机电抗：$X_G^* = X_d'' \dfrac{S_B}{S_N} = 0.12 \times \dfrac{100}{60} = 0.2$

电动机电抗：$X_M^* = X_d'' \dfrac{S_B}{S_N} = 0.2 \times \dfrac{100}{6} = 3.333$

调相机电抗：$X_C^* = X_d'' \dfrac{S_B}{S_N} = 0.2 \times \dfrac{100}{5} = 4$

三段输电线路电抗：
$$\begin{cases} X_{L1}^* = x_1 l_1 \dfrac{S_B}{U_{av.n}^2} = 0.4 \times 60 \times \dfrac{100}{115^2} = 0.182 \\[2mm] X_{L2}^* = x_1 l_1 \dfrac{S_B}{U_{av.n}^2} = 0.4 \times 20 \times \dfrac{100}{115^2} = 0.061 \\[2mm] X_{L3}^* = x_1 l_1 \dfrac{S_B}{U_{av.n}^2} = 0.4 \times 10 \times \dfrac{100}{115^2} = 0.03 \end{cases}$$

两个综合负荷的电抗：
$$\begin{cases} X_{LD1}^* = X_4'' \dfrac{S_B}{S_N} = 0.35 \times \dfrac{100}{30} = 1.167 \\[2mm] X_{LD2}^* = X_5'' \dfrac{S_B}{S_N} = 0.35 \times \dfrac{100}{18} = 1.944 \end{cases}$$

根据上述计算结果，将各元件的电抗进行编号。由于电源、调相机、电动机和两个综合负荷的次暂态电动势依次为 1.08、1.2、0.9、0.8、0.8，故画出等效网路图如 6-9 所示。

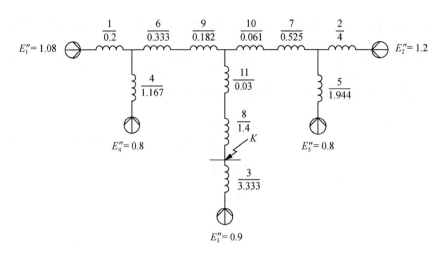

图 6-9 复杂电力系统的等值网络

2. 化简网络,分步计算

注意:对于两个电动势(如 E_1、E_4)和两个电抗(如 X_1、X_4)分别串联后再并联,化简成一条支路时,对应的电动势和电抗的计算为:

$$E_{\sum} = \frac{E_1 X_4 + E_4 X_1}{X_1 + X_4} \qquad X_{\sum} = \frac{X_1 X_4}{X_1 + X_4}$$

两次化简后系统的等值网络图分别如图 6-10(a)、6-10(b)所示。

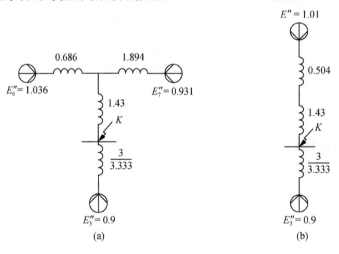

图 6-10 化简后系统的等值网络

3. 求起始次暂态电流

化简后电源侧(E_8)供给的起始次暂态电流为

$$I''_G = \frac{1.01}{1.43 + 0.504} = 0.522$$

电动机(E_3)供给的起始次暂态电流为:

$$I''_M = \frac{0.9}{3.333} = 0.27$$

4. 求冲击电流和短路电流最大有效值

$$i_{im} = \sqrt{2} K_{imG} I''_G + \sqrt{2} K_{imM} I''_M$$

$$= (1.8\sqrt{2} \times 0.522 + 1.67\sqrt{2} \times 0.27) \frac{100}{\sqrt{3} \times 6.3} = 18(kA)$$

$$I_{im} = \sqrt{1 + 2(K_{imG} - 1)^2} I''_G + \frac{\sqrt{3}}{2} K_{imM} I''_M = 10.64(kA)$$

此处用到的冲击系数见表 6-4 和表 6-5。

表 6-4　不同短路点发电机冲击系数

短路点	冲击系数
发电机端	1.9
发电厂变压器侧母线	1.85
远离发电厂的地点	1.8

表 6-5　异步电动机冲击系数

电机容量/kW	冲击系数
200 以下	1
200～500	1.3～1.5
500～1 000	1.5～1.7
1 000 以上	1.7—1.8

【例 6-4】　如图 6-11 所示网络中，A、B、C 为三个等值电源，其中 $S_A = 75$ MVA，$x_A = 0.38$，$S_B = 535$ MVA，$x_B = 0.304$，x_A 和 x_B 均为以它们的额定容量和 U_{av} 为基准值的标幺值。C 的容量和电抗值不详，只知道装设在母线 4 上的断路器 CS 的断开容量为 3 500 MVA。线路 L_1、L_2、L_3 的长度分别为 10 km、5 km、24 km，电抗均为 0.4 Ω/km。试计算在母线 1 上发生三相直接短路时的起始次暂态电流和冲击电流。

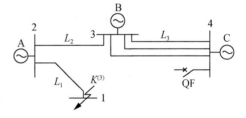

图 6-11　网络电路图

解：取系统的基准容量 $S_B = 1\,000$ MVA，基准电压 $U_B = U_{av.n} = 115$ kV，那么基准电流为：$I_B = S_B / \sqrt{3} U_B = 5.02$。那么网络各元件的电抗标幺值为：

发电机 A 电抗：$x_A = 0.38 \times \dfrac{1\,000}{75} = 5.07$

发电机 B 电抗：$x_A = 0.304 \times \dfrac{1\,000}{535} = 0.568$

三段输电线路电抗：$x_{L1} = 0.4 \times 10 \times \dfrac{1\,000}{115^2} = 0.302$

$$x_{L2} = 0.4 \times 5 \times \frac{1\,000}{115^2} = 0.151$$

$$x_{L3} = \frac{1}{3} \times 0.4 \times 24 \times \frac{1\,000}{115^2} = 0.242$$

根据计算出的电抗值作出系统等值网络电路，如图 6-12 所示。

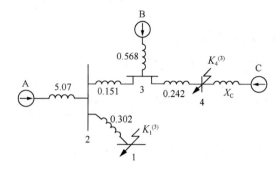

图 6-12　等效网络电路图

首先，确定电源 C 的等值电抗。

设短路发生在母线 4 的断路器 CS 之后，则电源 A、B、C 供出的短路电流都要流经 CS，其中 A、B 供给的短路电流决定如下的等值电抗：

$$x_{\sum}^{*} = [(5.07 + 0.151)//0.568] + 0.242 = 0.754$$

则短路瞬间这两个电源供给的短路功率为：

$$S_{*}'' = I_{*}'' = \frac{1}{x_{\sum}^{*}} = \frac{1}{0.754} \times 1\ 000 = 1\ 328 (\text{MVA})$$

已知断路器 CS 断开容量为 3 500 MVA，因此允许电源 C 提供的短路功率为：

$$3\ 500 - 1\ 328 = 2\ 172 (\text{MVA})$$

由此得电源 C 的等值电抗标幺值：

$$x_{C}^{*} = \frac{1}{S_{C}^{*}} = \frac{1\ 000}{2\ 172} = 0.46$$

其次，对母线 1 发生短路时的计算，此时整个网络对该短路点的等值电抗为：

$$x_{\sum} = (\{[(0.46 + 0.242)//0.568] + 0.151\}//5.07) + 0.302 = 0.728$$

起始次暂态电流有名制为：

$$I_{1} = \frac{1}{x_{\sum}} \times I_{B} = \frac{1}{0.728} \times \frac{1\ 000}{\sqrt{3} \times 115} = 1.373 \times 5.02 = 6.9 (\text{kA})$$

则冲击电流：

$$i_{\text{imp}} = 2.55 \times 6.9 = 17.60 (\text{kA})$$

6.4　应用运算曲线求任意时刻的短路电流

在实际工程计算中，通常应用运算曲线来求解三相短路电流任意时刻周期分量的有效值。其计算可根据预先制作好的计算曲线进行,只需计算出电源点到短路点的计算电抗,便可按计算曲线求指定时刻短路电流周期分量的标幺值。

6.4.1　运算曲线的制作与应用

(1) 运算曲线的制作

如图 6-13 所示,X_T、X_d 和 X_k 均为以发电机额定容量为基准值的标幺值,而改变 X_k 值的大小可以表示短路点的远近。根据不同的 X_k 值可得不同的 I_t 值,绘制曲线时,对于不同时刻 t,以计算电抗 $X_{js} = X_d'' + X_T + X_k$ 为横坐标,以该时刻 I_{*t} 为纵坐标作曲线,即为运算曲线。计算电抗是指发电机的次暂态电抗和归算到发电机额定功率下外接电抗的标幺值之和。

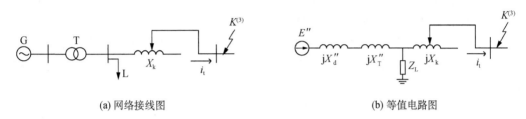

(a) 网络接线图　　　　　　　　　　(b) 等值电路图

图 6-13　制作运算曲线的网络图

对于不同发电机,由于其参数不同其运算曲线也是不同的。实际的曲线的绘制是按照我国电力系统统计得到的汽轮发电机或水轮发电机的参数,逐台计算在不同的 X_k 值条件下,某时刻 t 的周期分量有效值,然后再取平均值,作出运算曲线在某一时刻 t 和计算电抗 X_{js} 情况下的短路电流周期分量有效值。最后分别提出两种类型的运算曲线,即一套汽轮发电机的运算曲线和一套水轮发电机的运算曲线,详见附录Ⅱ。

计算曲线按汽轮发电机和水轮发电机分别制作,且到计算电抗标幺值 $X_{js} = 3.45$ 为止。当计算电抗不小于 3.5 时,近似认为短路电流周期分量不随时间变化,可按恒定电势源供电处理,即:

$$I_{kt} = \frac{1}{X_{js}} \tag{6-33}$$

(2) 运算曲线法计算短路电流周期分量

用运算曲线法计算短路电流周期分量的有效值十分方便,且在制作运算曲线时计及同步发电机的暂态过程和负荷对短路电流周期分量的影响,因此比较准确。应用计算曲线计算短路电流的步骤如下:

① 绘制等值网络

系统中各同步发电机均采用次暂态电抗作为等值电路,略去变压器等的导纳支路。短路点附近若有大型的异步电动机应考虑其影响。选择合适的基准值,计算各元件电抗标幺值。

② 化简网络

按电源归并原则,将网络中的电源合并成若干组,每组用一个等效发电机代替,无限大功率电源单独考虑。通过网络变换求出各等值发电机对短路点的转移电抗 x_{ik} 标幺值。其中电源分组的原则：

    a. 距离短路点电气距离大致相等的同类型发电机可合并；

    b. 远离短路点的不同类型发电机可合并；

    c. 直接与短路点相连的发电机应单独考虑。

③ 求出各等值电源对短路点的计算电抗标幺值

以等值电源额定容量为基值，第 i 个电源对电路点的计算电抗标幺值为：

$$x_{\text{js}\cdot i} = x_{ik} \frac{S_{iN}}{S_B} \tag{6-34}$$

式中，S_{iN} 为节点 i 上发电机的额定容量，$X_{\text{js}.i}$ 为节点 i 处的发电机对短路点的计算电抗。

④ 由计算曲线确定短路电流周期分量标幺值

由计算电抗分别查出不同时刻各等值电源供出的三相短路电流周期分量有效值的标幺值。当计算电抗不小于 3.45 时，短路电流周期分量标幺值为计算电抗标幺值的倒数，即：

$$I_{\text{kt}}^* = \frac{1}{X_{\text{js}}^*} \tag{6-35}$$

⑤ 计算短路电流周期分量的有名值。

$$I_{\text{kt}} = I_{\text{kt1}}^* \frac{S_{N1}}{\sqrt{3}U_{\text{kav}}} + I_{\text{kt2}}^* \frac{S_{N2}}{\sqrt{3}U_{\text{kav}}} + \cdots + I_{\text{kt}n}^* \frac{S_{Nn}}{\sqrt{3}U_{\text{kav}}} \tag{6-36}$$

6.4.2　电流分布系数和转移阻抗

在实际电力系统的设计与计算中，在短路点电流计算出之后，有时还需要计算短路时通过网络任一支路的电流和任一节点的电压。此外，在应用运算曲线计算时，或求电源点至短路点间的直接阻抗（转移电抗）时，需要用到电流分布系数和转移阻抗的概念。

如图 6-14(a)所示，假定线性网络中有 n 个电动势电源，其电动势分别为 $\dot{E}_1$、$\dot{E}_2$、$\cdots$ $\dot{E}_n$，那么短路点中的总电流为：

$$\dot{I}_{\text{k}} = \frac{\dot{E}_1}{Z_{1k}} + \frac{\dot{E}_2}{Z_{2k}} + \cdots + \frac{\dot{E}_n}{Z_{nk}} = \sum_{i=1}^{n} \frac{\dot{E}_i}{Z_{ik}} \text{ 或 } \dot{I}_{\text{k}} = \frac{\dot{E}_{\Sigma}}{Z_{k\Sigma}} \tag{6-37}$$

其中 $\dot{E}_{\Sigma}$、$\dot{Z}_{k\Sigma}$ 分别为各电动势的等值电动势、各支路阻抗的等值阻抗，计算表达式为：

$$\dot{E}_{\Sigma} = Z_{k\Sigma} \sum_{i=1}^{n} \frac{\dot{E}_i}{Z_{ik}} \qquad Z_{k\Sigma} = \frac{1}{\sum_{i=1}^{n} \frac{1}{Z_{ik}}} \tag{6-38}$$

如果所有的电动势都相等，$\dot{E}_1 = \dot{E}_2 = \cdots = \dot{E}_n = \dot{E}$，那么 $\dot{I}_k = \dfrac{\dot{E}}{Z_{k\sum}}$。此时第 i 个电源

供出的短路电流也就是该电源支路的电流 $\dot{I}_i$，电流 $\dot{I}_i$ 与短路点总电流 $\dot{I}_k$ 之比用 C_i 表示，称为 i 支路电流分布系数。其表示式如下：

$$C_i = \frac{\dot{I}_i}{\dot{I}_k} = \frac{\dfrac{\dot{E}_i}{Z_{ik}}}{\dfrac{\dot{E}}{Z_{k\sum}}} = \frac{Z_{k\sum}}{Z_{ik}} = \frac{Y_{ik}}{Y_{k\sum}} \tag{6-39}$$

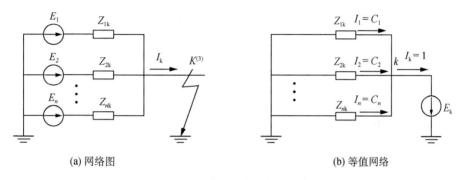

图 6-14　电流分布系数的概念

从图 6-14(b)可以看出，电流分布系数可做另一种解释：当令网络中的所有电源的电动势都等于零，单独在短路支路接入某电动势，使之产生单位短路电流，即 $\dot{I}_k = 1$，那么此时网络中任一支路的电流在数值上等于该支路电流的分布系数。

电流分布系数是用来说明网络中电流分布的一种参数，与短路点的位置、网络结构和元件参数有关。当短路点确定时，利用电流分布系数可以求得电源对短路点的电抗（称为转移阻抗），这一阻抗就是当网络简化到只保留电源点到短路点时，电源点对短路点直接相连成一条支路的阻抗。在应用运算曲线法计算短路电流时常常用到转移阻抗（电抗）这一参数。

转移阻抗计算式为：

$$Z_{ik} = \frac{Z_{k\sum}}{c_i} \tag{6-40}$$

下面以一个例子说明用单位电流法求电力分布系数和转移阻抗的过程，如图 6-15 所示。

令图 6-15(a)中的电动势 $\dot{E}_1 = \dot{E}_2 = \dot{E}_3 = 0$，在短路点 K 点加一个电动势 $\dot{E}_k = 1$，那么电路变为 6-15(b)。在分析过程中令 $I_1 = 1$，则有：

$$U_a = I_1 x_1 = x_1 \quad I_2 = V_a/x_2 = x_1/x_2 \quad I_4 = I_1 + I_2$$
$$U_b = I_4 x_4 + U_a \quad I_3 = U_b/x_3 \quad I_k = I_4 + I_3$$

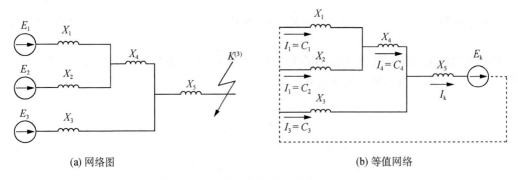

(a) 网络图   (b) 等值网络

图 6-15   用单位电流法求电流分布系数

根据电流分布系数的定义,则各支路电流的分布系数为:

$$\begin{cases} C_1 = I_1/I_k = 1/I_k \\ C_2 = I_2/I_k \\ C_3 = I_3/I_k \end{cases} \tag{6-41}$$

得到分布系数的通式:

$$C_i = \frac{I_i}{I_k} \tag{6-42}$$

这样得出各支路转移电抗为:

$$X_{ik} = \frac{X_{k\sum}}{C_i} \tag{6-43}$$

其中短路回路总阻抗计算式为:

$$X_{k\sum} = (X_1 // X_2 + X_4) // X_3 + X_5 \tag{6-44}$$

则各电源对短路点的转移电抗:

$$\begin{cases} X_{1k} = E_k/I_1 = E_k \\ X_{2k} = E_k/I_2 \\ X_{3k} = E_k/I_3 \end{cases} \tag{6-45}$$

则得到转移电抗的通式:

$$X_{ik} = E_k/I_i \tag{6-46}$$

【例 6-5】 计算图 6-16 所示电力系统在 k_1 和 k_2 点发生三相短路后 0.2 s 时的短路电流值。图中为 QF 断开,所有发电机均为汽轮机,电缆线路电抗标幺值为 0.6(以 300 MVA 为基准功率)。

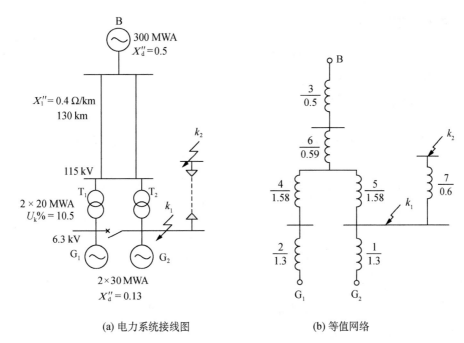

(a) 电力系统接线图   (b) 等值网络

图 6-16 **【例 6-5】**的电力系统及等值网络

解:1. 求各元件电抗标幺值,令 $S_B = 300$ MVA

$$G_1 G_2 \text{ 的电抗:} \quad x = 0.13 \times \frac{300}{30} = 1.3$$

$$T_1 T_2 \text{ 的电抗:} \quad x = 0.105 \times \frac{300}{20} = 1.575$$

$$l \text{ 的电抗:} \quad x = \frac{1}{2} \times 0.4 \times 130 \times \frac{300}{115^2} = 0.59$$

得到系统等值电路如图 6-16(b)所示,化简后电路如图 6-17所示。

2. 求计算电抗

当 k_1 短路,G_1 和 B 合并转移电抗为

$$X_{1k1} = (1.09 // 2.88) + 1.58 = 2.37$$

计算电抗为:

$$X_{js1k1} = 2.37 \times \frac{S_{N\Sigma}}{S_B} = 2.37 \times \frac{330}{300} = 2.6$$

当 G_2 单独考虑时,有:

$$X_{2k1} = 1.3 \qquad X_{js2k1} = 1.3 \times \frac{30}{300} = 0.13$$

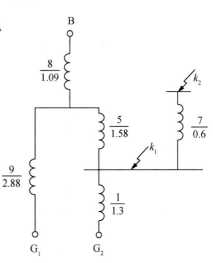

图 6-17 化简后的等值电路

3. 查运算曲线,得:

$$I^*_{(0.2)1} = 0.37 \qquad I^*_{(0.2)2} = 4.8$$

4. 计算短路电流有名值

归算到短路点的各等效电源的额定电流分别为:

$$G_1、B \text{ 支路中的额定电流:} \qquad I_N = \frac{330}{\sqrt{3} \times 6.3} = 30.25(kA)$$

$$G_2 \text{ 支路中的额定电流:} \qquad I_N = \frac{30}{\sqrt{3} \times 6.3} = 2.75(kA)$$

短路电流周期分量有名值为:

$$I_{0.2} = 0.37 \times 30.25 + 4.8 \times 2.75 = 24.4(kA)$$

当 k_2 点短路时,计算如下:

G_2 仍单独处理,G_1 和 B 合并,电路简化为图 6-18(a)和图 6-18(b):

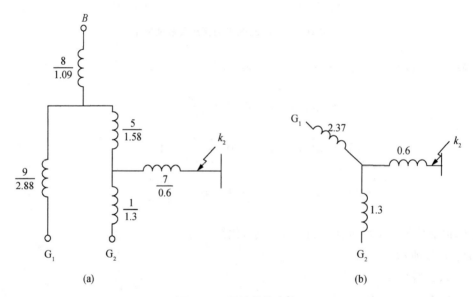

图 6-18 最简等值电路

根据电路学中星-三角变换原理计算电抗:

$$Z'_{ij} = Z_{in} Z_{jn} \sum_{k=1}^{m} \frac{1}{Z_{kn}}$$

由图 6-17(b)得出 G_1、B 对 k_2 的转移电抗为 x_{1k2}:

$$x_{1k2} = 2.37 \times 0.6 \times \left(\frac{1}{2.37} + \frac{1}{0.6} + \frac{1}{1.3} \right) = 4.06$$

G_2 对 k_2 的转移电抗为:

$$x_{2k2}=1.3\times0.6\times\left(\frac{1}{2.37}+\frac{1}{0.6}+\frac{1}{1.3}\right)=2.23$$

换算成计算电抗为：

$$x_{js1k2}=4.06\times\frac{330}{300}=4.47,\ x_{js2k2}=0.223$$

由于此时的计算电抗 $X_{js1k2}>3.5$，故此时短路电流标幺值为计算电抗的倒数，而根据计算电抗 X_{js2k2} 再查附图 Ⅱ-1（汽轮发电机运算曲线）得出相应的短路电流标幺值。

$$I^{*}_{(0.2)1}=\frac{1}{4.47}=0.224$$

$$I^{*}_{(0.2)2}=3.42$$

则短路电流周期分量有名值计算为：

$$I_{0.2}=0.224\times30.25+3.42\times2.75=16.18(\mathrm{kA})$$

6.5　三相短路起始暂态电流的计算机算法

大型电力系统由于网络结构复杂，短路电流计算一般采用计算机计算，要求能在系统运行方式发生变化时方便计算出网络中任一点发生三相短路后某一时刻的短路电流周期分量的有效值。现有短路电流计算程序是多种多样的，本节只介绍计算机算法的基本原理与计算模型。

6.5.1　网络计算模型

图 6-19 给出了三相短路时短路电流计算及其分布的网络模型。在该图中 G 代表发电机节点（如果有必要也可以包括某些大容量电动机），发电机等值参数为 E'' 和 jX；L 代表负荷节点，负荷以恒定阻抗 Z_L 代表；$k^{(3)}$ 为短路点。应用叠加原理，图 6-19（a）中 $k^{(3)}$ 点短路网络模型可以分解为正常运行网络模型和故障分量网络模型。其中 $\dot{U}_{k(0)}$ 为三相短路点 k 在短路前瞬间正常运行的电压，该值可通过正常运行网络图 6-19（b）求得，不过在近似实用计算中，取 $\dot{U}_{k(0)}=1$，且只用到故障分量网络模型图 6-19（c）中。

由图 6-19（c）可见，这个网络与潮流计算时的网络的差别，就是在发电机节点上多接了一个对地电抗 X''_d，在负荷节点多接了对地阻抗 Z_L。当然，在短路电流实用计算中往往忽略了线路的电阻及导纳，并可忽略非短路点的负荷阻抗，如果短路点的负荷阻抗远远大于其他所有电源点对短路点的总等值阻抗，也就可以忽略短路点的负荷阻抗。

6.5.2　应用节点阻抗矩阵的计算原理

如果已形成了图 6-19（c）网络的节点阻抗矩阵 Z_B，则 Z_H 中的对角元素 Z_{kk} 就是网络从 k 点看进去的等值电抗。则：

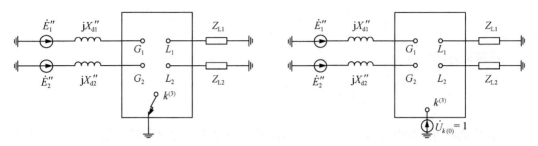

(a) $k^{(3)}$ 短路时网络模型　　　　　　　　　　(b) 正常运行网络模型

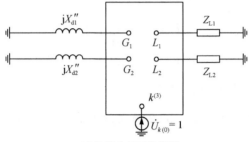

(c) 故障分量网络模型

图 6-19　短路电流网络计算模型

$$\dot{I}_k = \frac{\dot{U}_{k(0)}}{Z_f + Z_{kk}} \approx \frac{1}{Z_f + Z_{kk}} \tag{6-47}$$

若 $Z_f = 0$，则

$$\dot{I}_k = \frac{\dot{U}_{k(0)}}{Z_{kk}} \approx \frac{1}{Z_{kk}} \tag{6-48}$$

一旦网络节点阻抗形成，任一点三相短路时的三相短路电流为该点自阻抗的倒数。下面进一步分析各节点电压及网络支路电流的计算。对于 n 个节点网络，各节点电压的故障分量为：

$$\begin{bmatrix} \dot{U}_{1f} \\ \vdots \\ \dot{U}_{kf} \\ \vdots \\ \dot{U}_{nf} \end{bmatrix} = \begin{bmatrix} Z_{11} & \cdots & Z_{11} & \cdots & Z_{1n} \\ \vdots & & \vdots & & \vdots \\ Z_{k1} & \cdots & Z_{kk} & \cdots & Z_{kn} \\ \vdots & & \vdots & & \vdots \\ Z_{n1} & \cdots & Z_{nk} & \cdots & Z_{nn} \end{bmatrix} \begin{bmatrix} 0 \\ \vdots \\ -\dot{I}_k \\ \vdots \\ 0 \end{bmatrix} = \begin{bmatrix} -Z_{1k} \\ \vdots \\ -Z_{kk} \\ \vdots \\ -Z_{nk} \end{bmatrix} \dot{I}_k \tag{6-49}$$

因此各节点短路后的电压为：

$$U_B = U_{B(0)} + U_{Bf} \tag{6-50}$$

即

$$\begin{cases} \dot{U}_1 = \dot{U}_{1(0)} + \dot{U}_{1f} = \dot{U}_{1(0)} - Z_{1k}\dot{I}_k \\ \qquad \vdots \\ \dot{U}_k = \dot{U}_{k(0)} + \dot{U}_{kf} = \dot{U}_{k(0)} - Z_{kk}\dot{I}_k \\ \qquad \vdots \\ \dot{U}_N = \dot{U}_{n(0)} + \dot{U}_{nf} = \dot{U}_{n(0)} - Z_{nk}\dot{I}_k \end{cases} \tag{6-51}$$

当 k 点发生三相短路时, $\dot{U}_k = 0(Z_f = 0)$ 可得：

$$\dot{I}_k = \frac{\dot{U}_{k(0)}}{Z_{kk}} \tag{6-52}$$

任一支路 $(i-j)$ 的电流为：

$$\dot{I}_{(i-j)} = \frac{\dot{U}_i - \dot{U}_j}{Z_{ij}} \tag{6-53}$$

若做近似计算(认为正常时 $\dot{U}_{i(0)} = \dot{U}_{j(0)}$)，则：

$$\dot{I}_{(i-j)} = \frac{\dot{U}_{if} - \dot{U}_{jf}}{Z_{ij}} \tag{6-54}$$

用节点阻抗矩阵计算,优点:适用于多节点网络的短路电流计算。缺点:要求计算机内存储量大,从而限制了计算网络的规模。

图 6-20 给出了用节点阻抗矩阵计算短路电流的原理框图。不难理解,只要形成了网络的节点阻抗矩阵,计算任一点短路电流、短路后各点电压及电流的分布是很容易的,计算工作量很小。因此,它适用于多节点网络的短路电流计算。但用节点阻抗矩阵计算也有缺点,因节点阻抗矩阵是满阵,故要求计算机内存贮量要大,从而限制了计算网络的规模。

6.5.3　应用节点导纳矩阵的计算原理

网络的节点导纳矩阵是很容易形成的。当网络结构变化时也易修改,而且是稀疏矩阵。但要用它来计算短路电流就不像用节点阻抗那样直接。可采用下列步骤。

(1) 应用节点导纳矩阵计算短路点的自阻抗、互阻抗——Z_{1k}、Z_{kk}、Z_{nk}。

根据定义,当仅仅从短路点向网络注入单位电流,其他节点注入电流为零时,短路点电压值即为该点的自阻抗,其他节点电压值即为各节点与短路点之间的互阻抗。为计算

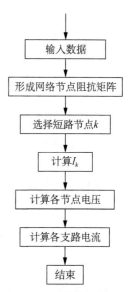

图 6-20　用节点阻抗矩阵计算短路电流的原理框图

此时各节点电压,可在计算机上进行一次线性方程组的求解。

$$\begin{bmatrix} Y_{11} & \cdots & Y_{1n} \\ \vdots & & \vdots \\ Y_{k1} & \cdots & Y_{kn} \\ \vdots & & \vdots \\ Y_{n1} & \cdots & Y_{nn} \end{bmatrix} \begin{bmatrix} \dot{U}_1 \\ \vdots \\ \dot{U}_k \\ \vdots \\ \dot{U}_n \end{bmatrix} = \begin{bmatrix} 0 \\ \vdots \\ 1 \\ \vdots \\ 0 \end{bmatrix} \leftarrow 第\,k\,点 \tag{6-55}$$

解得 $\dot{U}_1 \sim \dot{U}_n$,则有:

$$\begin{cases} Z_{1k} = Z_{k1} = \dot{U}_1 \\ \qquad\vdots \\ \quad Z_{kk} = \dot{U}_k \\ \qquad\vdots \\ Z_{nk} = Z_{kn} = \dot{U}_n \end{cases} \tag{6-56}$$

(2) 利用式(6-48)或式(6-49)可求得短路点三相短路电流 $\dot{I}_k$ 。

(3) 利用式(6-52)、式(6-53)、式(6-54)可分别计算网络中的节点电压和支路电流分布。

很明显,这种方法实际上是用节点导纳矩阵求得节点阻抗矩阵的全部元素。但是如果要求计算的短路点很多,则计算工作量大。因此往往需要采取一些措施来减少计算工作量。例如,考虑到实际工程上并不要求在某点三相短路时计算网络所有节点电压和支路电流,而往往只要求计算与该短路点相邻的节点电压和支路电流。因此在某点三相短路时不必将 $Z_{1k} \sim Z_{nk}$ 全部算出,而是有选择地计算,或者将节点导纳矩阵三角分解,以备反复使用,或将部分网络简化等。

6.6　电力系统三相短路仿真分析应用

6.6.1　无穷大功率电源供电系统三相短路分析

(1) 模型搭建

假设无穷大功率电源供电系统如图 6-21 所示,在时间 $t=0.2$ s 时变压器低压母线发生三相短路故障,利用仿真分析的方法计算短路周期分量幅值和冲击电流的大小。

图 6-21　无穷大功率电源供电系统

具体线路参数如下：

线路：$L = 50\ \mathrm{km}$，$x_1 = 0.4\ \Omega/\mathrm{km}$，$r_1 = 0.17\ \Omega/\mathrm{km}$。

变压器：额定容量 $S_N = 20\ \mathrm{MVA}$，短路电压百分比 $U_S\% = 10.5$，短路损耗 $\Delta P_S = 135\ \mathrm{kW}$，空载损耗 $\Delta P_0 = 135\ \mathrm{kW}$，空载电流百分比 $I_0\% = 0.8$，变比为 110/11，高低压侧均为 Y 形联结，设定供电电源的电压为 110 kV。

根据仿真软件搭建无穷大功率电源供电系统的仿真模型如图 6-22 所示。

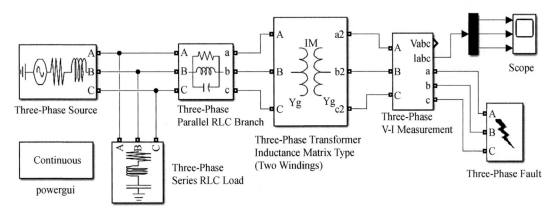

图 6-22　无穷大功率电源供电系统的仿真模型

（2）参数设置以及分析

① 电源

采用"Three-Phase Source"，参数设置如图 6-23 所示。

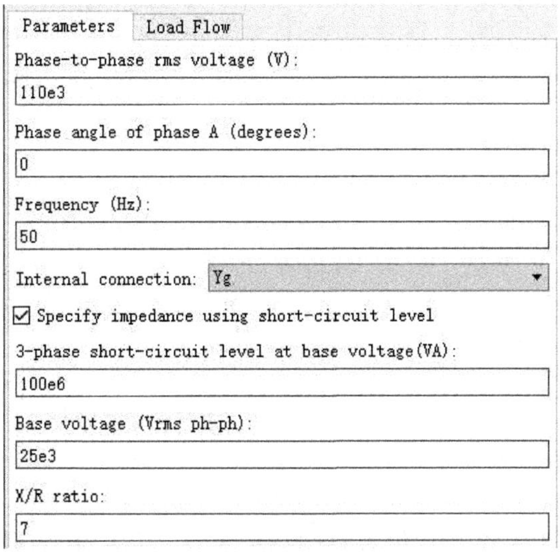

图 6-23　电源参数设置

② 变压器

a. 模型选择：变压器 T 采用"Three-Phase Transformer（Two Windings）"，根据给定参数折算到 110 kV，如图 6-24 所示。

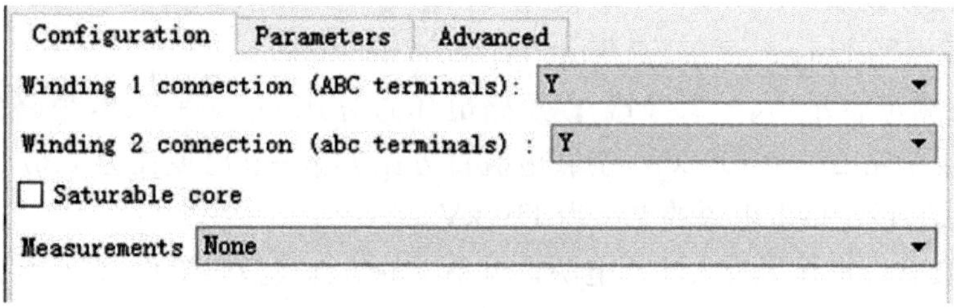

图 6-24 变压器参数设置(1)

b. 参数计算分析：

电压器的电阻为：

$$R_{\mathrm{T}} = \frac{\Delta P_{\mathrm{S}} U_{\mathrm{N}}^2}{S_{\mathrm{N}}^2} \times 10^3 = \frac{135 \times 110^2}{20\,000^2} \times 10^3 = 4.08(\Omega)$$

变压器的阻抗为：

$$X_{\mathrm{T}} = \frac{U_{\mathrm{S}}\%}{100} \times \frac{U_{\mathrm{N}}^2}{S_{\mathrm{N}}^2} \times 10^3 = \frac{10.5 \times 110^2}{100 \times 20\,000} \times 10^3 = 63.53(\Omega)$$

则变压器漏感为：

$$L_{\mathrm{T}} = \frac{X_{\mathrm{T}}}{2\pi f} = \frac{63.53}{2 \times 3.14 \times 50} = 0.202(\mathrm{H})$$

变压器的励磁电阻为：

$$R_{\mathrm{m}} = \frac{U_{\mathrm{N}}^2}{\Delta P_0} \times 10^3 = \frac{110^2}{22} \times 10^3 = 550\,000(\Omega)$$

变压器的励磁电抗为：

$$X_{\mathrm{m}} = \frac{100 U_{\mathrm{N}}^2}{I_0\% S_{\mathrm{N}}} \times 10^3 = \frac{100 \times 110^2}{0.8 \times 20\,000} \times 10^3 = 75\,625(\Omega)$$

变压器的励磁电感为：

$$L_{\mathrm{m}} = \frac{X_{\mathrm{m}}}{2\pi f} = \frac{75\,625}{2 \times 3.14 \times 50} = 240.8(\mathrm{H})$$

如果要采用标幺值,则在 Simulink 的三相变压器模型中,一次、二次绕组漏感和电阻的标幺值以额定功率和一次、二次侧各自的额定线电压为基准值,励磁电阻和励磁电感以额定功率和一次侧额定线电压为基准值(注意与单相变压器的区别)。

则一次侧基准值为：

$$R_{1.\,\mathrm{base}} = \frac{U_{1\mathrm{N}}^2}{S_{\mathrm{N}}} = \frac{110^2}{20} = 605(\Omega)$$

$$L_{1.\text{base}} = \frac{U_{1N}^2}{S_N \times 2\pi f} = \frac{110^2}{2 \times 20 \times 3.14 \times 50} = 1.927(\text{H})$$

则二次侧基准值为

$$R_{2.\text{base}} = \frac{U_{2N}^2}{S_N} = \frac{11^2}{20} = 6.05(\Omega)$$

$$L_{2.\text{base}} = \frac{U_{2N}^2}{S_N \times 2\pi f} = \frac{11^2}{2 \times 20 \times 3.14 \times 50} = 0.019\ 27(\text{H})$$

则一次绕组漏感电阻标幺值为

$$R_{1*} = \frac{0.5R_T}{R_{1.\text{base}}} = 0.5 \times \frac{4.08}{605} = 0.003\ 3$$

$$L_{1*} = \frac{0.5L_T}{L_{1.\text{base}}} = 0.5 \times \frac{0.202}{1.927} = 0.052$$

同理可得：

$$R_{2*} = \frac{0.5R_T}{R_{2.\text{base}}} = \frac{0.5 \times 4.08}{6.05} = 0.33$$

$$L_{2*} = \frac{0.5L_T}{L_{2.\text{base}}} = \frac{0.5 \times 0.202}{0.019\ 27} = 5.24$$

则变压器其他参数设置如图 6-25 所示。

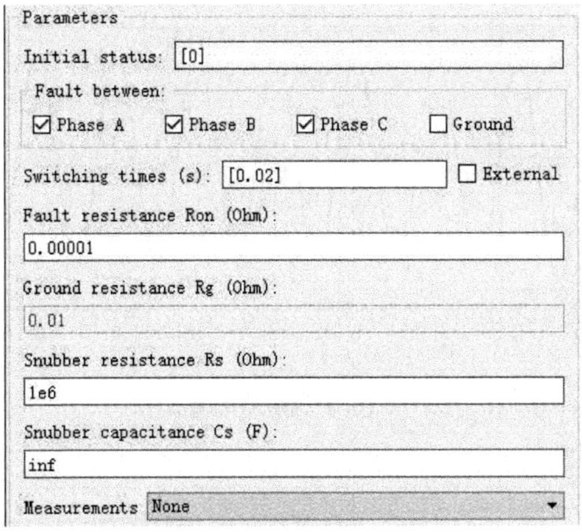

图 6-25　变压器参数设置(2)

（3）运行仿真分析

得到以上的电力系统参数后,可以首先计算出在变压器低压母线发生三相短路故障时短路电流周期分量幅值和冲击电流的大小。

短路电流周期分量的幅值为：

$$I_m = \frac{U_m k_T}{\sqrt{(R_T + R_L)^2 + (X_T + X_L)^2}} = \frac{\sqrt{2} \times 110/\sqrt{3} \times 10}{\sqrt{(4.08 + 8.5)^2 + (63.5 + 20)^2}} = 10.63(\text{kV})$$

时间常数 T_a 为：

$$T_a = (L_T + L_L)/(R_T + R_L) = \frac{0.202 + 0.064}{4.08 + 8.5} = 0.021\ 1(\text{s})$$

则短路冲击电流为：

$$i_a \approx (1 + e^{-0.01/0.021\ 1})I_m = 1.622\ 5I_m = 17.3(\text{kA})$$

通过模型窗口菜单中的"Simulation→Configuration Parameters"命令打开仿真参数设置的对话框，选择可变步长的 ode23t 算法，仿真起始时间设置为 0，终止时间设置为 0.2 s，其他参数采用默认设置。在三相线路故障模块中设置在 0.02 s 时刻变压器低压母线发生三相短路故障。运行仿真，可得变压器低压侧的三相短路电流波形如图 6-26 所示。

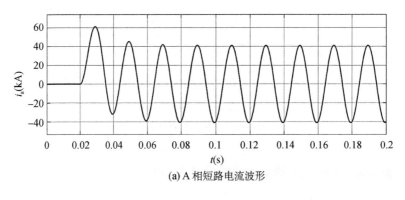

(a) A 相短路电流波形

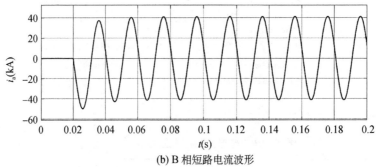

(b) B 相短路电流波形

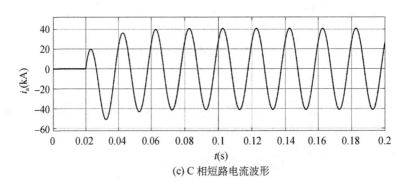

(c) C 相短路电流波形

图 6-26　三相短路电流波形图

6.6.2　同步发电机端三相短路分析

根据仿真软件搭建发电机端突然发生三相短路的仿真模型,运行并得出相应的运行结果。

（1）模型搭建

应用仿真软件搭建如图 6-27 所示发电机端突然发生三相短路的仿真模型。

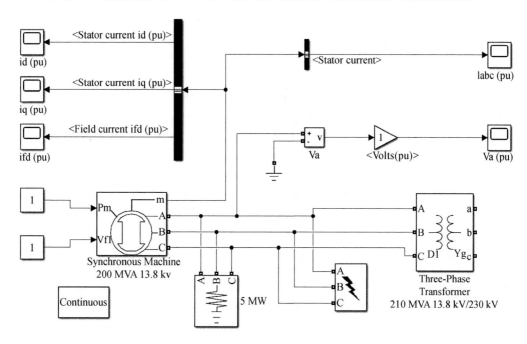

图 6-27　仿真软件搭建发电机端突然发生三相短路的仿真模型

（2）参数设置

① 同步发电机

同步发电机采用 p.u.标准同步电机模块,根据前面的计算,其参数设置如图 6-28 所示。

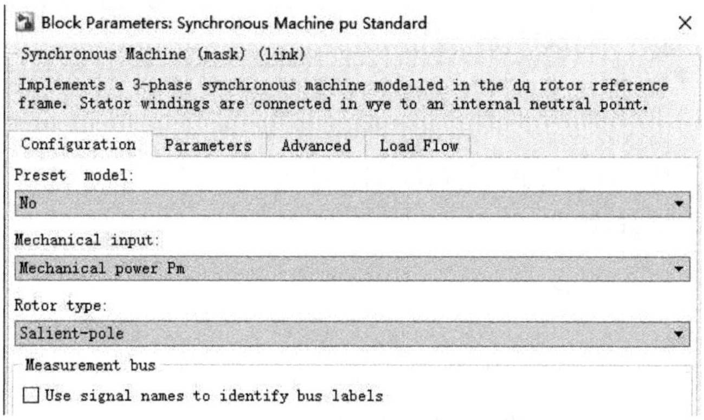

图 6-28　同步发电机参数设置

② 升压变压器 T

升压变压器 T 采用"Three-Phase transformer（Two Windings）"模型，其参数设置如图 6-29 所示。

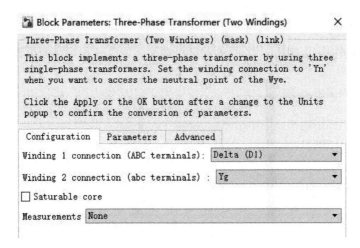

图 6-29　升压变压器 T 参数设置

（3）仿真分析

由于同步发电机模块为电流源输出，因此在其端口并联了一个有功功率为 5 MW 的负荷模块。仿真开始前，要利用 Powergui 模块对电机进行初始化设置。单击 Powergui 模块，打开潮流计算和电机初始化窗口，设置参数，设定同步发电机为平衡节点"Swing bus"。初始化后，与同步发电机模块输入端口相连的两个常数模块 Pm 和 Vf 以及同步发电机模块中的"Init. Cond."将会自动设置。

改变故障模块中的短路类型，就可以仿真同步发电机发生各种不对称短路时的故障情况。例如，设置在 0.020 25 s 时发生 BC 两相短路故障。开始仿真，得到发电机端突然两相短路后的三相定子电流仿真波形图如图 6-30 所示。

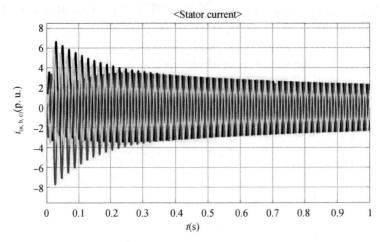

图 6-30　发电机端突然三相短路时的定子电流波形

发电机端突然三相短路时的 i_d、i_q、i_f 电流波形如图 6-31、图 6-32 和图 6-33 所示。

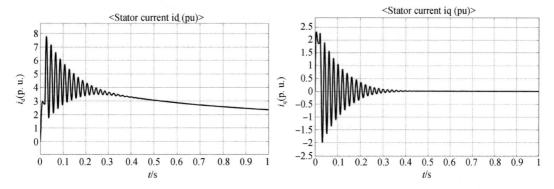

图 6-31　发电机端突然三相短路时的 i_d　　　　图 6-32　发电机端突然三相短路时的 i_q

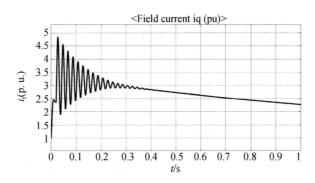

图 6-33　发电机端突然三相短路时的 i_f

案例分析与仿真练习

(六)电力系统对称短路分析

任务一:知识点巩固

1. 电力系统短路故障如何分类?

2. 电力系统无限大功率电源的特点是什么?

3. 无限大功率电源系统三相短路时,有源回路电流包括几个分量?具体表达式是什么?在无源回路中是否有电流分量存在?

4. 短路的冲击电流、短路电流的最大有效值、短路电流周期分量有效值和短路功率分别指的是什么?

任务二:仿真实践与练习

已知无限大功率电源系统线路接线及具体参数如图 6-34 所示。系统电源为无限大功率电源(可设定为 1 000 000 MVA);变压器为星-星形连接,$U_\text{S}\% = 10.5$,$\Delta P_\text{S} =$

$150 \text{ kW}, \Delta P_0 = 25 \text{ kW}, I_0\% = 0.6$。

容量S=30 MVA
变比K=100/11

线路L为60 km
$X_1 = 0.4\ \Omega/\text{km}$
$R_1 = 0.17\ \Omega/\text{km}$

S_{LD}

图6-34 电力系统接线示意图

要求:

1. 对图6-34系统进行理论分析并计算出短路冲击电流。

2. 根据给出的参数搭建对应仿真模型,通过仿真得出三相短路电流曲线结果(具体可以参考本章6.6内容)。

3. 对比分析理论计算出的冲击电流和仿真模型运行结果。

习题

6-1 电力系统故障是如何分类的?

6-2 电力系统中无限大容量电源的定义是什么?

6-3 电力系统进行短路计算的目的是什么?

6-4 短路的冲击电流、短路电流的最大有效值和短路功率是如何定义的,其计算过程是什么? 冲击系数是多少,在计算中选取冲击系数的方法是什么?

6-5 异步电动机冲击电流的冲击系数是如何选取的?

6-6 电流分布系数、转移电抗是如何定义,如何计算的?

6-7 如何制定短路电流运算曲线? 如何应用?

6-8 电力系统接线图如图6-35所示。其中发电机 G 的参数为 $S_{NG} = 60$ MVA,$E''_G = 1.08$,$X''_d = 0.12$。同期调相机 C 的参数为 $S_{NC} = 5$ MVA,$E''_c = 1.2$,$X''_c = 0.20$。负荷 L_1 的参数为 $S_{NL1} = 30$ MVA, $E''_{L1} = 0.8$, $X''_{L1} = 0.35$;L_2 的参数为 $S_{NL2} = 18$ MVA,$E''_{L2} = 0.8$,$X''_{L2} = 0.35$;L_3 的参数为 $S_{NL3} = 6$ MVA,$E''_{L3} = 0.8$,$X''_{L3} = 0.35$。变压器 T_1 的参数为 $S_{NT1} = 31.5$ MVA,$U_k(\%) = 10.5$;T_2 的参数为 $S_{NT2} = 20$ MVA,$U_k(\%) = 10.5$;T_3 的参数为 $S_{NT3} = 7.5$ MVA,$U_k(\%) = 10.5$。电力线路 l_1 长 60 km,$x_1 = 0.4\ \Omega/\text{km}$;$l_2$ 长 20 km,$x = 0.4\ \Omega/\text{km}$;$l_3$ 长 10 km,$x_1 = 0.4\ \Omega/\text{km}$。当在 k 点发生三相相短路时,求短路的冲击电流。

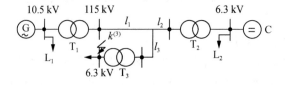

10.5 kV   115 kV   6.3 kV

l_1 l_2

$k^{(3)}$

l_3

L_1 T_1 T_2 L_2

6.3 kV T_3

G   C

图6-35 题6-8图

6-9 如图 6-36 所示电力系统中,有一个容量及内电抗不详的系统 C;发电机 G 的额定容量为 250 MVA,$X''_d=0.12$;变压器 T 的额定容量为 240 MVA,$U_k(\%)=10.5$;电力线路 l_1 长为 20 km,$x_1=0.4$ Ω/km;l_2 长为 10 km,$x_1=0.4$ Ω/km。
在下述三种情况下,分别求 k 点三相短路时短路电流。
(1) 系统 C 的 115 kV 母线上,断路器 QF 的断开容量为 1 000 MVA;
(2) 系统 C 的变电所 115 kV 母线三相短路时,由系统 C 供给的短路电流为 1.5 kA;
(3) 系统 C 是无限大容量电力系统。

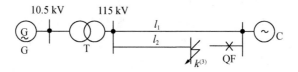

图 6-36 题 6-9 图

6-10 应用单位电流法求如图 6-37 所示电抗网络中支路 1、支路 2 和支路 3 的电流分布系数,并计算出 1、2、3 点相对短路点 $k^{(3)}$ 点的转移电抗。

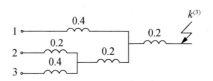

图 6-37 题 6-10 图

6-11 如图 6-38 所示电力系统中,在 k 点发生三相短路情况下,试计算 $t=0$ 和 $t=0.2$ s 时 $k^{(3)}$ 点短路电流周期分量有效值。图中 G_1 为有阻尼绕组的水轮发电机等值系统,$X_{G1}=0.3$ 是以 $S_B=100$ MVA 为基准的标幺值;汽轮发电机 G_2、G_3 每个机组的额定容量为 12 MW,$\cos\varphi=0.8$,$X''_d=0.125$;汽轮发电机 G_4、G_5,每个机组容量为 25 MW,$\cos\varphi=0.8$,$X''_d=0.16$。变压器 T_1、T_2,每台额定容量为 15 MVA,$U_k(\%)=10.5$;变压器 T_3、T_4,每台额定容量为 31.5 MVA,$U_k(\%)=10.5$。电力线路 l_1 长为 70 km,$x_1=0.4$ Ω/km;h 长为 50 km,$x_1=0.4$ Ω/km。

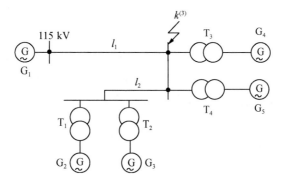

图 6-38 题 6-11 图

工程新技术

本来电源布局应按照负荷分布,避免过度集中。然而,随着人们对环境保护及安全性认识的提高,出现了一个发电厂发电机组台数增加以及几个发电厂集中建设,形成电站群的现象。随着电源建设的高度集中,使主系统各站距离变短,为减少电源投资,减少系统备用,电力系统采用联网运行,以加强电力系统的结构,提高供电的可靠性,保障电源高效率运行。由于上述种种原因,各电压等级电网中的短路电流不断增加。

随着电力系统中短路电流水平逐年增大,各类送变电设备如开关设备、变压器及互感器,变电所的母线、架构、导线、支持绝缘子和接地网都必须满足由高短路电流水平带来的更严格要求。这个问题目前已成为电力系统规划、运行面临的重要问题。并且,当电网短路电流增长到一定水平时,就会超过断路器的遮断容量,从而使电网时刻处于因断路器无法开断故障电流而使事故扩大的危险中。

目前,国内外电力系统主要从电网结构、运行方式和限流设备三方面着手限制短路电流。基本措施主要包括:

(1)提升电压等级,下一级电网分层分区运行

将原电压等级的网络分成若干区,以辐射形接入更高一级的电网,大容量电厂直接接入更高一级的电网中,原有电压等级电网的短路电流将随之降低。例如,在电网发展的基础上,进行电网分层分区运行是限制短路电流最直接有效的方法。

(2)变电所采用母线分段运行

打开母线分段开关,使母线分段运行,可以增大系统阻抗,有效降低短路电流水平。

(3)加装变压器中性点小电抗接地

加装的中性点小电抗对于减轻三相短路故障的短路电流无效,但对于限制短路电流的零序分量有明显的效果。在变压器中性点加装小电抗施工便利,投资较小,因此在单相短路电流过大而三相短路电流相对较小的场合很有效。

(4)采用串联电抗器

采用串联电抗器占地不大、投资合理,目前国际上研究开发了可控串联电抗器技术,使其正常时阻抗为零,仅在短路电流流过限制装置时串入,以限制短路电流,这对系统的网损和稳定性不会产生较大影响,但费用较高。

(5)采用高阻抗变压器和发电机

采用高阻抗的变压器和发电机同采用串联电抗器限流的作用是一样的,但发电机阻抗的增大会降低并联运行时的稳定性,采用高阻抗的变压器会增加无功损耗和电压降落。因此在选择是否采用高阻抗变压器和发电机时,需要综合考虑系统的短路电流、稳定性和经济性等多个方面。

第7章

对称分量法与系统各序网络

在电力系统所发生的各类短路中,不对称短路发生的概率最大,包括单相接地短路、相间短路和两相短路这三种基本类型。当系统发生不对称短路时,电路的三相对称性遭到破坏,电压和电流不再对称,对于这样的系统就不能只分析其中一相,通常是用对称分量法将一组不对称的三相系统分解为正序、负序和零序三组对称的三相系统,来分析不对称故障问题。本书前面涉及的实际都是正序参数,即在正常运行和三相对称短路时只有正序分量,没有负序和零序分量。本章主要介绍系统各元件的负序和零序参数及等值模型,最后介绍构成的电力系统各序网络的分析方法。

7.1 对称分量法的基本原理

7.1.1 三相不对称相量的对称分量变换

电力系统中的故障大多是不对称的,须采用对称分量法,将三相系统的电气量分解为正序、负序和零序三组对称量,仍采用单相等值电路求解,之后用叠加原理求解不对称的电气量。

正序分量(F_{a1}、F_{b1}、F_{c1}):大小相等,相位互差 $120°$,相序与正常运行方式下的相序相同。负序分量(F_{a2}、F_{b2}、F_{c2}):大小相等,相位互差 $120°$,相序与正常运行方式下的相序相反。零序分量(F_{a0}、F_{b0}、F_{c0}):大小相等,相位相同。

$$\begin{cases} \dot{F}_a = \dot{F}_{a1} + \dot{F}_{a2} + \dot{F}_{a0} \\ \dot{F}_b = \dot{F}_{b1} + \dot{F}_{b2} + \dot{F}_{b0} \\ \dot{F}_c = \dot{F}_{c1} + \dot{F}_{c2} + \dot{F}_{c0} \end{cases} \tag{7-1}$$

图 7-1(a)、(b)、(c)分别为正序、负序和零序的对称分量分解,
引入旋转相量 a 称为算子,其值为:

$$a = e^{j120°} = -\frac{1}{2} + j\frac{\sqrt{3}}{2}, a^2 = e^{j240°} = -\frac{1}{2} - j\frac{\sqrt{3}}{2} \text{ 且 } 1 + a + a^2 = 0, a^3 = 1$$

则有:

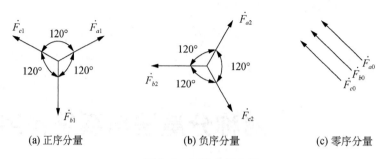

(a) 正序分量　　　　　　　(b) 负序分量　　　　　　　(c) 零序分量

图 7-1　对称分量分解

$$\begin{cases} \dot{F}_{b1} = a^2 \dot{F}_{a1}, \ \dot{F}_{c1} = a \dot{F}_{a1} \\ \dot{F}_{b2} = a \dot{F}_{a2}, \ \dot{F}_{c2} = a^2 \dot{F}_{a2} \\ \dot{F}_{b0} = \dot{F}_{c0} = \dot{F}_{a0} \end{cases} \tag{7-2}$$

代入公式(7-1)得:

$$\begin{cases} \dot{F}_a = \dot{F}_{a1} + \dot{F}_{a2} + \dot{F}_{a0} \\ \dot{F}_b = \dot{F}_{b1} + \dot{F}_{b2} + \dot{F}_{b0} = a^2 \dot{F}_{a1} + a \dot{F}_{a2} + \dot{F}_{a0} \\ \dot{F}_c = \dot{F}_{c1} + \dot{F}_{c2} + \dot{F}_{c0} = a \dot{F}_{a1} + a^2 \dot{F}_{a2} + \dot{F}_{a0} \end{cases} \tag{7-3}$$

若此时不对称量是三相电流,则电流量分解:

$$\begin{cases} \dot{I}_a = \dot{I}_{a1} + \dot{I}_{a2} + \dot{I}_{a0} = \dot{I}_{a1} + \dot{I}_{a2} + \dot{I}_{a0} \\ \dot{I}_b = \dot{I}_{b1} + \dot{I}_{b2} + \dot{I}_{b0} = a^2 \dot{I}_{a1} + a \dot{I}_{a2} + \dot{I}_{a0} \\ \dot{I}_c = \dot{I}_{c1} + \dot{I}_{c2} + \dot{I}_{c0} = a \dot{I}_{a1} + a^2 \dot{I}_{a2} + \dot{I}_{a0} \end{cases} \tag{7-4}$$

可写成矩阵的形式

$$\boldsymbol{I}_P = \boldsymbol{T} \boldsymbol{I}_s$$

$$\begin{bmatrix} \dot{I}_a \\ \dot{I}_b \\ \dot{I}_c \end{bmatrix} = \begin{bmatrix} 1 & 1 & 1 \\ a^2 & a & 1 \\ a & a^2 & 1 \end{bmatrix} \begin{bmatrix} \dot{I}_{a1} \\ \dot{I}_{a2} \\ \dot{I}_{a0} \end{bmatrix} \tag{7-5}$$

即当 a 相的三序分量求出后,可求出 b 相和 c 相的三相分量。

若 $\dot{I}_a$、$\dot{I}_b$、$\dot{I}_c$ 已知,可求出 $\dot{I}_{a1}$、$\dot{I}_{a2}$、$\dot{I}_{a0}$:

$$\begin{bmatrix} \dot{I}_{a1} \\ \dot{I}_{a2} \\ \dot{I}_{a0} \end{bmatrix} = \frac{1}{3} \begin{bmatrix} 1 & a & a^2 \\ 1 & a^2 & a \\ 1 & 1 & 1 \end{bmatrix} \begin{bmatrix} \dot{I}_a \\ \dot{I}_b \\ \dot{I}_c \end{bmatrix} \tag{7-6}$$

则正序分量 $\dot{I}_{b1}=a^2\dot{I}_{a1}$，$\dot{I}_{c1}=a\dot{I}_{a1}$；负序分量 $\dot{I}_{b2}=a\dot{I}_{a2}$，$\dot{I}_{c2}=a^2\dot{I}_{a2}$；零序分量 $\dot{I}_{a0}=\dot{I}_{b0}=\dot{I}_{c0}$。 上述对电流的变换同样适用于对电压和电动势的变换。

由公式(7-6)可知：

$$\dot{I}_{a(0)}=\frac{1}{3}(\dot{I}_a+\dot{I}_b+\dot{I}_c) \tag{7-7}$$

若此时三相系统为 Y 形连接且无中性线，则 $\dot{I}_A+\dot{I}_B+\dot{I}_C=0$，即 a 相电流零序分量为 0。相反，若此系统有中性线，即 $\dot{I}_A+\dot{I}_B+\dot{I}_C=\dot{I}_N=3\dot{I}_{a0}$，则此时 a 相电流零序分量不为 0。故零序电流必须以中线(包括以地代中线)作为通路，且中线流过的电流等于一相零序电流的 3 倍。

由于三相系统中三个线电压之和恒为零，所以在线电压中没有零序分量。

【例 7-1】 如 $\dot{I}_A=10\angle 0°(\text{A})$，$\dot{I}_B=10\angle 180°(\text{A})$，$\dot{I}_C=0(\text{A})$，求其 A、B 及 C 三相的三序分量。

解：

$$\begin{bmatrix}\dot{I}_{A1}\\\dot{I}_{A2}\\\dot{I}_{A0}\end{bmatrix}=\frac{1}{3}\begin{bmatrix}1 & a & a^2\\1 & a^2 & a\\1 & 1 & 1\end{bmatrix}\begin{bmatrix}\dot{I}_A\\\dot{I}_B\\\dot{I}_C\end{bmatrix}=\frac{1}{3}\begin{bmatrix}1 & \angle 120° & \angle 240°\\1 & \angle 240° & \angle 120°\\1 & 1 & 1\end{bmatrix}\begin{bmatrix}10\angle 0°\\10\angle 180°\\0\end{bmatrix}$$

$$=\frac{1}{3}\begin{bmatrix}10\angle 0°+10\angle(120°+180°)+0\\10\angle 0°+10\angle(240°+180°)+0\\10\angle 0°+10\angle 180°+0\end{bmatrix}=\begin{bmatrix}5.78\angle(-30°)\\5.78\angle 30°\\0\end{bmatrix}(\text{A})$$

即：

$$\begin{bmatrix}\dot{I}_{A1}\\\dot{I}_{A2}\\\dot{I}_{A0}\end{bmatrix}=\begin{bmatrix}5.78\angle(-30°)\\5.78\angle 30°\\0\end{bmatrix}(\text{A})$$

其他的各序分量为：

$$\dot{I}_{B1}=a^2\dot{I}_{A1}=5.78\angle 210°(\text{A}) \qquad \dot{I}_{C1}=a\dot{I}_{A1}=5.78\angle 90°(\text{A})$$

$$\dot{I}_{B2}=a\dot{I}_{A2}=5.78\angle 150°(\text{A}) \qquad \dot{I}_{C2}=a^2\dot{I}_{A2}=5.78\angle 270°(\text{A})$$

$$\dot{I}_{B0}=\dot{I}_{A0}=0(\text{A}) \qquad\qquad \dot{I}_{C0}=\dot{I}_{A0}=0(\text{A})$$

【例 7-2】 某三相发电机由于内部故障，其三相电势分别为 $\dot{E}_a=0\angle 90°$，$\dot{E}_b=116\angle 0°$，$\dot{E}_c=71\angle 225°$，求其对称分量。

解：以 a 相为基准相，应用公式可得

$$\dot{E}_{a(0)} = \frac{1}{3}(\dot{E}_a + \dot{E}_b + \dot{E}_c) = \frac{1}{3}(0\angle 90° + 116\angle 0° + 71\angle 225°) = 28\angle 37°(\text{V})$$

$$\dot{E}_{a(1)} = \frac{1}{3}(\dot{E}_a + a\dot{E}_b + a^2\dot{E}_c)$$

$$= \frac{1}{3}(0\angle 90° + 1\angle 120° \times 116\angle 0° + 1\angle 240° \times 71\angle 225°)$$

$$= 93\angle 106°(\text{V})$$

$$\dot{E}_{a(2)} = \frac{1}{3}(\dot{E}_a + a^2\dot{E}_b + a\dot{E}_c)$$

$$= \frac{1}{3}(0\angle 90° + 1\angle 240° \times 116\angle 0° + 1\angle 120° \times 71\angle 225°)$$

$$= 7\angle 60°(\text{V})$$

作为对比，正常情况下：

$$\dot{E}_a = 115\angle 0°, \quad \dot{E}_b = 115\angle 240°, \quad \dot{E}_c = 115\angle 120°$$

$$\dot{E}_{a(0)} = \frac{1}{3}(\dot{E}_a + \dot{E}_b + \dot{E}_c) = 0$$

$$\dot{E}_{a(1)} = \frac{1}{3}(\dot{E}_a + a\dot{E}_b + a^2\dot{E}_c)$$

$$= \frac{1}{3}(115\angle 0° + 1\angle 120° \times 115\angle 240° + 1\angle 240° \times 115\angle 120°)$$

$$= 115\angle 0°(\text{V})$$

$$\dot{E}_{a(2)} = \frac{1}{3}(\dot{E}_a + a^2\dot{E}_b + a\dot{E}_c)$$

$$= \frac{1}{3}(115\angle 0° + 1\angle 240° \times 115\angle 240° + 1\angle 120° \times 115\angle 120°)$$

$$= \frac{1}{3}(115\angle 0° + 115\angle 120° + 115\angle 240°) = 0(\text{V})$$

7.1.2 不对称短路计算的各序网络电压方程

当三相电路的对称性遭到破坏，网络中会出现三相不对称的电压和电流，这时候不能只取一相进行计算。如何将这种不对称的电路转换成对称的电路来计算，即是对称分量法在不对称短路计算中的应用。

如图 7-2 所示为中性点接地的三相系统发生单相短路故障。

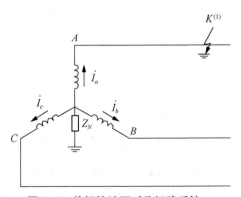

图 7-2　单相接地不对称短路系统

根据电路分析得出：

$$\dot{U}_a = 0 \qquad \dot{I}_a \neq 0$$

$$\dot{U}_b \neq 0 \qquad \dot{I}_b = 0$$

$$\dot{U}_c \neq 0 \qquad \dot{I}_c = 0$$

根据对称分量法，这一组三相不对称的电源可以分解为正序、负序和零序三组对称电源。根据叠加原理，可以把电力系统看成是三部分的叠加，如图 7-3 所示。

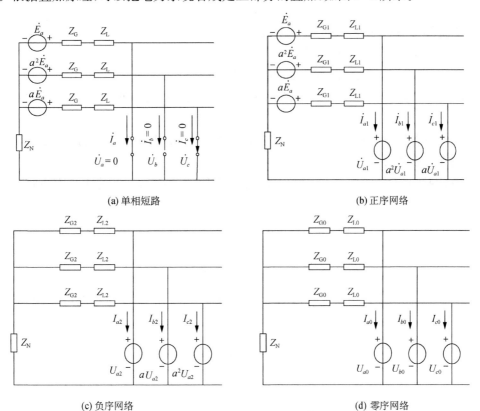

(a) 单相短路 　　　　　　　　　　(b) 正序网络

(c) 负序网络 　　　　　　　　　　(d) 零序网络

图 7-3　用不对称电源代替短路情况

正序网络的等效模型电路和电动势方程为：

$$\dot{E}_{a1} - \dot{I}_{a1}(Z_{G1} + Z_{L1}) - (\dot{I}_{a1} + \dot{I}_{b1} + \dot{I}_{c1})Z_N = \dot{U}_{a1}$$

$$\dot{E}_{a1} - \dot{I}_{a1}(Z_{G1} + Z_{L1}) = \dot{U}_{a1}$$

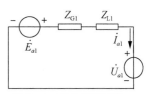

图 7-4　正序等效网络

负序网络的等效模型电路和电动势方程为：

$$-\dot{I}_{a2}(Z_{G2} + Z_{L2}) - (\dot{I}_{a2} + \dot{I}_{b2} + \dot{I}_{c2})Z_N = \dot{U}_{a2}$$

$$-\dot{I}_{a2}(Z_{G2} + Z_{L2}) = \dot{U}_{a2}$$

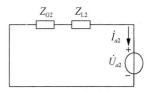

图 7-5　负序等效网络

零序网络的等效模型电路和电动势方程为：

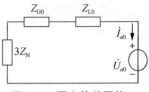

图 7-6　零序等效网络

$$-\dot{I}_{a0}(Z_{\mathrm{G0}}+Z_{\mathrm{L0}})-(\dot{I}_{a0}+\dot{I}_{b0}+\dot{I}_{c0})Z_{\mathrm{N}}=\dot{U}_{a0}$$

$$-\dot{I}_{a0}(Z_{\mathrm{G0}}+Z_{\mathrm{L0}}+3Z_{\mathrm{N}})=\dot{U}_{a0}$$

上述分析表明了各种不对称故障中故障点出现的各序电流和电压之间的相互关系，表明了不对称故障的共性与故障类型无关。应用对称分量法计算电力系统不对称故障的步骤：

（1）计算电力系统各元件的各序阻抗；

（2）制定电力系统的各序网络；

（3）由各序网络和故障条件列出对应方程；

（4）解出故障点电流和电压的各序分量，将相应的各序分量相加，以求得故障点的各相电流和各相电压；

（5）计算各序电压和各序电流在网络中的分布，进而求出各指定支路的各相电流和指定节点的各相电压。

正序阻抗：仅有正序电流流过该元件（三相对称）时，所产生的正序电压降与此正序电流之比。

$$Z_1=\frac{\Delta\dot{U}_1}{\dot{I}_1} \tag{7-8}$$

负序阻抗：仅有负序电流流过该元件（三相对称）时，所产生的负序电压降与此负序电流之比。

$$Z_2=\frac{\Delta\dot{U}_2}{\dot{I}_2} \tag{7-9}$$

零序阻抗：仅有零序电流流过该元件（三相对称）时，所产生的零序电压降与此零序电流之比。

$$Z_0=\frac{\Delta\dot{U}_0}{\dot{I}_0} \tag{7-10}$$

在对称分量法分析中静止元件（架空输电线、电缆、变压器、电抗器等）正序阻抗与负序阻抗相等，零序阻抗与正、负序阻抗不同，后面将对电力系统各元件的各序参数进行讨论。

7.2　同步发电机的各序参数

（1）同步发电机正序电抗

同步发电机对称运行时，只有正序电流存在，对应的电机参数就是正序参数。稳态时

直轴同步电抗 X_d、交轴同步电抗 X_q,暂态过程中的 X_d'、X_d'' 和 X_q'' 都属于正序电抗。

（2）同步发电机的负序电抗

同步发电机的负序电抗定义为发电机端点的负序电压的同步频率分量与流入定子绕组负序电流的同步频率分量的比值。因为发电机短路类型的不同,其负序电抗不同,详见表 7-1。

如表 7-1 所示,若 $X_d''=X_q''$,则负序电抗 $X_2=X_d''$。同步发电机经外电抗 X 短路时,表中所有 X_d''、X_q''、X_0 都应以 $X_d''+X$、$X_q''+X$、X_0+X 来代替。在实用短路电流计算中,常取 $X_2 \approx \dfrac{X_d''+X_q''}{2}$,在近似计算中,对汽轮发电机及有阻尼的水轮发电机,采用 $x_2=1.22x_d''$,对于无阻尼绕组的发电机,采用 $x_2=1.45x_d''$。

表 7-1 同步发电机负序电抗

短路类型	负序电抗
两相短路	$\sqrt{X_d''X_q''}$
单相接地短路	$\sqrt{\left(X_d''+\dfrac{X_0}{2}\right)\left(X_q''+\dfrac{X_0}{2}\right)}-\dfrac{X_0}{2}$
两相接地短路	$\dfrac{X_d''X_q''+\sqrt{X_d''X_q''(2X_0+X_d'')(2X_0+X_q'')}}{2X_0+X_d''+X_q''}$

（3）同步发电机的零序电抗

施加在发电机端的零序电压的同步频率分量与流入定子绕组的零序电流的同步频率的分量的比值,由定子绕组的漏抗确定。零序电抗的变化范围大致是 $(0.15\sim0.6)X_d''$,发电机的零序电阻和定子三相绕组每一相电阻相等,$R_0=R$。

在近似计算中对汽轮发电机及有阻尼的水轮发电机,可采用 $X_2=1.22X_d''$;对于无阻尼绕组的发电机,可采用 $X_2=1.45X_d''$;如无电机的确切参数,也可按表 7-2 取值。

表 7-2 同步发电机的负序电抗和零序电抗

同步发电机类型	X_2	X_0	同步发电机类型	X_2	X_0
汽轮发电机	0.16	0.06	无阻尼绕组水轮发电机	0.45	0.07
有阻尼绕组水轮发电机	0.25	0.07	调相机和大型同步发电机	0.24	0.08

如果发电机中性点不接地,不能构成零序电流的通路,则其零序等值电抗无穷大,不出现在系统零序等值电路中,即:

$$X_0 = \infty \tag{7-11}$$

7.3 变压器的零序等效电路及参数

变压器的电阻一般很小,因此在计算短路故障时常忽略不计。变压器的三相结构是对称的,绕组静止,故负序电抗与正序电抗相等。零序电抗则可能不同,变压器的零序电抗和不对称短路点的位置、变压器的类型、绕线连接方式、变压器结构以及中性点是否接地等因素有关。

当在变压器端点施加零序电压时,其绕组中有无零序电流,以及零序电流的大小与变压器三相绕组的接线方式和变压器的结构密切相关。零序电压施加在变压器绕组的三角形侧或不接地星形侧时,无论另一侧绕组的接线方式如何,变压器中都没有零序电流流通。这种情况下,变压器的零序电抗 $X_0 = \infty$。零序电压施加在绕组连接成接地星形一侧时,大小相等相位相同的零序电流将通过三绕组经中性点流入大地,构成回路。但在另一侧,零序电流流通的情况则随该侧的接线方式而异。

普通变压器的零序等值电路与正序、负序等值电路具有相同的结构形式(T 形)。下面将讨论不同类型的变压器、各组绕组接线方式下的零序电抗。

7.3.1 双绕组变压器

(1) YN, d 接线变压器

如图 7-7 所示为 YN, d 接线变压器的零序电流回路及等值电路。当 I 侧流过零序电流时,II 侧各相绕组中将感应出零序电动势,形成环流。

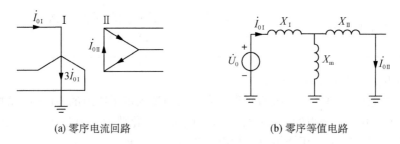

(a) 零序电流回路 (b) 零序等值电路

图 7-7 YN, d 接线变压器的零序电流回路及等值电路

由图可得出其零序电抗为:

$$X_0 = X_{\mathrm{I}} + \frac{X_{\mathrm{II}} X_{\mathrm{m0}}}{X_{\mathrm{II}} + X_{\mathrm{m0}}} \approx X_{\mathrm{I}} + X_{\mathrm{II}} = X_1 \tag{7-12}$$

YN 侧中性点经电抗 X_{n} 接地时,等值电抗为:

$$X_0 = X_{\mathrm{I}} + \frac{X_{\mathrm{II}} X_{\mathrm{m0}}}{X_{\mathrm{II}} + X_{\mathrm{m0}}} + 3X_{\mathrm{n}} \approx X_{\mathrm{I}} + X_{\mathrm{II}} + 3X_{\mathrm{n}} = X_1 + 3X_{\mathrm{n}} \tag{7-13}$$

(2) YN, y 接线变压器

如图 7-8(a)所示为 YN, y 接线变压器,I 侧流过零序电流,II 侧感应零序电动势。由于 II 侧中性点不接地,无零序电流,变压器相当于空载。

从图 7-8(b)可得零序电抗为:$X_0 = X_{\mathrm{I}} + X_{\mathrm{m0}}$

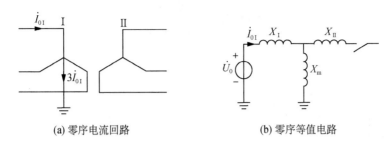

(a) 零序电流回路　　　　　　　(b) 零序等值电路

图 7-8　YN，y 接线变压器的零序电流回路及等值电路

（3）YN，yn 接线变压器

若与变压器 Ⅱ 侧相连的电路中还有另一个接地中性点，则二次绕组中将有零序电流流通，其等值电路如图 7-9(a)所示。

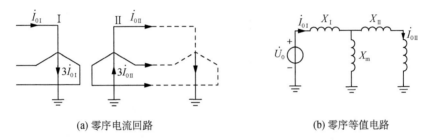

(a) 零序电流回路　　　　　　　(b) 零序等值电路

图 7-9　YN，yn 接线变压器的零序等值电路

由图 7-9(b)可得零序等值电抗为：

$$X_0 = X_{\mathrm{I}} + \frac{(X_{\mathrm{II}} + X)X_{\mathrm{m0}}}{X_{\mathrm{II}} + X + X_{\mathrm{m0}}} \approx X_{\mathrm{I}} + X_{\mathrm{II}} + X = X_1 + X \tag{7-14}$$

若二次绕组回路中没有其他接地中性点，则二次绕组中没有零序电流流通，变压器的零序电抗与 YN，y 接线变压器的零序电抗相同。

7.3.2　三绕组变压器的零序参数和等值电路

当零序电压加在变压器三角形或不接地星形侧时，无论其他两侧绕组的接线方式如何，变压器中都没有零序电流流通，变压器的零序电抗 $X_0 = \infty$；当零序电压加在变压器星形中性点接地一侧时，零序电流经过 YN 侧的三相绕组并经中性点入地，形成电流回路，其他两侧零序电流流通情况与各绕组的接线方式有关。

三绕组变压器一般有 d 形绕组，三相谐波电流在 d 绕组中形成环流，并使励磁电抗较大。因此在用一相表示的三绕组变压器的零序等值电路中将励磁支路开路，由三个绕组电抗组成三支星形电路。

（1）YN，d，d 接线三绕组变压器

由图 7-10(b)，可得其零序等值电抗为：

$$X_0 = X_1 + \frac{X_{\text{II}} X_{\text{III}}}{X_{\text{II}} + X_{\text{III}}} \tag{7-15}$$

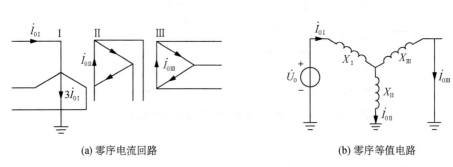

(a) 零序电流回路   (b) 零序等值电路

图 7-10　YN, d, d 接线三绕组变压器的零序电流回路及其等值电路

（2）YN, d, y 接线三绕组变压器

由图 7-11(b)，可求其零序等值电抗为：

$$X_0 = X_{\text{I}} + X_{\text{II}} \tag{7-16}$$

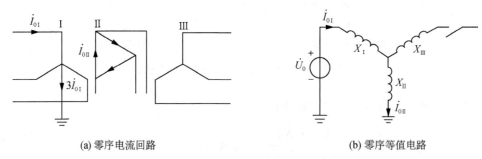

(a) 零序电流回路   (b) 零序等值电路

图 7-11　YN, d, y 接线三绕组变压器的零序电流回路及其等值电路

（3）YN, d, yn 接线三绕组变压器

由图 7-12(b)可得零序等值电抗为：

$$X_0 = X + \frac{(X_{\text{III}} + X) X_{\text{II}}}{X_{\text{III}} + X + X_{\text{II}}} \tag{7-17}$$

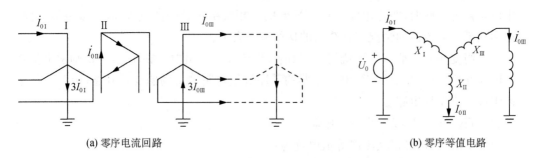

(a) 零序电流回路   (b) 零序等值电路

图 7-12　YN, d, yn 接线三绕组变压器的零序电流回路及其等值电路

此处应注意：

① X_{I}、X_{II}、X_{III} 是各绕组的自感和互感的组合电抗，即等值电抗，而不是漏电抗。

② X_{I}、X_{II}、X_{III} 一般通过短路试验由下式求得：

$$
\begin{cases}
X_{\mathrm{I}} = \dfrac{1}{2}(X_{\mathrm{I-II}} + X_{\mathrm{I-III}} - X_{\mathrm{II-III}}) \\[2mm]
X_{\mathrm{II}} = \dfrac{1}{2}(X_{\mathrm{I-II}} + X_{\mathrm{II-III}} - X_{\mathrm{I-III}}) \\[2mm]
X_{\mathrm{III}} = \dfrac{1}{2}(X_{\mathrm{I-III}} + X_{\mathrm{II-III}} - X_{\mathrm{I-II}})
\end{cases}
\tag{7-18}
$$

7.3.3 自耦变压器的零序参数和等值电路

自耦变压器一般用来连接两个中性点直接接地的电力系统。通常自耦变压器中性点可直接接地，也可经电抗接地，且均认为 $X_{\mathrm{m0}} \approx \infty$。

（1）自耦变压器中性点直接接地

① 双绕组 YN，yn 接线自耦变压器中性点直接接地

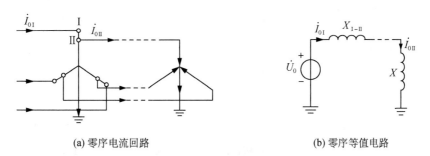

(a) 零序电流回路   (b) 零序等值电路

图 7-13　YN，yn 接线自耦变压器的零序电流回路及其等值电路

由图 7-13(b)可得，零序等值电抗为：

$$
X_0 = X_{\mathrm{I-II}} + X = X_1 + X
\tag{7-19}
$$

其中，$X_1 = X_{\mathrm{I}} + X_{\mathrm{II}}$ 为高低压绕组总的正序电抗。

接地零序电流为：

$$
\dot{I}_0 = 3(\dot{I}_{0\mathrm{I}} - \dot{I}'_{0\mathrm{II}})
\tag{7-20}
$$

由此可看出入地零序电流等于 Ⅰ、Ⅱ 侧零序电流实际有名值之差的 3 倍。

② 三绕组 YN，yn，d 接线自耦变压器中性点直接接地

由图 7-14(b)可得，零序等值电抗为：

$$
X_0 = X + \frac{(X_{\mathrm{III}} + X)X_{\mathrm{II}}}{X_{\mathrm{III}} + X + X_{\mathrm{II}}}
\tag{7-21}
$$

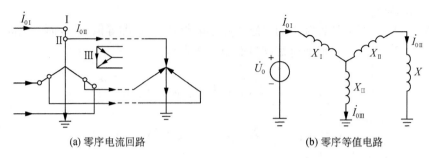

(a) 零序电流回路　　　　　　　　　　　(b) 零序等值电路

图 7-14　YN, yn, d 接地自耦变压器的零序电流回路及其等值电路

中性点接地电流仍为：

$$\dot{I}_0 = 3(\dot{I}_{0\text{I}} - \dot{I}'_{0\text{II}}) \tag{7-22}$$

（2）自耦变压器中性点经电抗接地

① 双绕组 YN, yn 接线自耦变压器

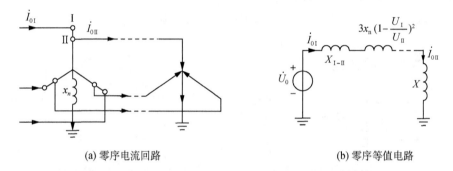

(a) 零序电流回路　　　　　　　　　　　(b) 零序等值电路

图 7-15　中性点经电抗接地时 YN, yn 接线双绕组自耦变压器

如图 7-15 所示，Ⅰ、Ⅱ 绕组端点对地电位 $\dot{U}_{\text{I}}$、$\dot{U}_{\text{II}}$ 分别为：

$$\begin{cases} \dot{U}_{\text{I}} = \dot{U}_{\text{N}} + \dot{U}_{\text{IN}} \\ \dot{U}_{\text{II}} = \dot{U}_{\text{N}} + \dot{U}_{\text{IIN}} \end{cases} \tag{7-23}$$

归算至 Ⅰ 侧的 Ⅰ、Ⅱ 绕组间的零序等值电抗 $X'_{\text{I-II}}$ 为：

$$X'_{\text{I-II}} = \frac{\dot{U}_{\text{I}} - \dot{U}'_{\text{II}}}{\dot{I}_{0\text{I}}} = \frac{(\dot{U}_{\text{N}} + \dot{U}_{\text{IN}}) - (\dot{U}_{\text{N}} + \dot{U}_{\text{IIN}})\dfrac{U_{\text{I}}}{U_{\text{II}}}}{\dot{I}_{0\text{I}}}$$

$$= \frac{\dot{U}_{\text{IN}} - \dot{U}_{\text{IIN}}\dfrac{U_{\text{I}}}{U_{\text{II}}}}{\dot{I}_{0\text{I}}} + \frac{\dot{U}_{\text{N}}\left[1 - \dfrac{U_{\text{I}}}{U_{\text{II}}}\right]}{\dot{I}_{0\text{I}}}$$

$$= X_{\text{I}-\text{II}} + 3X_n \left[1 - \frac{\dot{I}'_{0\text{II}}}{\dot{I}_{0\text{I}}} \right] \left(1 - \frac{U_{\text{I}}}{U_{\text{II}}} \right) = X_{\text{I}-\text{II}} + 3X_n \left(1 - \frac{U_{\text{I}}}{U_{\text{II}}} \right)^2 \tag{7-24}$$

由图 7-15(b)可得,零序等值电抗为:

$$X_0 = X'_{\text{I}-\text{II}} + X = X_{\text{I}-\text{II}} + 3X_n \left(1 - \frac{U_{\text{I}}}{U_{\text{II}}} \right)^2 + X \tag{7-25}$$

其中性点接地电流仍为

$$\dot{I}_0 = 3(\dot{I}_{0\text{I}} - \dot{I}'_{0\text{II}}) \tag{7-26}$$

② 三绕组 YN,yn,d 接线自耦变压器

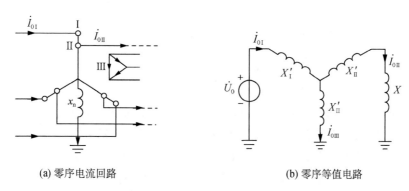

<table>
<tr><td>(a) 零序电流回路</td><td>(b) 零序等值电路</td></tr>
</table>

图 7-16 中性点经电抗接地时 YN,yn,d 接线三绕组自耦变压器

将Ⅲ绕组开路,归算至Ⅰ侧的Ⅰ、Ⅱ侧的零序等值电抗为 $X'_{\text{I}-\text{II}}$。如图 7-17 所示,将Ⅱ绕组开路,相当于一台 YN,d 接线的双绕组变压器;当中性点所接电抗 $X_{m0} \approx \infty$ 时,其归算至Ⅰ侧的Ⅰ、Ⅲ侧绕组的零序等值电抗为:

$$X'_{\text{I}-\text{III}} = X_{\text{I}} + X_{\text{III}} + 3X_n \tag{7-27}$$

当Ⅰ绕组开路,$X_{m0} \approx 0$ 时,归算至Ⅱ侧的零序等值电路如图 7-18 所示。

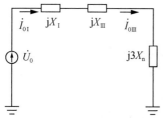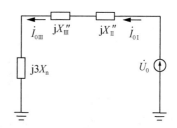

图 7-17 Ⅱ绕组开路时的零序等值电路　　**图 7-18 Ⅰ绕组开路时的零序等值电路**

根据该电路可求出归算到Ⅱ、Ⅲ绕组的零序等值电抗为:

$$X'''_{\text{II}-\text{III}} = X''_{\text{II}} + X''_{\text{III}} + 3X_n = X''_{\text{II}-\text{III}} + 3X_n \tag{7-28}$$

将其归算至 I 侧时，得

$$X'_{\text{II}-\text{III}} = X'''_{\text{II}-\text{III}}\left(\frac{U_\text{I}}{U_\text{II}}\right)^2 = X_{\text{II}-\text{III}} + 3X_\text{n}\left(\frac{U_\text{I}}{U_\text{II}}\right)^2 \tag{7-29}$$

归算至 I 侧 II、III 绕组的零序等值电抗为：

$$\begin{cases} X_\text{I}^{()} = \dfrac{1}{2}(X'_{\text{I}-\text{II}} + X'_{\text{I}-\text{III}} - X'_{\text{II}-\text{III}}) = X_\text{I} + 3X_\text{n}\left(1 - \dfrac{U_\text{I}}{U_\text{II}}\right) \\[3mm] X_\text{II}^{()} = \dfrac{1}{2}(X'_{\text{I}-\text{II}} + X'_{\text{II}-\text{III}} - X'_{\text{I}-\text{III}}) = X_\text{II} + 3X_\text{n}\dfrac{(U_\text{I} - U_\text{II})U_\text{I}}{U^2_\text{II}} \\[3mm] X_\text{III}^{()} = \dfrac{1}{2}(X'_{\text{I}-\text{III}} + X'_{\text{II}-\text{III}} - X'_{\text{I}-\text{II}}) = X_\text{III} + 3X_\text{n}\dfrac{U_\text{I}}{U_\text{II}} \end{cases} \tag{7-30}$$

由图 7-16(b)可求出该变压器的零序等值电抗为：

$$X_0 = X_\text{I}^{()} + \frac{(X_\text{II}^{()} + X)X_\text{III}^{()}}{X_\text{II}^{()} + X + X_\text{III}^{()}} \tag{7-31}$$

综上所述，变压器结构对零序励磁电抗 X_m0 和零序电抗 X_0 的影响：

① 由三个单相组成的变压器，近似认为 $X_\text{m0} = \infty$，$X_0 = X_1$；

② 三相五柱式或壳式变压器，也近似认为 $X_\text{m0} = \infty$，$X_0 = X_1$；

③ 三相三柱式变压器，近似计算时，仍视 $X_\text{m0} = \infty$。对 YN，d 接线 $X_0 \approx (0.75 \sim 0.85)X_1$。

7.4 电力线路的各序参数和等效电路

电力线路是静止元件，因此负序阻抗和正序阻抗相等。但导线中流过零序电流时由于导线间的电磁关系和正、负序不同，因此零序阻抗与正、负序阻抗也不相同。架空线路的零序电流必须借助大地及架空地线构成通路。零序电抗与平行线的回路数，有无架空地线，以及地线的导电性能等因素有关。由于零序电流在三相线路中是同方向的，互感很大，因而零序电抗要比正序电抗大。

（1）架空线路的各序电抗

由于架空线路路径长，沿线情况复杂（包括土壤电导系数的变化、导线在杆塔上的布置的不同等），因此对已建成的线路一般都通过实测确定其零序电抗；当线路情况不明时，在近似计算中忽略电阻，各序电抗的平均值可采用表 7-3 所列数据。

当线路装有架空地线（避雷线）时，零序电流的一部分通过架空地线和大地形成回路，由于架空地线（避雷线）中的零序电流与输电线路上的零序电流方向相反，其互感磁通相互抵消，将导致零序电抗的减小。由于避雷线的去磁作用，双回线路每一回线的零序阻抗减小了。

表 7-3　架空电力线路各序电抗的平均值

架空电力线路种类		正、负序电抗	零序电抗（Ω/km）	备注
无避雷线	单回路	$x_1=x_2=0.4$	$x_0=3.5\ x_1=1.4$	
	双回路		$x_0=5.5\ x_1=2.2$	每回路数值
有钢质避雷线	单回路		$x_0=3\ x_1=1.2$	
	双回路		$x_0=5\ x_1=2.0$	每回路数值
有良导体避雷线	单回路		$x_0=2\ x_1=0.8$	
	双回路		$x_0=3\ x_1=1.2$	每回路数值

（2）电缆线路的零序阻抗

电缆由于芯间距离小，其正序、负序电抗比架空线路的小很多，即使已知电缆的正序电抗，准确计算零序电抗也很困难，一般通过实测方法求得。在规划设计和近似估算中可取 $r_0\approx10r_1$，$x_0\approx(3.5\sim4.6)x_1$，实用计算时，可按表 7-4 取值。

表 7-4　电缆电抗的平均值

元件名称	电缆电抗的平均值	
	$x_1=x_2/(\Omega/km)$	$x_0/(\Omega/km)$
1 kV 三芯电缆	0.06	0.7
1 kV 四芯电缆	0.066	0.17
6～10 kV 三芯电缆	0.08	$x_0=3.5\ x_1=0.28$
35 kV 三芯电缆	0.12	$x_0=3.5\ x_1=0.42$

7.5　异步电动机和综合负荷的各序参数和等效电路

（1）异步电动机的正序参数

当异步电机极端发生短路时，电流分量衰减为零，其参数一般称为次暂态参数。异步电动机的等值电路如图 7-19 所示。其中，转差率为：$s=\dfrac{\omega_N-\omega}{\omega_N}$；异步电动机的转速为 $1-s$；电动机机械功率的等值电阻为 $\dfrac{1-s}{s}R_r$。图 7-20 为异步电动机次暂态电抗的简化等值电路。

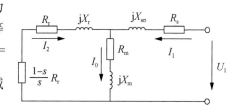

图 7-19　异步电动机的等值电路

① 异步电动机的次暂态电抗

转子绕组短接，略去所有绕组的电阻时，由定子侧观察到的等值电抗，如图 7-20（a）所示。

考虑到 $X_m \gg X_{r\sigma}$，从而将图 7-20(a) 简化为图 7-20(b) 所示，可得：

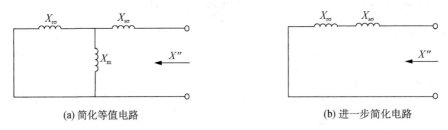

(a) 简化等值电路　　　　　　　　　　　(b) 进一步简化电路

图 7-20　异步电动机次暂态电抗的等值电路

$$X'' = X_{s\sigma} + X_{r\sigma} \tag{7-32}$$

图 7-20(b) 也可表示异步电机启动时的等值电路，有：

$$X'' = \frac{1}{I_{st}} \tag{7-33}$$

② 异步电动机的次暂态电动势

异步电动机正常运行时的电压方程为：

$$\dot{E}''_0 = \dot{U}_0 - jX''\dot{I}_0 \tag{7-34}$$

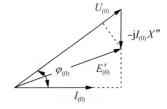

图 7-21　异步电动机正常
运行时的相量图

作出正常运行时异步电动机的相量图如图 7-21 所示。

异步电动机的次暂态电动势为：

$$\dot{E}''_{(0)} = \sqrt{[U_{(0)}\cos\varphi]^2 + [U_{(0)}\sin\varphi - I_{(0)}X'']^2} \approx U_{(0)} - I_{(0)}X''\sin\varphi_{(0)} \tag{7-35}$$

③ 自由分量衰减的时间常数 T''

定子回路同步频率交流自由分量衰减的时间常数表达式为：

$$T'' = \frac{X_{r\sigma} + X_{s\sigma}}{R_r}(\text{rad}) \tag{7-36}$$

定子直流自由分量衰减的时间常数表达式为：

$$T''_a = \frac{X_{r\sigma} + X_{s\sigma}}{R_s}(\text{rad}) \tag{7-37}$$

④ 异步电动机反馈电流的考虑

异步电动机的反馈电流取决于机端电压 U_0 与短路瞬间次暂态电动势 E''_0 大小。

a. 当 $U_0 > E''_0$ 时，异步电动机仍作电动机运行，从系统中吸取电流（短路点距发电机端较远时）。

b. 当 $U_0 < E''_0$ 时，异步电动机改作发电机运行，将向系统供出反馈电流（短路点距发电机端较近）。

注意：只对三相短路点附近的大容量异步电动机才考虑反电流，且只在计算暂态过程的初期，才考虑异步电动机的反馈电流。

（2）异步电动机的负序和零序参数

异步电机是旋转元件，它的负序阻抗不等于正序阻抗。异步电动机正常工作时转差率为 s，那么转子对定子的负序磁场转差率为 $2-s$，因此，异步电动机的负序参数可以按照 $2-s$ 来确定。图 7-22 给出异步电动机负序等值电路，图中用转差率 $2-s$ 代替正序电路中的 s；对应电动机机械功率的等值电阻改变为 $-\dfrac{1-s}{2-s}R_r$，负号说明在正序系统中机械功率是驱动性质的，在负序系统中则是制动转矩。

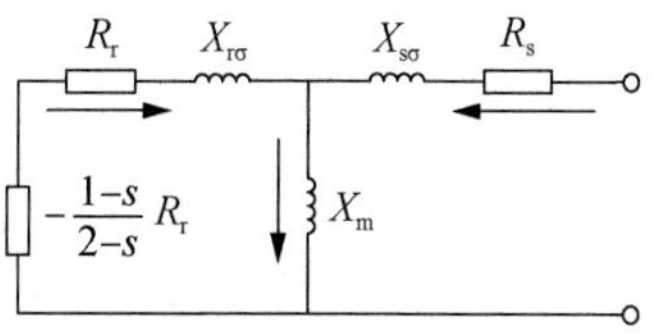

图 7-22　异步电动机的负序等值电路

当系统发生不对称短路时，电动机端三相电压不对称，可将三相电压分解为正序、负序、零序电压。正序电压低于正常运行值，使得电机驱动转矩减小；负序电压又导致产生制动转矩，使得电机转速下降，甚至停转。转速下降，使得 s 增大，停转时则 $s=1$。转速下降愈多，等效电路中等值电阻 $-\dfrac{1-s}{2-s}R_r$ 越接近零，此时相当于转子绕组短接。

当忽略绕组电阻时，令励磁电抗 $X_m = \infty$，负序电抗为：

$$X_2 = X_{s\sigma} + X_{r\sigma} = X'' \tag{7-38}$$

式中，X'' 为异步电机的次暂态电抗。

当定子三相绕组接成三角形或不接地星形时，在异步电动机端加零序电压时，定子绕组没有零序电流通过，故零序电抗 $X_0 = \infty$，故无须建零序等值电路。

在实用计算中，异步电机和综合负荷的正序阻抗为 $Z_1 = 0.8 + j0.6$ 或 $X_1 = 1.2$；异步电机负序阻抗为 $X_2 = 0.2$；综合负荷负序阻抗为 $X_2 = 0.35$；异步电机和综合负荷的零序电抗为 $X_0 = \infty$。

7.6　电力系统故障运行时的各序网络

三相对称故障采用的是正序网络，应用对称分量法分析不对称故障时，必须先形成系统的各序网络，包括元件各序参数及各序网络的建立。即根据电力系统接线图、中性点接地情况，在故障点分别加上各序的电动势（电压源），从故障点开始，逐步查明各序电流的流通情况，凡是某一序电流能流过的元件，必须包含在该序等效电路中，并用相应的序参数和等效电路来表示。

下面通过举例说明各序网络的制定方法。

【例 7-3】　如图 7-23 所示电力系统，在 K 点发生不对称故障，试画出各序网络电路。

解：1. 正序网络绘制

正序网络与三相短路时等值网络的制定方法基本相同。正序电流通过的所有元件均包含在正序网络中。具体方法：中性点接地阻抗、不计导纳支路的空载线路和不计励磁支

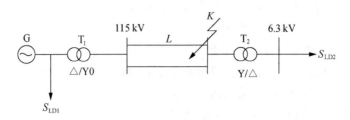

图 7-23 电力系统接线图

路的空载变压器不应包括在正序网络中;所有同步发电机都是网络中的正序电源,其电势为正序电势;综合负荷一般用恒定电抗表示;在故障点引入代替不对称条件的正序电压分量。

根据上述方法,画出正序网络如图 7-24 所示。

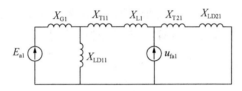

图 7-24 正序等效电路图

2. 负序网络绘制

与正序网络相同,将正序网络中的参数用负序参数代替,但所有电源的负序电势为零。因此本例题中的负序网络如图 7-25 所示。

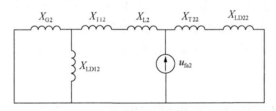

图 7-25 负序等效电路图

3. 零序网络绘制

由于发电机零序电势为零,短路点的零序电势就成为零序电流的唯一来源。因此作零序网络可以从短路点开始,观测在此电势作用下零序电流可能流通的途径。凡是有零序电流流通的元件均应列入零序网络中。

从短路点出发,只有当向着短路点一侧的变压器绕组为 Y0 接法时才可能有零序电流流通,而真正要使零序电流形成通路,还取决于变压器另一侧的接法。对于另一侧绕组也是 Y0 接法的,零序电流可以通向外电路;若另一侧为△接法,零序电流只能在绕组内形成环流而不能流向外电路。因此本例题中的负序网络如图 7-26 所示。

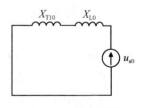

图 7-26 零序等效电路图

案例分析与仿真练习

（七）500 kV 高压直流输电系统的建模与仿真分析(综合设计类)

任务一:知识点巩固

1. 高压直流输电系统的构成有哪些?

2. 高压直流输电技术的优点和局限性是什么?

3. 高压直流输电系统应用场合和发展前景如何?

任务二:仿真实践与练习

1. 通过查阅相关文献资料,了解柔性输电技术的发展、结构和运行原理;完成简单 500 kV 高压直流输电系统仿真模型的搭建及模块相关参数计算。

2. 搭建晶闸管控制串联电容器(TCSC)补偿的柔性输电系统模型并进行参数仿真和分析。

3. 对运行结果进行数据分析,并与理论计算结果进行对比得出相关结论。

习题

7-1　电力系统的常见故障有哪些?其中哪些为不对称故障?不对称故障的特点有哪些?

7-2　什么是对称分量法?试推导出对称分量法的变换公式。

7-3　同步发电机的负荷和零序电抗的定义是什么?

7-4　试画出双绕组变压器的正序、负序和 YN, d 连接时的零序等值电路,并计算零序等值电抗。

7-5　画出大型电动机端发生不对称短路时的各序等效电路,并进行参数计算和说明。

7-6　电力线路的正序电抗、负序电抗和零序电抗如何计算,三者有什么关系。

7-7　在电力系统图 7-27 中 k 点发生了两相接地短路,试绘制其原始的零序网络图。

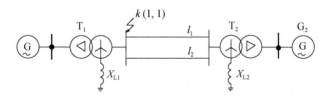

图 7-27　题 7-7 图

7-8　在电力系统图 7-28 中, k_1、k_2 点在不同时刻发生了接地性不对称短路,试分别作出其原始零序网络图。

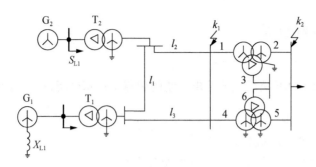

图 7-28　题 7-8 图

7-9　在电力系统(图 7-29)中,当电力线路中 k 点发生了接地性不对称短路时,试作出下列情况的原始零序网络图:(1)不计两回路间的互感影响;(2)计及两回路间的互感影响。

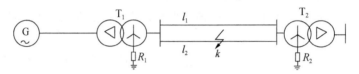

图 7-29　习题 7-9 图

科技新名词——电力系统储能

电力系统储能,指将电能转化为其他形式的能量存储起来,以备需要时再转化为电能的技术和装备。如果把电力比作"工业粮食",光伏、风电比作"生产机",特高压电网比作"大运河",那么储能就相当于"大粮仓"。

电力系统是一个超大规模的非线性时变能量平衡系统,电能以光速传播,发电、输电、用电瞬时完成,而且要时刻保持平衡。传统电力系统采取的生产组织模式是"源随荷动",即发电跟着用电走。根据日常经验的积累、大数据的分析、天气预报和节假日及不同季节负荷特性,对第二天用电趋势进行比较准确的预测,并在实际运行过程中滚动调节,实现电力系统安全可靠运行。

在新能源占比高的电力系统中,集中式的风电、光伏大规模接入,发电侧的新能源随机性、波动性影响巨大,可能"天热无风",可能"云来无光",发电出力无法按需控制。储能可平滑出力波动,促进新能源消纳。在能源转型的大趋势下,储能的作用日益凸显。将来,新型电力系统的规划建设需要建立多层次的、集中式与分布式并举的、调频调峰与削峰填谷高渗透的储能系统。

传统储能技术以抽水蓄能及电化学储能为主,随着工艺技术的进步和国家对储能的重视,多种新型储能技术已在电力系统的各个环节有所运用。

构建以新能源为主体的新型电力系统,是实现碳达峰、碳中和最主要举措之一,储能肩负重任。国网能源研究院预计,中国新型储能(抽水蓄能之外的各类储能的统称)在 2030 年之后会迎来快速增长,2060 年装机规模将达 4.2 亿 kW 左右。

第**8**章

电力系统不对称故障分析

电力系统短路故障可分为对称短路和不对称短路。三相短路为对称短路,短路电流交流分量的三相是对称的,电路短路稳定后,三相短路电流幅值相等,相位互差 $120°$,因此对称三相系统的三相短路可只分析一相,然后根据对称关系可得出其余两相短路电流。

单相接地短路、两相短路、两相接地短路以及单相断线、两相断线均为不对称故障,当系统发生不对称故障时,电路中三相阻抗不同,三相对地电压、三相短路电流有效值不相等,相与相间的相位差也不相等。对此,不能只分析一相,通常将不对称的电压和电流等不对称量分别进行计算,最后再将计算结果按照一定规则组合起来,得到最终的短路电流分析结果,这种分析方法称为对称分量法。

8.1 简单不对称短路的分析与计算

电力系统中发生不对称短路时,无论是单相接地短路、两相短路还是两相接地短路,都只是在短路点出现系统结构的不对称,而其他部分三相仍旧是对称的。

根据对称分量法列 a 相各序电压方程式为

$$\begin{cases} \dot{U}_{a1} = \dot{U}_{k(0)} - Z_{kk1}\dot{I}_{a1} \\ \dot{U}_{a2} = 0 - Z_{kk2}\dot{I}_{a2} \\ \dot{U}_{a0} = 0 - Z_{kk0}\dot{I}_{a0} \end{cases} \tag{8-1}$$

式中,Z_{kk1}、Z_{kk2} 和 Z_{kk0} 分别为正序、负序和零序等值阻抗。上述方程式包含了六个未知量,必须根据不对称短路的具体边界条件列出另外三个方程才能求解。

8.1.1 单相接地短路

如图 8-1 所示为单相接地短路时短路点故障部分电路图,与短路点相连的电力系统其他部分省略。在短路点 k,a 相经阻抗 Z_f 接地,b、c 两相未发生故障。

此时单相接地短路的边界条件为

$$\begin{cases} \dot{I}_b = \dot{I}_c = 0 \\ \dot{U}_a = Z_f\dot{I}_a \end{cases} \tag{8-2}$$

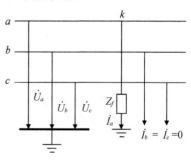

图 8-1 单相接地短路

用对称分量法表示为：

$$\begin{cases}\dot{I}_{a1}=\dot{I}_{a2}=\dot{I}_{a0}=\dfrac{1}{3}\dot{I}_a \\[2mm] \dot{U}_a=\dot{U}_{a1}+\dot{U}_{a2}+\dot{U}_{a0}=Z_f\dot{I}_a=3Z_f\dot{I}_{a1}\end{cases} \tag{8-3}$$

根据公式(8-3)列出的边界条件作出此时的复合序网络图，如图 8-2 所示。

根据图 8-2 直接求出各序电流为

$$\dot{I}_{a1}=\dot{I}_{a2}=\dot{I}_{a0}=\frac{\dot{U}_{a0}}{Z_{kk1}+Z_{kk2}+Z_{kk0}+3Z_f} \tag{8-4}$$

各序电压为

$$\begin{cases}\dot{U}_{a1}=\dot{U}_{a(0)}-Z_{kk1}\dot{I}_{a1}=(Z_{kk2}+Z_{kk0}+3Z_f)\dot{I}_{a1} \\[2mm] \dot{U}_{a2}=0-Z_{kk2}\dot{I}_{a1} \\[2mm] \dot{U}_{a0}=0-Z_{kk0}\dot{I}_{a1}\end{cases} \tag{8-5}$$

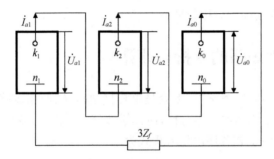

图 8-2　单相接地短路的复合序网络图

由对称分量法公式求得短路点三相不对称电流，其中短路点故障相的电流等于正序电流的 3 倍，由于它们相位相同，因而绝对值大小也是三倍关系。

$$\begin{cases}\dot{I}_a=3\dot{I}_{a1} \\[2mm] I_a=3I_{a1}\end{cases} \tag{8-6}$$

而非故障相电流为零，即 $\dot{I}_b=\dot{I}_c=0$。

由此求出短路点的三相电压为

$$\begin{cases}\dot{U}_a=3Z_f\dot{I}_{a1} \\[2mm] \dot{U}_b=a^2\dot{U}_{a1}+a\dot{U}_{a2}+\dot{U}_{a0} \\[2mm] \dot{U}_c=a\dot{U}_{a1}+a^2\dot{U}_{a2}+\dot{U}_{a0}\end{cases} \tag{8-7}$$

若 a 相直接接地,则 $Z_f = 0$。各序电流为(设各序阻抗为纯电抗):

$$\dot{I}_{a1} = \dot{I}_{a2} = \dot{I}_{a0} = \frac{\dot{U}_{a0}}{\mathrm{j}(Z_{kk1} + Z_{kk2} + Z_{kk0})} \tag{8-8}$$

各序电压为:

$$\begin{cases} \dot{U}_{a1} = \dot{U}_{a(0)} - \mathrm{j}X_{kk1}\dot{I}_{a1} = \mathrm{j}(X_{kk2} + X_{kk0})\dot{I}_{a1} \\ \dot{U}_{a2} = -\mathrm{j}X_{kk2}\dot{I}_{a1} \\ \dot{U}_{a0} = -\mathrm{j}X_{kk0}\dot{I}_{a1} \end{cases} \tag{8-9}$$

短路点三相电压为:

$$\begin{cases} \dot{U}_a = \dot{U}_{a1} + \dot{U}_{a2} + \dot{U}_{a0} = 0 \\ \dot{U}_b = a^2\dot{U}_{a1} + a\dot{U}_{a2} + \dot{U}_{a0} = \mathrm{j}\left[(a^2-a)X_{kk2} + (a^2-1)X_{kk0}\right]\dot{I}_{a1} \\ \quad = \frac{\sqrt{3}}{2}\left[(2X_{kk2} + X_{kk0}) - \mathrm{j}\sqrt{3}X_{kk0}\right]\dot{I}_{a1} \\ \dot{U}_c = a\dot{U}_{a1} + a^2\dot{U}_{a2} + \dot{U}_{a0} = \mathrm{j}\left[(a-a^2)X_{kk2} + (a-1)X_{kk0}\right]\dot{I}_{a1} \\ \quad = \frac{\sqrt{3}}{2}\left[(-2X_{kk2} + X_{kk0}) - \mathrm{j}\sqrt{3}X_{kk0}\right]\dot{I}_{a1} \end{cases} \tag{8-10}$$

选取正序电流 $\dot{I}_{a1}$ 作为参考相量,可以作出短路点的电流和电压相量图,如图 8-3 所示。图中 $\dot{I}_{a0}$、$\dot{I}_{a2}$ 都与 $\dot{I}_{a1}$ 同方向,且大小相等,$\dot{U}_{a1}$ 比 $\dot{I}_{a1}$ 超前 90°,而 $\dot{U}_{a2}$ 和 $\dot{U}_{a0}$ 都要比 $\dot{I}_{a1}$ 落后 90°。

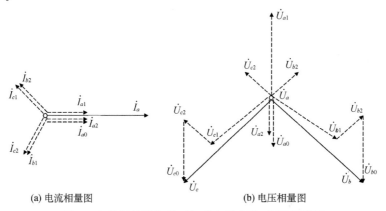

(a) 电流相量图　　　　　　　(b) 电压相量图

图 8-3　单相接地短路时短路点的电流、电压相量图

8.1.2　两相短路

如图 8-4 所示为两相短路时短路点故障部分电路图,与短路点相连的电力系统其他

部分省略。在短路点 k，b、c 两相经阻抗 Z_f 短接，a 相未发生故障。

此时边界条件为：

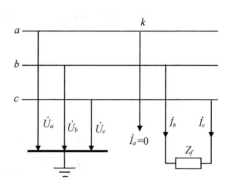

$$\begin{cases} \dot{I}_a = 0 \\ \dot{I}_b = -\dot{I}_c \\ \dot{U}_b - \dot{U}_c = Z_f \dot{I}_b \end{cases} \qquad (8\text{-}11)$$

用对称分量法得出，两相短路时，短路点故障电流中没有零序分量，而正序分量和负序分量大小相等但方向相反，即：

图 8-4　两相短路电路图

$$\begin{cases} \dot{I}_{a0} = 0 \\ \dot{I}_{a1} = -\dot{I}_{a2} = \dfrac{\mathrm{j}\dot{I}_b}{\sqrt{3}} \\ \dot{U}_{a1} - \dot{U}_{a2} = Z_f \dot{I}_{a1} \end{cases} \qquad (8\text{-}12)$$

根据公式(8-12)得出复合序网络图如图 8-5 所示。由复合序网络图得出正、负序电流为：

$$\dot{I}_{a1} = -\dot{I}_{a2} = \frac{\dot{U}_{a(0)}}{Z_{kk1} + Z_{kk2} + Z_f} \qquad (8\text{-}13)$$

将公式(8-13)代入到公式(8-1)中可得，正负序电压为

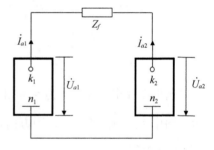

$$\begin{cases} \dot{U}_{a1} = (Z_{kk2} + Z_f)\dot{I}_{a1} \\ \dot{U}_{a2} = Z_{kk2}\dot{I}_{a1} \end{cases} \qquad (8\text{-}14)$$

图 8-5　两相短路的复合序网络图

短路点故障电流为：

$$\begin{bmatrix} \dot{I}_a \\ \dot{I}_b \\ \dot{I}_c \end{bmatrix} = \begin{bmatrix} 1 & 1 & 1 \\ a^2 & a & 1 \\ a & a^2 & 1 \end{bmatrix} \begin{bmatrix} \dot{I}_{a1} \\ -\dot{I}_{a1} \\ 0 \end{bmatrix} = \mathrm{j}\sqrt{3}\,\dot{I}_{a1} \begin{bmatrix} 0 \\ -1 \\ 1 \end{bmatrix} \qquad (8\text{-}15)$$

短路点三相电压为：

$$\begin{cases} \dot{U}_a = \dot{U}_{a1} + \dot{U}_{a2} + \dot{U}_{a0} = (2Z_{kk2} + Z_f)\dot{I}_{a1} \\ \dot{U}_b = a^2\dot{U}_{a1} + a\dot{U}_{a2} + \dot{U}_{a0} = (a^2 Z_f - Z_{kk2})\dot{I}_{a1} \\ \dot{U}_c = a\dot{U}_{a1} + a^2\dot{U}_{a2} + \dot{U}_{a0} = (a Z_f - Z_{kk2})\dot{I}_{a1} \end{cases} \qquad (8\text{-}16)$$

若在短路点 b、c 两相直接接地，则 $Z_f = 0$，各序电流为(设各序阻抗为纯电抗)：

$$\begin{cases} \dot{I}_{a0} = 0 \\ \dot{I}_{a1} = -\dot{I}_{a2} = \dfrac{\dot{U}_{a(0)}}{\mathrm{j}(X_{kk1} + X_{kk2})} \end{cases} \tag{8-17}$$

正负序电压为:

$$\dot{U}_{a1} = \dot{U}_{a2} = \mathrm{j}X_{kk2}\dot{I}_{a1} \tag{8-18}$$

各相电压为:

$$\begin{cases} \dot{U}_a = \dot{U}_{a1} + \dot{U}_{a2} + \dot{U}_{a0} = 2\dot{U}_{a1} = \mathrm{j}2X_{kk2}\dot{I}_{a1} \\ \dot{U}_b = a^2\dot{U}_{a1} + a\dot{U}_{a2} + \dot{U}_{a0} = -\dot{U}_{a1} = \dfrac{1}{2}\dot{U}_a \\ \dot{U}_c = \dot{U}_b = -\dot{U}_{a1} = \dfrac{1}{2}\dot{U}_a \end{cases} \tag{8-19}$$

选取正序电流 $\dot{I}_{a1}$ 作为参考相量,负序电流与它的方向相反,正序电压与负序电压相等,都比 $\dot{I}_{a1}$ 超前 $90°$,从而作出其电压、电流相量图,如图 8-6 所示。

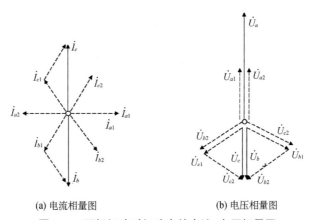

| (a) 电流相量图 | (b) 电压相量图 |

图 8-6　两相短路时短路点的电流、电压相量图

8.1.3　两相接地短路

如图 8-7 所示为两相接地短路时故障部分电路图,与短路点相连的电力系统其他部分省略。在短路点 k,b、c 两相经阻抗 Z_f 短接,并共同经接地阻抗 Z_g 接地,a 相未发生故障。

两相接地短路的边界条件为:

$$\begin{cases} \dot{I}_{a0} = 0 \\ \dot{U}_b = \dot{I}_b Z_f + (\dot{I}_b + \dot{I}_c)Z_g \\ \dot{U}_c = \dot{I}_c Z_f + (\dot{I}_b + \dot{I}_c)Z_g \end{cases} \tag{8-20}$$

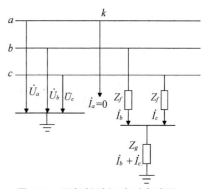

图 8-7　两相接地短路时电路图

用对称分量法分析可由式(8-21)表示,由此可见短路点 a 相三个序分量电流之和为零。

$$\begin{cases} \dot{I}_a = \dot{I}_{a1} + \dot{I}_{a2} + \dot{I}_{a0} = 0 \\ \dot{U}_{a0} - Z_f \dot{I}_{a0} - 3Z_g \dot{I}_{a0} = \dot{U}_{a1} - Z_f \dot{I}_{a1} = \dot{U}_{a2} - Z_f \dot{I}_{a2} \end{cases} \tag{8-21}$$

由此得出其复合序网络图,如图8-8所示。

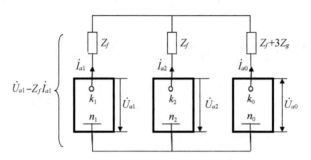

图 8-8　两相接地短路的复合序网络图

得出各序电流为:

$$\dot{I}_{a1} = \frac{\dot{U}_{a(0)}}{(Z_{kk1} + Z_f) + \dfrac{(Z_{kk2} + Z_f)(Z_{kk0} + Z_f + 3Z_g)}{(Z_{kk2} + Z_f) + (Z_{kk0} + Z_f + 3Z_g)}} \tag{8-22}$$

$$\dot{I}_{a2} = -\frac{Z_{kk0} + Z_f + 3Z_g}{(Z_{kk2} + Z_f) + (Z_{kk0} + Z_f + 3Z_g)} \dot{I}_{a1} \tag{8-23}$$

$$\dot{I}_{a0} = -\frac{Z_{kk2} + Z_f}{(Z_{kk2} + Z_f) + (Z_{kk0} + Z_f + 3Z_g)} \dot{I}_{a1} \tag{8-24}$$

各序电压为:

$$\begin{cases} \dot{U}_{a1} = \left[Z_f + \dfrac{(Z_{kk2} + Z_f)(Z_{kk0} + Z_f + 3Z_g)}{(Z_{kk2} + Z_f) + (Z_{kk0} + Z_f + 3Z_g)} \right] \dot{I}_{a1} \\ \dot{U}_{a2} = Z_{kk2} \dfrac{Z_{kk0} + Z_f + 3Z_g}{(Z_{kk2} + Z_f) + (Z_{kk0} + Z_f + 3Z_g)} \dot{I}_{a1} \\ \dot{U}_{a0} = Z_{kk0} \dfrac{Z_{kk2} + Z_f}{(Z_{kk2} + Z_f) + (Z_{kk0} + Z_f + 3Z_g)} \dot{I}_{a1} \end{cases} \tag{8-25}$$

用对称分量法求短路点各相电流为:

$$\begin{cases} \dot{I}_a = \dot{I}_{a1} + \dot{I}_{a2} + \dot{I}_{a0} = 0 \\ \dot{I}_b = a^2 \dot{I}_{a1} + a \dot{I}_{a2} + \dot{I}_{a0} = \left[a^2 - \dfrac{(Z_{kk2} + Z_f) + a(Z_{kk0} + Z_f + 3Z_g)}{(Z_{kk2} + Z_f) + (Z_{kk0} + Z_f + 3Z_g)} \right] \dot{I}_{a1} \\ \dot{I}_c = a \dot{I}_{a1} + a^2 \dot{I}_{a2} + \dot{I}_{a0} = \left[a - \dfrac{(Z_{kk2} + Z_f) + a^2(Z_{kk0} + Z_f + 3Z_g)}{(Z_{kk2} + Z_f) + (Z_{kk0} + Z_f + 3Z_g)} \right] \dot{I}_{a1} \end{cases}$$

$$\tag{8-26}$$

如果在短路点 b、c 两相直接接地,则 $Z_f = Z_g = 0$,各序电流为(设各序阻抗为纯电抗):

$$\dot{I}_{a1} = \frac{\dot{U}_{a(0)}}{\mathrm{j}\left(X_{kk1} + \dfrac{X_{kk2} X_{kk0}}{X_{kk2} + X_{kk0}}\right)} \tag{8-27}$$

$$\dot{I}_{a2} = -\frac{X_{kk0}}{X_{kk2} + X_{kk0}} \dot{I}_{a1} \tag{8-28}$$

$$\dot{I}_{a0} = -\frac{X_{kk2}}{X_{kk2} + X_{kk0}} \dot{I}_{a1} \tag{8-29}$$

得出各序电压为:

$$\dot{U}_{a1} = \dot{U}_{a2} = \dot{U}_{a0} = \mathrm{j}\,\frac{X_{kk2} X_{kk0}}{X_{kk2} + X_{kk0}} \dot{I}_{a1} \tag{8-30}$$

$$\dot{U}_a = 3\dot{U}_{a1} = \mathrm{j}3\,\frac{X_{kk2} X_{kk0}}{X_{kk2} + X_{kk0}} \dot{I}_{a1} \tag{8-31}$$

短路点故障相的电流为:

$$\dot{I}_b = a^2 \dot{I}_{a1} + a\dot{I}_{a2} + \dot{I}_{a0} = \left[\frac{-3X_{kk2} - \mathrm{j}\sqrt{3}\,(X_{kk2} + 2X_{kk0})}{2(X_{kk2} + X_{kk0})}\right] \dot{I}_{a1} \tag{8-32}$$

$$\dot{I}_c = a\dot{I}_{a1} + a^2 \dot{I}_{a2} + \dot{I}_{a0} = \left[\frac{-3X_{kk2} + \mathrm{j}\sqrt{3}\,(X_{kk2} + 2X_{kk0})}{2(X_{kk2} + X_{kk0})}\right] \dot{I}_{a1} \tag{8-33}$$

取 $\dot{I}_{a1}$ 作参考相量,可以作出该种情况下短路点的电流和电压相量图,如图 8-9 所示。

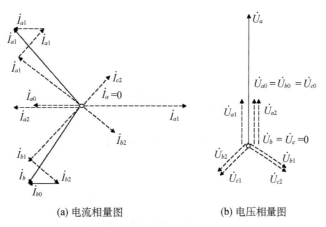

(a) 电流相量图　　　　(b) 电压相量图

图 8-9　两相接地短路时短路点的电流、电压相量图

8.1.4　正序等效定则

根据分析,以上三种简单不对称短路时短路电流正序分量的通式为:

$$\dot{I}_{a1}^{(n)} = \frac{\dot{U}_{a(0)}}{Z_{kk1} + Z_{su}^{(n)}} \tag{8-34}$$

式中，$Z_{su}^{(n)}$ 称为附加阻抗，它与 Z_{kk0}、Z_{kk2} 有关，上角的"n"代表短路类型的符号，发生各种短路时具体附加阻抗值如表 8-1 所示。

表 8-1　各种类型短路时附加阻抗 $Z_{su}^{(n)}$ 值

代表符号	短路种类	直接短接 $Z_{su}^{(n)}$	经阻抗短接 $Z_{su}^{(n)}$
$K^{(1)}$	单相接地短路	$Z_{kk2} + Z_{kk0}$	$Z_{kk2} + Z_{kk0} + Z_f$
$K^{(2)}$	两相短路	Z_{kk2}	$Z_{kk2} + Z_f$
$K^{(1,1)}$	两相接地短路	$\dfrac{Z_{kk2} Z_{kk0}}{Z_{kk2} + Z_{kk0}}$	$Z_f + \dfrac{(Z_{kk2} + Z_f)(Z_{kk0} + Z_f + 3Z_g)}{(Z_{kk2} + Z_f) + (Z_{kk0} + Z_f + 3Z_g)}$
$K^{(3)}$	三相短路	0	Z_f

正序等效定则：在简单不对称短路的情况下，短路点电流的正序分量与在短路点后每一相中加入附加阻抗 $Z_{su}^{(n)}$ 而发生三相短路的电流相等。

此外，故障相短路点短路电流的绝对值与它的正序分量的绝对值成正比，即：

$$\dot{I}_k^{(n)} = m^{(n)} I_{a1} \tag{8-35}$$

式中，$m^{(n)}$ 是比例系数，其值因短路的种类不同而异，具体值可参考表 8-2 所示。

表 8-2　各种类型短路的 $m^{(n)}$ 值

代表符号	短路种类	直接短接 $m^{(n)}$	经阻抗短接 $m^{(n)}$
$K^{(1)}$	单相接地短路	3	3
$K^{(2)}$	两相短路	$\sqrt{3}$	$\sqrt{3}$
$K^{(1,1)}$	两相接地短路	$\sqrt{3}\sqrt{1 - \dfrac{X_{kk2} X_{kk0}}{(X_{kk2} + X_{kk0})}}$	略
$K^{(3)}$	三相短路	1	1

运用正序等效定则计算不对称短路的基本步骤如下：

（1）计算出电力系统元件各序参数；

（2）计算正常运行情况下，各电源的次暂态电动势 $\dot{E}''$ 或短路点断路前瞬间正常工作电压 $\dot{U}_{a(0)}$（或称短路点的开路电压）。但如果采取近似计算，则 $\dot{U}_{a(0)}$ 的标幺值取为 1。

（3）绘制不对称短路时的正序、负序、零序等值网络，从而求出 Z_{kk1}、Z_{kk2}、Z_{kk0}，以及附加阻抗 $Z_{su}^{(n)}$ 的值。

（4）将 $Z_{su}^{(n)}$ 串联在正序网络的短路点之后，然后用公式（8-34）计算 $Z_{su}^{(n)}$ 后发生的三相短路电流，即不对称短路时短路点的正序电流 $\dot{I}_{a1}$。

（5）根据各序电流间的关系求取负序和零序电流 $\dot{I}_{a2}$、$\dot{I}_{a0}$。然后计算出各序电压 $\dot{U}_{a1}$、$\dot{U}_{a2}$ 和 $\dot{U}_{a0}$。

（6）用对称分量法将短路点各序电流、各序电压变换为短路点的不对称三相电流和三相电压。也可以用公式(8-35)来求取短路点故障电流的绝对值。

【例 8-1】 如图 8-10 所示，计算 K 点发生不对称短路时的短路电流。其中发电机参数：$S_N = 60$ MVA，$U_N = 10.5$ kV，$X_1 = 0.9$，$X_2 = 0.45$，$E_1 = 1.67$；变压器 T_1 参数：$S_N = 60$ MVA，$U_S\% = 10.5$，$k = 10.5/115$；变压器 T_2 参数：$S_N = 60$ MVA，$U_S\% = 10.5$，$k = 115/6.3$；线路参数（每回）：$L = 105$ km，$x_1 = 0.4$ Ω/km，$x_0 = 3x_1$；负荷 S_{LD} 参数：$S_N = 40$ MVA，$X_1 = 1.2$，$X_2 = 0.35$。

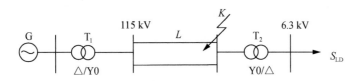

图 8-10 例 8-1 电力系统结构示意图

解：1. 计算各元件电抗标幺值

取 $S_B = 120$ MVA，$U_B = U_{av}$（忽略负荷时），画出系统的各序网络图如图 8-11 所示。

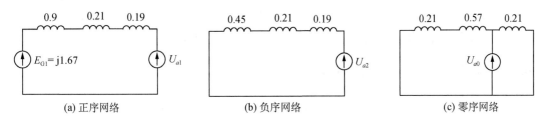

图 8-11 各序等效电路图

正序网络：$x_1 = 0.9 \times 120/120 = 0.9$，$x_2 = 0.21$，$x_3 = \dfrac{1}{2} \times 0.4 \times 105 \times \dfrac{120}{115^2} = 0.19$

负序网络：$x_1 = 0.45$，$x_2 = 0.21$，$x_3 = \dfrac{1}{2} \times 0.4 \times 105 \times \dfrac{120}{115^2} = 0.19$

零序网络：$x_2 = 0.21$，$x_3 = 0.57$，$x_4 = 0.21$

2. 求各序网络对短路点的组合电抗

$$x_{1\sum} = 0.9 + 0.21 + 0.19 = 1.3$$
$$x_{2\sum} = 0.85$$
$$x_{0\sum} = (0.21 + 0.57) \ /\!/ \ 0.21 = 0.165$$

3. 计算各种不对称短路的短路电流

单相接地短路：$I_{a1}^{(1)} = \dfrac{E_{1\Sigma}}{(x_{1\Sigma} + x_{2\Sigma} + x_{0\Sigma})} I_B = \dfrac{1.67}{1.3 + 0.85 + 0.165} \times \dfrac{120}{115 \times \sqrt{3}}$

$\qquad\qquad\qquad = 0.43 (\text{kA})$

$\qquad\qquad I_f^{(1)} = 3I_{a1}^{(1)} = 1.29 (\text{kA})$

两相短路：$I_{a1}^{(2)} = \dfrac{E_{1\Sigma}}{(x_{1\Sigma} + x_{2\Sigma})} I_B = \dfrac{1.67}{1.3 + 0.85} \times \dfrac{120}{115 \times \sqrt{3}} = 0.47 (\text{kA})$

$\qquad\qquad I_f^{(2)} = \sqrt{3}\, I_{a1}^{(2)} = 0.81 (\text{kA})$

两相接地短路：$I_{a1}^{(1,1)} = \dfrac{E_{1\Sigma}}{(x_{1\Sigma} + x_{2\Sigma} /\!/ x_{0\Sigma})} I_B = 0.68 (\text{kA})$

$\qquad\qquad I_f^{(1,1)} = \sqrt{3}\, \sqrt{1 - \dfrac{x_{2\Sigma} x_{0\Sigma}}{(x_{2\Sigma} + x_{0\Sigma})^2}}\, I_{a1}^{(1,1)} = 1.1 (\text{kA})$

8.2 简单不对称短路时非故障处的电压和电流计算

前面介绍了短路处短路电流的求法，当电路出现不对称短路时，除了要知道故障点的短路电流外，往往还要知道网络中各节点的电压和其他支路的电流。非故障处短路电流电压的序分量可在各序网络中用电路求解的方法得到。要注意的是电流、电压的各序对称分量经变压器后，相位可能发生移动，取决于变压器绕组连接方式。

8.2.1 计算序电压和序电流的分布

通过复合序网求得从故障点流出的 $\dot{I}_{k1}$、$\dot{I}_{k2}$、$\dot{I}_{k0}$ 后，可以进而计算各序网中任一处的各序电流、电压。求取支路电流的方法和步骤：

（1）对于正序网络，将其分解为正常情况和故障分量两部分。在近似计算中，正常运行情况作为空载运行。故障分量计算较简单，由 $\dot{I}_{k1}$ 可求得网络各节点电压及电流分布。

（2）对于负序和零序网络，也可通过故障点节点电流求得网络中任一节点电压和任一支路电流。

（3）用对称分量法将某一支路各序电流合成该支路三相电流，将某一节点各序电压合成该节点三相电压。

图 8-12 给出了某一简单网络在发生各种不对称短路时各序电压的分布情况，由图可以看出，电源点的正序电压最高，越靠近电路故障点，正序电压越低，直到在短路点正序电压等于短路点的正序电压。负序和零序电压则在短路点最高，电源点的负序电压为 0，而零序电压则根据变压器的连接方式而定。

在求出特殊相的序电压后，就可以按照各序电压的特点，求出另两相的各序对称分量，但在变压器联系的两段电路中，正序、负序电压对称分量经变压器后相位上还可能发生变化。

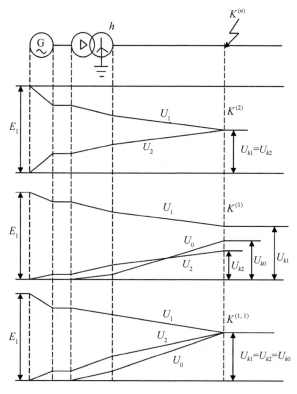

图 8-12　不对称短路时各序电压分布 ($Z_f = Z_g = 0$)

8.2.2　序电压和序电流经变压器后的相位变换

（1）电压、电流对称分量经 Y，yn0、YN，yn0 和 D，d0 接线的变压器的变换

对于这种接线的变压器，其复数变比 K 相等，即：

$$\dot{K}_2^1 = \frac{\dot{U}_{AB1}}{\dot{U}_{ab1}} = \frac{\dot{U}_{AB2}}{\dot{U}_{ab2}} = K\,e^{\pm j30°\times 0} = K \tag{8-36}$$

两侧正序、负序电压对称分量相位相同，其大小由变比 K 确定，而两侧正序、负序电流对称分量相位也相同，其大小也由变比 K 确定。

$$\frac{\dot{I}_{A1}}{\dot{I}_{a1}} = \frac{\dot{I}_{A2}}{\dot{I}_{a2}} = \frac{1}{K} \tag{8-37}$$

（2）电压、电流对称分量经 YN，d11（Y，d11）接线的变压器的变换

对于 YN，d11 接线的变压器，其两侧正序电压的相位关系如图 8-13 所示。

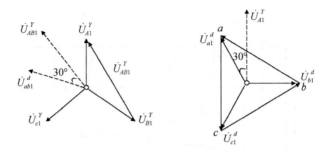

图 8-13　YN，d11 变压器两侧正序电压的相位关系

两侧负序电压的相位关系如图 8-14 所示。

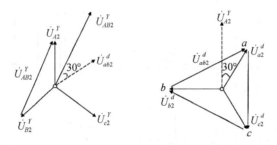

图 8-14　YN，d11 变压器两侧负序电压的相位关系

两侧正序电流的相位关系如图 8-15 所示。

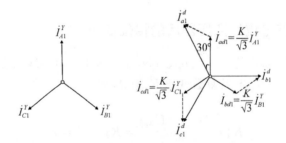

图 8-15　YN，d11 变压器两侧正序电流的相位关系

两侧负序电流的相位关系如图 8-16 所示。

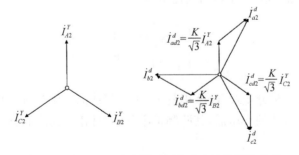

图 8-16　YN，d11 变压器两侧负序电流的相位关系

由上述可知,经过 Y, d11 接法的变压器由 Y 侧到△侧时,正序系统逆时针转过 30°,负序系统顺时针转过 30°。反之,由△侧到 Y 侧时,正序系统顺时针转过 30°,负序系统逆时针转过 30°。

8.3　电力系统非全相运行的分析

电力系统非全相运行包括单相断线和两相断线,如图 8-17 所示。非全相运行时,系统的结构只在断口处出现了纵向三相不对称,其他部分的结构仍然是对称的,故也称为纵向不对称故障。电力系统的短路通常称为横向故障。由短路点和零电位点组成故障端口。非全相运行会给系统带来很多不利的影响,例如:

(1) 三相电流不平衡可能使发电机、变压器个别绕组电流较大,造成过热现象。

(2) 三相电流不平衡产生的负序电流使发电机定子绕组产生负序旋转磁场,在转子绕组中感应出 100 Hz 的交流电流,引起附加损耗;并与转子绕组产生的磁场相互作用,引起机组振动。

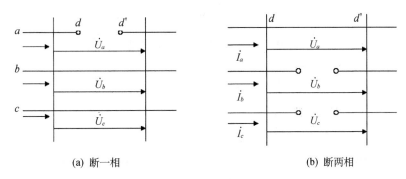

(a) 断一相　　　　　　　　　　(b) 断两相

图 8-17　电力系统非全相运行

与不对称短路时一样,可以列出各序等值网络的序电压方程式为:

$$\begin{cases} \dot{U}_{a1} = \dot{U}_{a(0)} - Z_{dd'1}\dot{I}_{a1} \\ \dot{U}_{a2} = 0 - Z_{dd'2}\dot{I}_{a2} \\ \dot{U}_{a0} = 0 - Z_{dd'0}\dot{I}_{a0} \end{cases} \tag{8-38}$$

式中,$\dot{U}_{a(0)}$ 是故障口 dd' 的 a 相开路电压,$Z_{dd'1}$、$Z_{dd'2}$、$Z_{dd'0}$ 分别为正序、负序和零序网络从故障端口 dd' 看进去的等值电阻。

上述方程式包含了六个未知量,必须根据非全相运行的具体边界条件列出另外三个方程才能求解。

8.3.1　单相断线故障

取 a 相为断开相,则故障处的边界条件为:

$$\begin{cases} \dot{I}_a = 0 \\ \dot{U}_b = \dot{U}_c = 0 \end{cases} \tag{8-39}$$

用对称分量表示为：

$$\begin{cases} \dot{I}_{a1} + \dot{I}_{a2} + \dot{I}_{a0} = 0 \\ \dot{U}_{a1} = \dot{U}_{a2} = \dot{U}_{a0} \end{cases} \tag{8-40}$$

由此得出单相断线复合序网如图 8-18 所示。

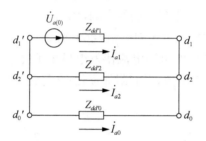

图 8-18　单相断线时复合序网

由此可得出 a 相的各序电流表达式：

$$\begin{cases} \dot{I}_{a1} = \dfrac{\dot{U}_{a(0)}}{Z_{dd'1} + \dfrac{Z_{dd'2}Z_{dd'0}}{Z_{dd'2} + Z_{dd'0}}} \\ \dot{I}_{a2} = -\dfrac{Z_{dd'0}}{Z_{dd'2} + Z_{dd'0}} \dot{I}_{a1} \\ \dot{I}_{a0} = -\dfrac{Z_{dd'2}}{Z_{dd'2} + Z_{dd'0}} \dot{I}_{a1} \end{cases} \tag{8-41}$$

非故障相电流表达式：

$$\begin{cases} \dot{I}_b = \left(a^2 - \dfrac{Z_{dd'2} + aZ_{dd'0}}{Z_{dd'2} + Z_{dd'0}} \right) \dot{I}_{a1} \\ \quad = \dfrac{-3Z_{dd'2} + \mathrm{j}\sqrt{3}(Z_{dd'2} + 2Z_{dd'0})}{2(Z_{dd'2} + Z_{dd'0})} \dot{I}_{a1} \\ \dot{I}_c = \left(a - \dfrac{Z_{dd'2} + a^2 Z_{dd'0}}{Z_{dd'2} + Z_{dd'0}} \right) \dot{I}_{a1} \\ \quad = \dfrac{-3Z_{dd'2} + \mathrm{j}\sqrt{3}(Z_{dd'2} + 2Z_{dd'0})}{2(Z_{dd'2} + Z_{dd'0})} \dot{I}_{a1} \end{cases} \tag{8-42}$$

故障相的断口电压为：

$$\dot{U}_a = 3\dot{U}_{a1} = 3\,\frac{Z_{dd'2}Z_{dd'0}}{Z_{dd'2} + Z_{dd'0}}\,\dot{I}_{a1} \qquad (8\text{-}43)$$

8.3.2　两相断线故障

取 b、c 两相断开,则故障处的边界条件为:

$$\begin{cases} \dot{I}_b = \dot{I}_c = 0 \\ \dot{U}_a = 0 \end{cases} \qquad (8\text{-}44)$$

对称分量法表示为:

$$\begin{cases} \dot{I}_{a1} = \dot{I}_{a2} = \dot{I}_{a0} \\ \dot{U}_{a1} + \dot{U}_{a2} + \dot{U}_{a0} = 0 \end{cases} \qquad (8\text{-}45)$$

得出两相断开时的复合序网如图 8-19 所示。

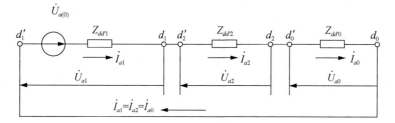

图 8-19　两相断线时复合序网

得出 a 相各序电流为:

$$\dot{I}_{a1} = \dot{I}_{a2} = \dot{I}_{a0} = \frac{\dot{U}_{a(0)}}{Z_{dd'1} + Z_{dd'2} + Z_{dd'0}} \qquad (8\text{-}46)$$

非故障相电流为:

$$\dot{I}_a = 3\dot{I}_{a1} \qquad (8\text{-}47)$$

故障相断口电压为:

$$\begin{cases} \dot{U}_b = [(a^2 - a)Z_{dd'2} + (a^2 - 1)Z_{dd'0}]\dot{I}_{a1} = \dfrac{\sqrt{3}}{2}[-\mathrm{j}(2Z_{dd'2} + Z_{dd'0}) - \sqrt{3}\,Z_{dd'0}]\dot{I}_{a1} \\[3mm] \dot{U}_c = [(a - a^2)Z_{dd'2} + (a - 1)Z_{dd'0}]\dot{I}_{a1} = \dfrac{\sqrt{3}}{2}[\mathrm{j}(2Z_{dd'2} + Z_{dd'0}) - \sqrt{3}\,Z_{dd'0}]\dot{I}_{a1} \end{cases}$$

$$(8\text{-}48)$$

根据正序等效定则,不对称短路时短路点的正序电流值等于在短路点每相接入附加阻抗而发生三相短路时的短路电流值。因此,三相短路的运算曲线可以用来确定不对称短路过程中任意时刻的正序电流。其计算步骤如下：

(1) 元件参数计算及等值网络绘制。

(2) 化简网络求各序等值电抗。

(3) 计算电流分布系数。

(4) 求出各电源的计算电抗和系统的转移电抗。

(5) 查运算曲线计算短路电流。

(6) 若要求提高计算准确度，可进行有关的修正计算。

8.4 不对称短路仿真分析案例

根据 Simulink 仿真功能搭建一个 10 kV 中性点不接地系统的仿真分析模型，设置相关参数，运行并得出运行结果。

(1) 仿真模型

如图 8-20 所示，假定该系统包括一个三相电源，内部三相绕组为 Y 形接线，母线端直接输出负荷 S_{LD3}，此外连接四段参数相同的输电电路 L_1、L_2、L_3 和 L_4，其长度分别是：130 km、175 km、1 km 和 150 km。

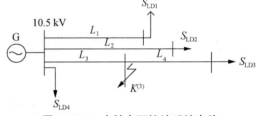

图 8-20 1 中性点不接地系统电路

系统通过线路连接四个负荷，此外每条线路的始端添加一个三相电压、电流检测模块。系统仿真模型如图 8-21 所示。

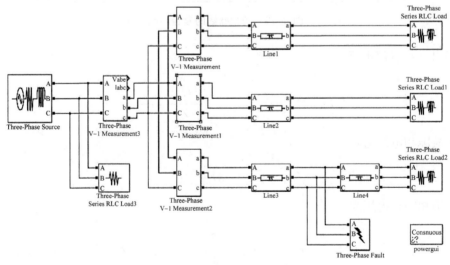

图 8-21 中性点不接地系统的仿真模型

(2) 参数分析设置

① 电源

在仿真分析模型中，电源采用"Three-Phase Source"模型，内部接线方式为 Y 形连接，其他参数如图 8-22 所示。

② 输电线路

模型中共有 4 条 10 kV 输电线路 Line1～Line4，均采用"Three-Phase PI Section Line"模型，线路的长度分别为 130 km、175 km、1 km、150 km，其他参数相同。Line1 参数设置如图 8-23 所示。

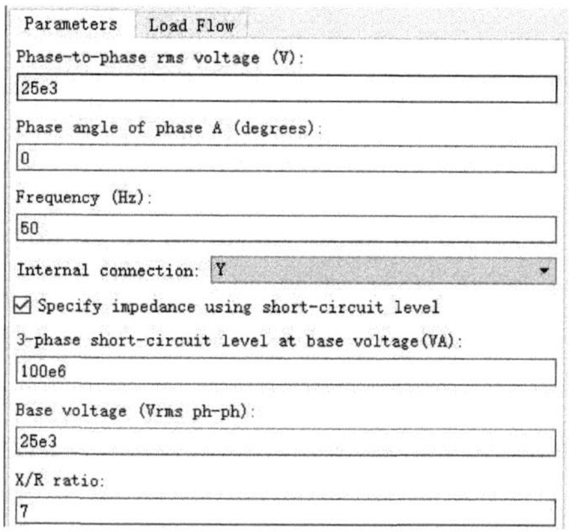

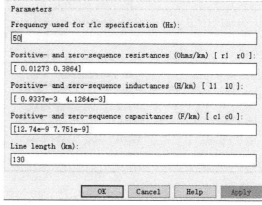

图 8-22　电源参数设置　　　　　　　　图 8-23　Line1 参数设置

需要说明的是，在实际的 10 kV 配电系统中，单回架空线路的输送容量一般在 0.2～2 MVA，输送距离的适宜范围为 6～20 km。本文的仿真模型将输电线路的长度人为加长，这样可以使仿真时的故障特征更为明显，而且不涉及很多输电线的出线路数，不影响仿真结果的正确性。

③ 线路负荷

线路负荷 Load1、Load2、Load3 均采用"Three-Phase Series RLC Load"模型，其有功负荷分别为 1 MW、0.2 MW、2 MW，其他参数相同，例如 Load1 参数设置如图 8-24 所示。

④ 三相电压电流测量模块

每一线路的始端都设三相电压电流测量模块"Three-PhaseV-I Measurement"，将测量到的电压、电流信号转变成 Simulink 信号，相当于电压、电流互感器的作用，其参数设置如图 8-25 所示。

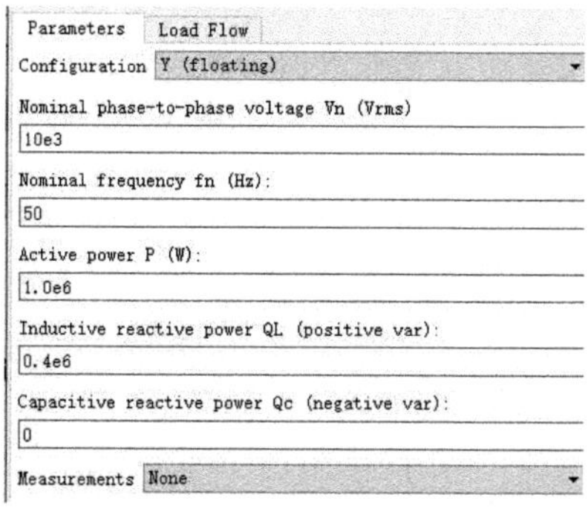

图 8-24　Load1 参数设置 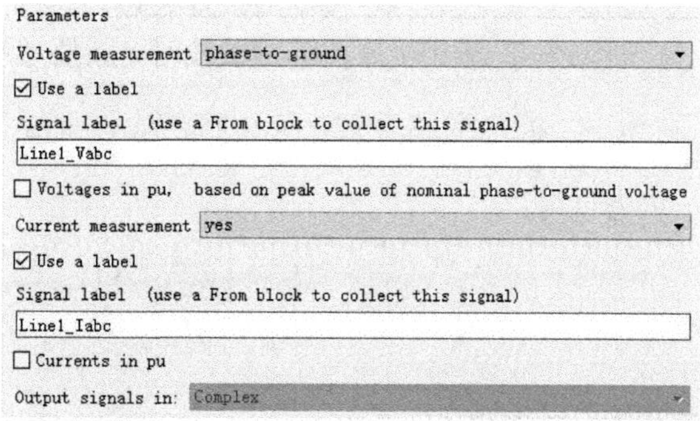　　　　　　　图 8-25　三相电压电流测量模块参数设置

⑤ 故障模块

在仿真模型中,选择在第 3 条出线的 1 km 处(即 Line3 与 Line4 之间)设置 A 相金属性单相接地,故障模块的参数设置如图 8-26 所示。

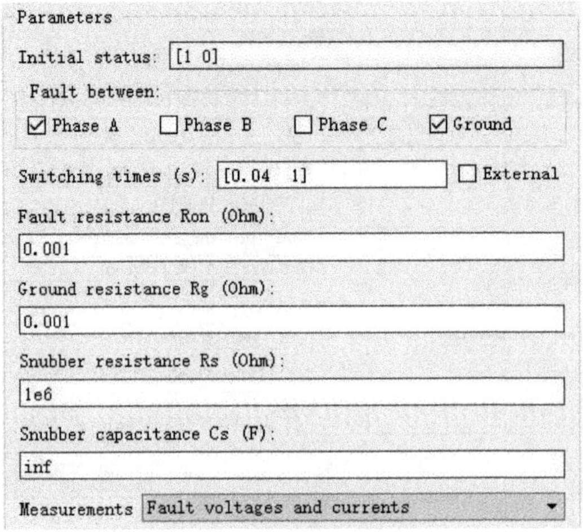

图 8-26　故障模块参数设置

⑥ 零序电压 $3U_0$、零序电流 $3I_0$、接地电流 I_D

系统的零序电压 $3U_0$ 及每条线路始端零序电流 $3I_0$ 由如图 8-27(a)所示方式得到,故障点的接地电流 I_D 则可以用如图 8-27(b)所示的万用表测量方式得到。

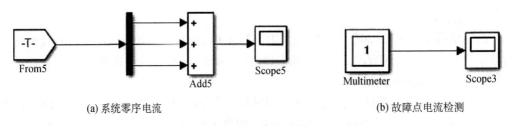

(a) 系统零序电流　　　　　　　　　　　　　(b) 故障点电流检测

图 8-27　电流检测

根据以上设置的参数,可以通过计算得到系统在第 3 条出线的 1 km 处(即 Line3 与 Line4 之间)发生 A 相金属性单相接地时各线路始端的零序电流有效值为:

$$3I_{0\mathrm{I}} = 3U_\varphi\omega C_{0\mathrm{I}} = 3\times10.5/\sqrt{3}\times10^3\times314\times7.751\times10^{-9}\times130 = 5.75(\mathrm{A})$$

同理可得:

$$3I_{0\mathrm{II}} = 7.75(\mathrm{A})$$
$$3I_{0\mathrm{III}} = 3I_{0\mathrm{I}} + 3I_{0\mathrm{II}} = 13.5(\mathrm{A})$$

接地点的电流为:

$$I_\mathrm{D} = 20.18(\mathrm{A})$$

（3）仿真结果分析

设置好参数，运行中性点不接地系统仿真模型，得到系统三相对地电压和线电压的波形，如图 8-28 至图 8-33 所示。

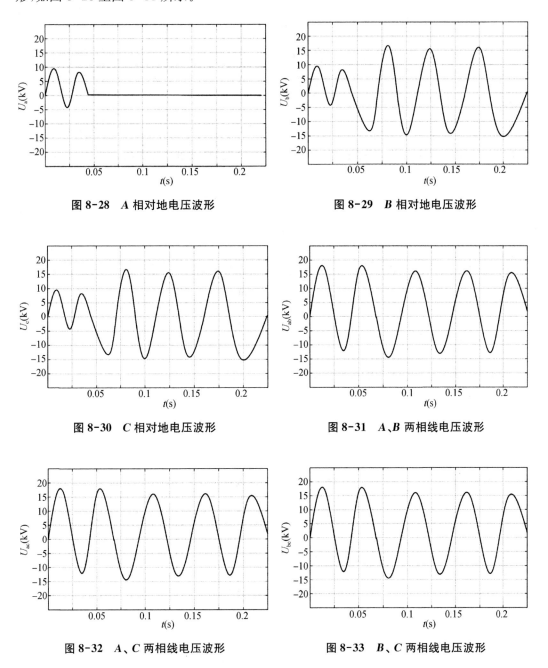

图 8-28　*A* 相对地电压波形　　　　　　　图 8-29　*B* 相对地电压波形

图 8-30　*C* 相对地电压波形　　　　　　　图 8-31　*A*、*B* 两相线电压波形

图 8-32　*A*、*C* 两相线电压波形　　　　　　图 8-33　*B*、*C* 两相线电压波形

从上图中可见，系统在 0.04 s 时发生 *A* 相金属性单相接地后，*A* 相对地电压变为零，*B*、*C* 相对地电压升高 $\sqrt{3}$ 倍，但线电压仍然保持对称，故对负荷没有影响。

系统的零序电压、每条线路始端的零序电流、故障点的接地电流 I_D 波形如图 8-34、

图 8-35、图 8-36、图 8-37 和图 8-38 所示。

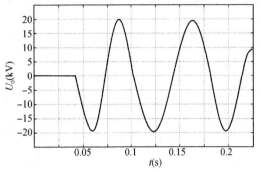

图 8-34 系统零序电压波形

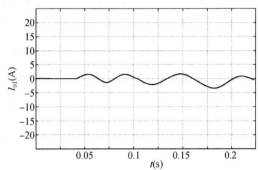

图 8-35 线路始端零序电流(线路 1)波形

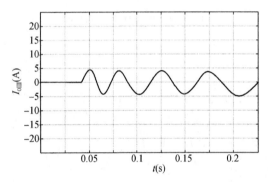

图 8-36 线路始端零序电流(线路 2)波形

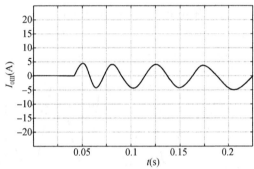

图 8-37 线路始端零序电流(线路 3)波形

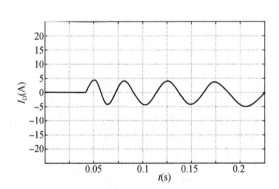

图 8-38 故障点的接地电流 I_D 波形

仿真得到的各线路始端零序电流,接地电流 I_D 的有效值为:

$$3I_{0\mathrm{I}} = 5.83\ \mathrm{A} \quad 3I_{0\mathrm{II}} = 7.99\ \mathrm{A} \quad 3I_{0\mathrm{III}} = 13.86\ \mathrm{A} \quad I_D = 20.64\ \mathrm{A}$$

与理论计算值相比,仿真结果略大,但误差不大于 3%。由此可以看出,在中性点不接地方式下,非故障线路的零序电流超前零序电压 90°(即电容电流的实际方向为由母线流向线路)。

案例分析与仿真练习

(八)中性点经消弧线圈接地系统的建模与仿真分析

任务一：知识点巩固

1. 电力系统中性点接地方式有哪些？其中小电流接地方式包括哪几种？

2. 小电流接地系统发生单相接地短路时故障相电流是正序电流的几倍？相位是否相同？

3. 画出小电流接地系统发生单相接地短路时短路点的电流、电压向量图。

4. 查阅相关资料，阐述小电流接地系统发生故障时的特点有哪些？

任务二：仿真实践与练习

利用 Simulink 建立一个 10 kV 中性点经消弧线圈接地系统的仿真模型，要求线路中有 3 条输电线路，线路长度分别是 130 km、175 km、150 km（线路其他参数相同，参考本章 8.4 节仿真模型中的线路参数）；3 条线路末端的有功负荷分别是 1 MW、0.2 MW、2 MW（其他参数相同）；当线路采用全补偿方式（消弧线圈中电容为 3.534×10^{-6} F，电感为 0.956 6H）。选择任一条线路作为单相接地短路点，分别仿真分析故障相和非故障相的短路电流情况。

习题

8-1 电力系统不对称短路的分析和计算方法是什么？

8-2 两相短路是否有零序电流分量？原因是什么？

8-3 什么是正序等效定则？各种类型短路的附加阻抗是什么？

8-4 运用正序计算各种短路的步骤是什么？

8-5 什么是电力系统的非全相运行？非全相运行给电力系统带来的影响是什么？

8-6 电力系统非全相运行时，各序等值网络应如何制定？

8-7 已知 $\dot{I}_{a(1)} = 5$ A，$\dot{I}_{a(2)} = -\text{j}5$ A，$\dot{I}_{a(0)} = -1$ A，试求 a、b、c 三相的电流。

8-8 输电系统如图 8-39 所示，在 f 点发生接地短路，试绘出各序网络，并计算等效电源电动势和各序网络对短路点的等效电抗。已知系统中各元件的参数如下：

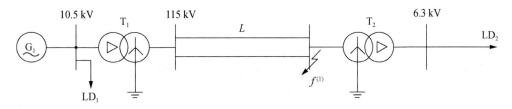

图 8-39 题 8-8 图

（1）发电机 G：$S_N = 120$ MVA，$U_N = 10.5$ kV，$E_1 = 1.67$，$x_1 = 0.9$，$x_2 = 0.45$；

（2）变压器 T_1：$S_N = 60$ MVA，$U_k\% = 10.5$，$k_1 = 10.5/115$；

（3）变压器 T_2：$S_N = 60$ MVA，$U_k\% = 10.5$，$k_1 = 115/6.3$；

（4）线路 L：每回线路长 $L = 105$ km，$x_1 = 0.4$ Ω/km，$x_0 = 3x_1$；

（5）负荷 LD_1：$S_N = 120$ MVA，$x_1 = 1.2$，$x_2 = 0.35$；

（6）负荷 LD_2：$S_N = 40$ MVA，$x_1 = 1.2$，$x_2 = 0.35$。

关键技术

电力工业一直采用大容量远距离输电，以及以大电网互联为主要特征的集中式供电模式，但随着这种模式弊端的出现（如：全球几次较大规模停电事故发生），分布式发电系统成为一种更好的替代方案之一。分布式电源系统是指功率在几十千瓦到几十兆瓦范围内，分布在负荷附近，清洁、环保经济、高效的能源方式，分布式能源系统直接面向用户，按用户的需求就地生产并供应能量，具有多种功能，可满足多重目标的中、小型能量转换利用。分布式能源网络系统如图 8-40 所示。目前，一些发达国家如美国、日本，已经将分布式发电技术的研究和应用置于重要位置。

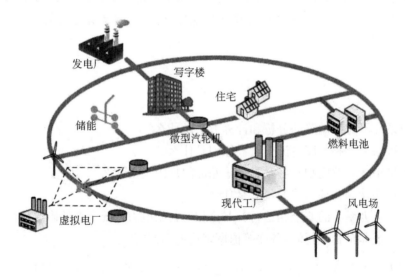

图 8-40　分布式能源网络系统

分布式电源经过逆变器接入电网时会产生谐波；当线路发生故障时，分布电源会产生谐波；当线路上有短路故障发生时，分布式电源会向故障位置注入很大的电流，改变原本潮流大小及方向，引起保护的误动、拒动。

与同步发电机相比，逆变型新能源电源在运行机理、控制方式和并网拓扑结构方面均有较大区别，逆变器等电力电子器件的引入，使新能源电源在短路故障发生、切除全过程中的故障特性变得很复杂。在综合考虑逆变电源典型并网控制和低电压穿越控制的基础上，在故障发生或切除后初始阶段，逆变电源所提供故障电流会在短时间内迅速上升或下降,且包含的直流、二次和三次谐波量较大。故障下逆变电源(故障期间其输入功率可认为保持不变)出口电压跌落将使逆变器输出电流不断增加,直至其两侧有功功率平衡后才能稳定。若电压跌落较严重,流过逆变器的电流将会超过其最大允许值,电流限幅环节将会限制该电流,此情况下直流卸荷电路将投入。因而,故障后初始阶段逆变电源仍受并网控制作用,但随着输出电流的增加,一段时间后电源存在两种运行模式,即并网控制和低电压穿越控制模式。故障切除后,电源出口电压恢复正常,输出电流将减小,电源受并网控制作用。

电力系统静态稳定性是指电力系统在正常运行时受到微小的、瞬时出现又立刻消失的小干扰后能够恢复到系统原有的运行状态，或者这种小扰动一直存在，但原来的运行状态可以近似表示为新的运行状态，这就是电力系统在微小扰动下的稳定性。电力系统静态稳定性分析的任务是校验电力系统在某一运行方式下是不是静态稳定的，求出静态稳定性的判据，并判断电力系统在哪些可能的运行方式下是静态稳定的，以及当电力系统出现小干扰后对电力系统静态稳定性有什么影响。

9.1 电力系统静态稳定性的基本概念与实用判据

9.1.1 静态稳定性的基本概念与分析

静态稳定性是当正常运行的电力系统承受微小的、瞬时出现又立即消失的扰动后，恢复到它原有运行状况的能力。这也是电力系统在微小扰动下的稳定性，也可理解为任意不等于零的无限小扰动下的稳定性。因此，任意描述电力系统运行状态的非线性方程式，都可以在原始运行点附近线性化。即电力系统稳定性设计的数学问题将是解线性化的机电暂态过程方程组的问题。

简单电力系统如图 9-1(a)所示，图中末端为无限大容量电力系统母线，首端发电机为隐极式同步发电机，当忽略元件的电阻和导纳时，该系统的等值网络如图 9-1(b)所示。当发电机的励磁不可调，即空载电动势 E_q 为恒定值，则可得出这个系统的功-角特性关系为：

$$P_{Eq} = \frac{E_q U}{X_{d\Sigma}} \sin \delta \tag{9-1}$$

$$X_{d\Sigma} = X_d + X_{T1} + \frac{1}{2} X_L + X_{T2} \tag{9-2}$$

由此得出这个系统的功-角特性曲线，如图 9-1(c)所示。

设原动机的机械功率 P_m 不可调，忽略摩擦、风阻等损耗，按输入功率与输出电磁功率相平衡 $P_m = P_{Eq(0)}$ 的条件，在功-角特性曲线上将有两个运行点 a、b，与其对应的功率角是 δ_0、δ_b。下面分析在 a、b 两点运行时受到微小扰动后的情况。

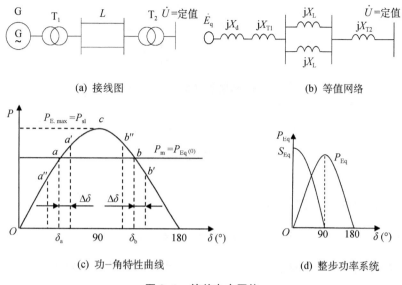

(a) 接线图　　　　　　　　　(b) 等值网络

(c) 功-角特性曲线　　　　　　(d) 整步功率系统

图 9-1　简单电力网络

（1）静态稳定的分析

先分析在 a 点的运行情况。在 a 点，当系统中出现一个微小的、瞬时出现但又立即消失的扰动，使功率角 δ 增加一个微量 $\Delta\delta$ 时，输出的电磁功率将从与 a 点相对应的值 $P_{Eq(0)}$ 增加到与 a' 点相对应的 $P_{Eqa'}$。但因输入的机械功率 P_m 不可调，仍为 $P_m = P_{Eq(0)}$，在 a' 点输出的电磁功率 $P_{Eqa'}$ 将大于输入的机械功率 P_m。从而当这个扰动消失后，在制动功率作用下机组将减速，功率角 δ 将减少，运行点将渐渐回到 a 点，如图 9-2(a) 中实线所示。当一个微小扰动使功率角 δ 减小一个微量 $\Delta\delta$ 时，情况相反，输出功率将减小到与 a'' 对应的值 $P_{Eqa''}$，且 $P_{Eqa''} < P_m$。从而这个扰动消失后，在净加速功率的作用下机组将加速，使功率角增大，运行点渐渐地回到 a 点，如图 9-2 (a) 中虚线所示。所以 a 点是静态稳定运行点。同理可得，在图 9-1(c) 中 c 点以前，即 $0° < \delta < 90°$时，皆为静态稳定运行点。

（2）静态不稳定的分析

再分析在 b 点的运行情况。在 b 点，当系统中出现一个微小的、瞬时出现但又立即消失的扰动，使功率角增加一个微量 $\Delta\delta$ 时，输出的电磁功率将从与 b 点对应的 $P_{Eq(0)}$ 减小到与 b' 点相对应的 $P_{Eqb'}$，$P_{Eqb'} < P_m$，且 $P_m =$ 常数。当这个扰动消失后，在净加速功率作用下机组将加速，功率角将增大。而功率角增大时，与之对应输出的电磁功率将进一步减小。这样继续下去，运行点不再能回到 b 点，如图 9-2(b) 中实线所示。功率角 δ 不断增大，标志着两个电源之间将失去同步，电力系统将不能并联运行而瓦解。如果这个微小扰动使功率角减小一个微量 $\Delta\delta$，情况又不同，输出的电磁功率将增加到与 b'' 点相对应的值 $P_{Eqb''}$，且 $P_{Eqb''} > P_m$。从而当这个扰动消失后，在制动功率的作用下机组将减速，功率角将继续减小，一直减小到 δ_0，渐渐稳定在 a 点运行，如图 9-2(b) 中虚线所示，所以 b 点不是静态稳定运行点。从而在 c 点以后，都不是静态稳定运行点。

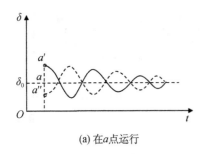 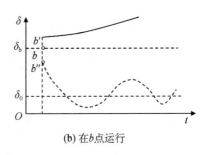

(a) 在a点运行　　　　　　　　　(b) 在b点运行

图 9-2　功率角的变化过程

9.1.2　静态稳定性的实用判据

由以上分析可见,对于上述简单电力系统,当功率角 δ 在 $0°\sim90°$ 时,电力系统可以保持静态稳定运行,在此范围内有 $\dfrac{\mathrm{d}P_{Eq}}{\mathrm{d}\delta}>0$;而 $\delta>90°$ 时,电力系统不能保持静态稳定运行,此时有 $\dfrac{\mathrm{d}P_{Eq}}{\mathrm{d}\delta}<0$。由此,可以得出电力系统静态稳定的实用判据为:

$$S_{Eq}=\frac{\mathrm{d}P_{Eq}}{\mathrm{d}\delta}>0 \tag{9-3}$$

式中,S_{Eq} 称为整步功率系数,如图 9-1(d)所示。根据 $S_{Eq}>0$ 可以判断电力系统中同步发电机并列运行的静态稳定性。它是历史上第一个,也是最常用的一个静态稳定判据。然而,根据严格的数学分析表明,仅根据这个判据不足以最后判定电力系统的静态稳定性。因而它只能是一种实用判据,事实上,静态稳定的判据不止这一个。

根据 $S_{Eq}>0$ 判据,图 9-1(c)中功-角特性曲线上所有与 $\delta<90°$ 对应的运行点,是静态稳定的;所有与 $\delta>90°$ 对应的点是静态不稳定的,而与 $\delta=90°$ 对应的 c 点则是静态稳定的临界点。在 c 点 $S_{Eq}=0$,严格说,在该点系统是不能保持静态稳定运行的。

9.1.3　励磁调节对静态稳定性的影响

（1）不连续调节励磁对静态稳定性的影响

手动调节或机械调节器的励磁调节过程是不连续的,如图 9-3 所示。由图可见,随着传输功率 P 的增大,功率角 δ 将增大,发电机端电压 U_G 将下降。但由于这类调节器有一定的失灵区,只有在端电压 U_G 的下降越出一定范围时,才增大发电机的励磁,从而增大它的空载电动势 E_q,运行点才从一条功-角特性曲线过渡到另一条,如图 9-3(a)中 $a—a'—b$ 段。传输功率继续增大,功率角继续增大,发电机端电压继续下降。当电压下降又一次越出给定的范围时,再一次增大发电机的励磁,从而增大它的空载电动势 E_q,运行点又从第二条功-角特征曲线过渡到第三条,如图 9-3(a) $b—b'—c$ 段,依此类推。可见采用这类励磁调节方式时,运行点的转移,发电机端电压和空载电动势的变化分别如图 9-3(a)、图 9-3(b)中的折线 $a—a'—b—b'—c—c'—d—d'—e$ 所示。

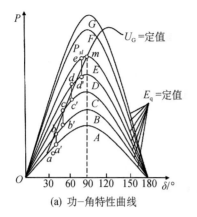

(a) 功-角特性曲线

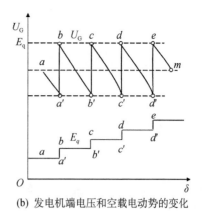

(b) 发电机端电压和空载电动势的变化

图 9-3　不连续调节励磁

(2) 对电力系统静态稳定性的简单综述

① 励磁不调节。如图 9-4 中 a 点。

② 励磁不连续调节。如图 9-4 中 b 点。

③ 励磁按某一个变量偏移调节。如图 9-4 中 c 点。

④ 励磁按变量偏移复合调节。如图 9-4 中 d 点。

⑤ 励磁按变量导数调节。如图 9-4 中 e 点。

⑥ 励磁按变量导数调节,但不限发电机端电压。如图 9-4 中 f 点。

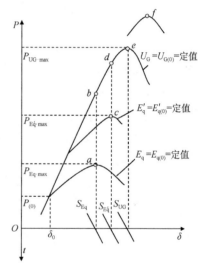

图 9-4　调节励磁对静态稳定的影响

综上所述,自动调节励磁装置可以等效地减少发电机的电抗。当无调节励磁时,对于隐极式同步发电机的空载电动势 E_q,E_q = 常数,其等值电抗为 X_d。当按变量的偏移调节励磁时,可使发电机的暂态电动势 E'_q = 常数,其等值电抗为 X'_d。如按导数调节励磁时,且可维持发电机端电压 U_G = 常数,则发电机的等值电抗变为零。如最后可调节 f 点电压为常数,此时相当于发电机的等值电抗为负值。如果 f 为变压器高压母线上的一点,则此时相当于把发电机和变压器的电抗都调为零。

9.2　电力系统静态稳定性的分析方法——小扰动法

(1) 小扰动法的基本原理

李雅普诺夫运动稳定性理论:任何一个系统,可以用下列参数 $(x_1, x_2, \cdots)$ 的函数 $\varphi(x_1, x_2, \cdots)$ 表示时,当因某种微小的扰动使其参数发生了变化,其函数变为 $\varphi(x_1 + \Delta x_1, x_2 + \Delta x_2, \cdots)$;若其所有参数的微小增量能趋近于零(当微小扰动消失后),即 $\lim\limits_{l \to \infty} \Delta x \to 0$,则认为该系统是稳定的。

(2) 用小扰动法分析简单电力系统的静态稳定性

同步发电机组受小扰动运动的二阶线性微分方程式:

$$T_J \frac{d^2 \Delta\delta}{dt^2} + \left(\frac{dP_{Eq}}{d\delta}\right)\delta = \delta_0 \cdot \Delta\delta = 0 \tag{9-4}$$

式(9-4)也称微振荡方程式。又可写成

$$(T_J P^2 + S_{Eq})\Delta\delta = 0 \tag{9-5}$$

其特征方程式为 $T_J P^2 + S_{Eq} = 0$

解为 $P_{1,2} = \pm\sqrt{\dfrac{-S_{Eq}}{T_J}}$

与之对应的同步发电机组线性微分方程式的解为：

$$\Delta\delta = C_1 e^{P_1 t} + C_2 e^{P_2 t} \tag{9-6}$$

利用式(9-6)来判断简单电力系统的静态稳定性：

① 非周期失去静态稳定性。当 $T_J > 0$，$S_{Eq} < 0$ 时，特征方程式有正负实根，此时 $\Delta\delta$ 随 t 增大而增大，关系曲线如图 9-5(a)所示。

② 周期性等幅振荡。在 $T_J > 0$，$S_{Eq} > 0$ 时，特征方程式只有共轭是一种静态稳定的临界状态，如图 9-5(b)所示。

③ 负阻尼的增幅振荡。当发电机具有阻尼时，特征方程式的根是实部为正值的共轭复根，系统周期性地失去静态稳定性，如图 9-5(c)所示。

④ 正阻尼的减幅振荡。当系统具有正阻尼时，特征方程式的根是实部为负值的共轭复根，系统周期性地保持静态稳定性，如图 9-5(d)所示。

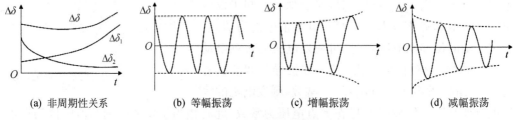

图 9-5　电力系统静态稳定性的判定

（3）小扰动法理论的实质

小扰动法是根据受扰动运动的线性化微分方程式组的特征方程式的根，来判断未受扰动的运动是否稳定的方法。如果特征方程式的根都位于复数平面上虚轴的左侧，未受扰动的运动是稳定运动；反之，只要有一个根位于虚轴的右侧，则未受扰动的运动就是不稳定运动。

9.3　提高电力系统静态稳定性的方法

正常的电力系统中随时都可能发生各种随机性的干扰，电力系统静态稳定性就是指系统受到小干扰时仍能维持同步运行的状态，静态稳定性低将影响系统负荷供电的可靠性,因此必须提高系统的静态稳定性。

从电力系统静态稳定性的分析可知,系统发电机输送的功率越高,静态稳定性就越高,即需要加强发电机与无穷大系统的电气联系。具体措施就是缩短电气距离,增强电气联系,这里主要采用的方法是减小电气元件的阻抗,特别是电抗值。下面介绍几种常见的提高系统静态稳定性的方法。

(1) 采用自动调节励磁装置

当发电机装设比例型励磁调节器时,发电机的 E_q'=常数,也就是相当于将发电机的电抗由同步电抗 x_d 减小为暂态电抗 x_d'。如果按照运行参数的变化率调节励磁,则甚至可以维持发电机端电压为常数,即相当于将发电机的电抗减小为零。因此,发电机装设先进的调节器就相当于缩短发电机与系统间的电气距离,从而提高静态稳定性。因为调节器在总投资中所占的比例很小,所以在各种提高静态稳定性的措施中,总是优先考虑安装自动励磁调节装置。

(2) 减小线路电抗

当应用减小电气元件阻抗的方法来提高电力系统的静态稳定性时,具有实际意义的是减小线路电抗的方法。通常 330 kV 以上的输电线路均采用分裂导线,其目的是为了避免电晕,同时,分裂导线可以减小线路的电抗。

例如,对于 500 kV 的线路,采用单根导线时电抗约为 0.42 Ω/km;采用两根分裂导线时电抗约为 0.32 Ω/km;当采用三根分裂导线时电抗减小为 0.30 Ω/km;而采用四分裂导线时电抗约为 0.29 Ω/km。

(3) 提高电力线路的额定电压

在电力线路始末端电压间相位角保持不变的前提下,沿电力线路传输的有功功率将近似地与电力线路额定电压的平方成正比。换言之,提高电力线路的额定电压相当于减小电力线路的电抗。

由电力线路电抗标幺值计算公式 $x_L = x_1 l \cdot \dfrac{S_B}{U_B^2}$ 可以看出,线路电抗值与其电压二次方成反比。当然,在实际工程应用中提高线路电压必须加强线路的绝缘、加大杆塔的尺寸并增加变电所的投资。因此,一定的输送功率和输送距离对应一个经济合理的线路额定电压等级。

(4) 采用串联电容器补偿

在较高电压等级的输电线路上装设串联电容器来补偿电路电抗,除可以降低电力线路电压降落并用于调压外,还可以通过减少线路电抗来提高电力系统的静态稳定性。但这两种补偿的目的不同,使用场合也不同,因而考虑的角度也不同。

采用串联电容器补偿来提高系统静态稳定性时,首先要解决的是补偿度问题。串联电容器补偿度定义为:

$$K_C = \frac{X_C}{X_1} \tag{9-7}$$

一般来讲,K_C 愈大,电力线路补偿后的总电抗愈小,对提高静态稳定性愈有利。但

K_C 受以下条件限制，不可能无限制增大。

① 短路电流不能过大。如果补偿度过大，当串联电容器后发生短路时，其短路电流可能大于发电机端部短路时的短路电流。

② K_C 过大时（$K_C > 1$），短路电流呈容性，这时电流、电压相位关系的紊乱将引起某些保护装置的误动作。

③ K_C 过大时，电力系统中可能出现低频的自发振荡现象。

④ K_C 过大将会使同步发电机出现自励磁现象。由于 K_C 过大，发电机的外部电路电抗可能呈电容性，同步发电机的电枢反应可能起到助磁作用，使得发电机的电流、电压迅速上升至磁路饱和。

考虑以上限制条件，串联电容器的补偿度一般以小于 0.5 为宜。有时调压用的串联电容器补偿度大些，主要是因为这类补偿装置装设在远离电源的较低电压级的线路上。串联电容器一般采用集中补偿，对于两侧都有电源的电力线路，一般设置在线路中间；当一侧有电源时串联电容器一般设置在末端，这样可以避免发生短路电流过大的问题。

若采用晶闸管控制的串联电容器（TCSC），串联电容器的等效电抗是可变的，则进一步提升了串联电容器的补偿效果。此外，TCSC 控制系统中的阻尼控制环节可以降低阻尼系统的低频振荡。

9.4 电力系统静态稳定性分析与验证

9.4.1 系统模型分析步骤

为降低搭建模型复杂程度，本节设计一个单机无穷大系统来研究系统的静态稳定性，虽然电力系统在运行过程中会受到各种各样的小干扰，但影响电力系统运行的本质是一样的。

仿真过程：首先在只装有励磁调节系统的情况下，设置几组小干扰参数（如施加一个正弦阶跃信号），然后逐渐增大扰动量，分析该环节对系统的影响；其次分别在加入电力系统稳定器 PSS（Power System Stabilizer）、系统在自动励磁调节下、改变发电机励磁电压增益的情况下，同时沿用上个环节的基础模块参数，分析该环节对系统的影响。具体仿真流程框图如图 9-6 所示。

系统采用基础模块：三相同步发电机（Synchronous Machine pu Standard）、励磁调节系统（Excitation System）组成发电机系统、三相变压器（Three-Phase Transformer）、三相电压和电流测量模块（Three-Phase VI Measurement）、总线选择器（Bus Selector）、线路模块（Distributed Parameters Line）、三相并联 RLC 负载（Three-Phase Parallel RLC Load）、三相电压源（Three-Phase Source）等元件模拟电力系统。

其中发电机励磁系统模块用子系统进行了封装，里面还有相应的子模块。子系统通过发电机信号总线（m）传入信号并通过总线选择器（Bus Selector）将所需要的信号输出作为电力系统稳定器（Generic Power System Stabilizer）的输入端（In），而电力系统稳定器的输出端(Vstab)作为 Excitation System(AVR)的输入端(Vstab)，在自动励磁调节系统的基础上串联了 PSS。

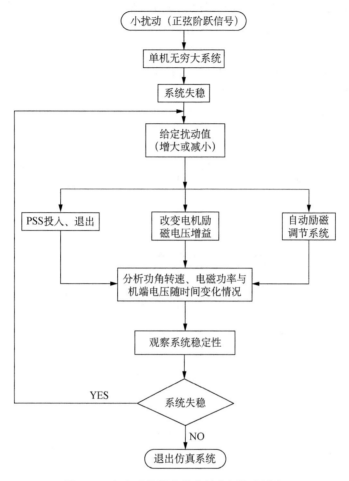

图 9-6　电力系统静态稳定性分析仿真流程

9.4.2　简单励磁调节系统仿真分析

（1）系统模型参数计算

本节用来计算单机无穷大系统静态稳定性，具体系统结构及参数如图 9-7 所示。

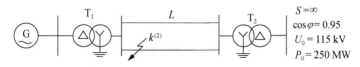

图 9-7　单机无穷大系统结构与参数

变压器 T_1 的参数配置如下所示：$S_{TN1}=360$ MVA，$U_{ST1}\%=14\%$，$K_{T1}=10.5/242$；变压器 T_2 的参数配置如下所示：$S_{TN2}=360$ MVA，$U_{ST2}\%=14\%$，$K_{T2}=220/121$。

线路上各个参数:$L=250$ km, $U_N=220$ kV, $x_1=0.41$ Ω/km, $r_L=0.07$ Ω/km,线路正序电抗为零序的 1/5。线路运行的条件:$U_0=115$ kV, $P_0=250$ MW, $\cos\varphi_0=0.95$。

在一个给定的运行条件下系统只带励磁调节,发电机的输出功率为 P_0,$\omega=\omega_N$;原动机的功率为 $P_{T0}=P_0$;发电机为隐极机。在电动势 $E'_q=E'_{q0}=$常数的条件下,励磁调节综合放大系数 $K_a=5.7857$。取系统的基准容量也就是发电机组的发电功率为:$S_B=250$ MVA,升压变压器 T_1 处电压为 $U_{B\text{III}}=115$ kV。

则线路侧电压 $U_{B\text{II}}=U_{B\text{III}}K_{T2}=115\times220/121=209.1$(kV),降压变压器 T_2 处电压为 $U_{B\text{I}}=U_{B\text{II}}K_{T1}=209.1\times10.5/242=9.07$(kV)。那么在这个系统下的各元件的参数经归算后的标幺值如下:

$$X_d=X_q=X_d\frac{S_B}{S_{GN}}\frac{U_{GN}^2}{U_{BI}^2}=1.7\times\frac{250}{352.5}\times\frac{10.5^2}{9.07^2}=1.615 \tag{9-8}$$

X'_d 计算方法同式(9-8)。

$$X'_d=0.238,\ X_{T1}=0.13,\ X_{T2}=0.108,\ X_L=0.586,\ T'_d=2.51\text{ s},\ T_J=11\text{ s} \tag{9-9}$$

$$X_{TL}=X_{T1}+\frac{1}{2}X_L+X_{T2}=0.531 \tag{9-10}$$

$$X_{d\sum}=X_d+X_{TL}=1.615+0.531=2.146 \tag{9-11}$$

$$X^2_{d\sum}=X'_d+X_{TL}=0.238+0.531=0.769 \tag{9-12}$$

运行的参数计算结果如式(9-13)所示。

$$U_{0*}=\frac{U_0}{U_{B\text{III}}}=\frac{115}{115}=1;\ P_{0*}=\frac{P_0}{S_B}=\frac{250}{250}=1;\ U_{0*}=P_{0*}\tan\varphi_0=0.329 \tag{9-13}$$

如果忽略系统电阻,发电机的电动势 E_{q0} 的计算过程如式(9-14)所示。

$$E_{q0}=\sqrt{\left(U_{0*}+\frac{U_{0*}X_{d\sum}}{U_{0*}}\right)^2+\left(\frac{P_{0*}X_{d\sum}}{U_{0*}}\right)^2} \tag{9-14}$$
$$=\sqrt{(1+0.329\times2.146)^2+(1\times2.146)^2}=2.742$$

$$\delta_0=\arctan\frac{2.146}{1\times0.329\times2.146}=51.52° \tag{9-15}$$

$$U_{Gq0}=E_{q0}\frac{X_{TL}}{X_{d\sum}}+\left(1-\frac{X_{TL}}{X_{d\sum}}\right)U_0\cos\delta_0 \tag{9-16}$$
$$=2.742\times\frac{0.531}{2.146}+\left(1-\frac{0.531}{1.146}\right)\cos51.52°=1.147$$

发电机装设自动励磁调节器时,电动势 $E'_q=E'_{q0}=$常数,空载电动势 E_{q0} 的计算此时就变成了如式(9-17)所示。

$$E'_{q0} = E_{q0} \frac{X'_{d\Sigma}}{X_{d\Sigma}} + \left(1 - \frac{X'_{d\Sigma}}{X_{d\Sigma}}\right) U_{0*} \cos \delta_0$$
$$= 2.742 \times \frac{0.769}{2.146} + \left(1 - \frac{0.769}{2.146}\right) \cos 51.52° \qquad (9\text{-}17)$$
$$= 1.382$$

而发电机在电动势 E'_q 点的功率如式(9-18)所示。

$$P_{E'_q} = \frac{E'_{q0} U_{0*}}{X'_{d\Sigma}} \sin \delta_{E'_q} + \frac{U_{0*}^2}{2} \left(\frac{X'_{d\Sigma} - X_{d\Sigma}}{X'_{d\Sigma} X_{d\Sigma}}\right) \sin 2\delta_{E'_q}$$
$$= \frac{1.382}{0.769} \sin \delta_{E'_q} + \frac{1}{2} \left(\frac{0.769 - 2.146}{0.769 \times 2.146}\right) \sin 2\delta_{E'_q} \qquad (9\text{-}18)$$
$$= 1.797 \sin \delta_{E'_q} - 0.417 \sin 2\delta_{E'_q}$$

由此，根据简单电力系统静态稳定判据 $\dfrac{\mathrm{d}P}{\mathrm{d}\delta} > 0$，我们可以得出式(9-19)，进而可以求得维持系统稳定运行的极限角以及极限功率。

$$-1.669 \cos^2 \delta_{E'_{qm}} + 1.797 \cos \delta_{E'_{qm}} + 0.834\,4 = 0 \qquad (9\text{-}19)$$

稳定运行极限角计算如式(9-20)所示，极限功率计算如式(9-21)所示。

$$\delta_{E'_{qm}} = \arccos \left(\frac{1.797 - \sqrt{1.797^2 + 4 \times 1.669 \times 0.834\,4}}{2 \times 1.669}\right) = 110.51° \qquad (9\text{-}20)$$

$$P_{E'_{qm}} = \frac{E'_{q0} U_{0*}}{X'_{d\Sigma}} \sin \delta_{E'_q} + \frac{U_{0*}^2}{2} \left(\frac{X'_{d\Sigma} - X_{d\Sigma}}{X'_{d\Sigma} X_{d\Sigma}}\right) \sin 2\delta_{E'_q} = 1.957 \qquad (9\text{-}21)$$

(2) 模型搭建与仿真

搭建只有自动励磁调节功能的电力系统仿真模型如图 9-8 所示，用于对上一节的算例进行仿真验证。

系统模型中发电机输出功角信号以及转速信号处理的封装即 Machine Signals 模块内部分解图如图 9-9 所示。其中先将弧度转换成角度 δ 与 90°作比较，如果系统失去同步则停止模拟。

模型中电力传输线路用的是"三相串联 RLC 支路"模块。发电机励磁结构在图 9-10 中给出。其中发电机信号总线(m)传入信号并通过总线选择器(Bus Selector)将所需要的信号输出，将发电机输出的机端电压 q 轴和 d 轴的两分量传入"Excitation"模块，经过内部传递函数公式，与机端参考电压(V_{ref1})进行比较，然后传出励磁电压信号，最终反馈到无穷大系统和发电机组成的系统中。

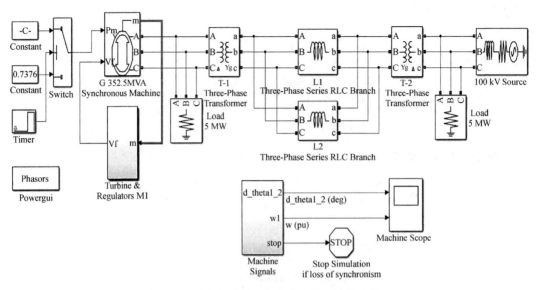

图 9-8　具有自动励磁调节功能的系统仿真模型

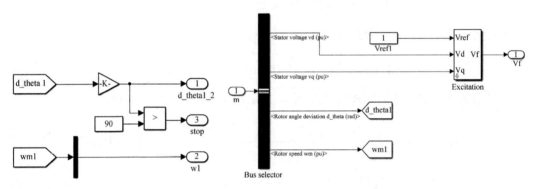

图 9-9　发电机输出信号内部结构图　　　**图 9-10　发电机励磁模块结构图**

对于小干扰信号,我们用时间和开关模块来模拟,通过两个常数模块、时间模块和开关选择模块来改变发电机的机械功率使之按照想要的方向变化,如图 9-11 所示。开关和时间模块设置如表 9-1 所示。常数模块控制小干扰的大小,时间模块控制小干扰何时发生何时结束。

在 E'_q 和 E'_{q0} 相等且为定值,励磁放大系数 5.785 7 的条件下仿真。励磁系统设置如表 9-1 所示,励磁机增益值0.01,时间值 0.2 s;阻尼滤波器增益值 0.04,时间常数值0.05 s。

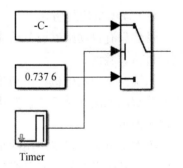

图 9-11　小干扰信号的模拟图

表 9-1 励磁系统参数设置

名称	参数
低通滤波器时间常数 Tr(s)	20e-3
调节器增益和时间常数[Ka() Ta(s)]	[5.785 7 0.05]
励磁机[Ke() Te(s)]	[0.01 0.2]
瞬态增益降低[Tb(s) Tc(s)]	[0, 0]
阻尼滤波器增益和时间常数[Kf() Tf(s)]	[0.04, 0.05]
调节器输出限制和增益[Efmin,Efmax(pu),Kp()]	[0, 5, 0]
终端出口电压和励磁电压的初始值[Vt0(pu) Vf0(pu)]	[1, 1.899 01]

终端电压和励磁电压的初始值由潮流计算自动设置。单击 Powergui 模块,仿真选择相量算法;将同步发电机的机端电压设置为 10.5 kV,发电机的有功功率设置为 260 MW,这 260 MW 中输送到系统的有功功率在忽略线路电阻的情况下有 250 MW,还有 10 MW 输出到系统中并联的两个小负载,在这种情况下发电机的有功功率归算成标幺值是0.737 6 pu。

打开菜单栏中"模拟"中的"配置参数"对话框,算法选择 Ode23tb 算法,仿真时间设置为 0~50 s。为了规避系统失去同步后没有意义的计算,给出的让仿真停止的条件是电机相角幅值大于 180°,这时系统已经失去同步从而让仿真结束。

当取 250 MW 作为容量基准值时,通过前面的计算式(9-21)可知系统静态极限功率为 1.957 pu,换算成 352.5 MW 为基准时的功率极限为 250/352.5×1.957=1.387 9 pu。

在常数模块 Constant 中设置有功功率为 0.737 6 pu,小干扰模拟系统的阶跃设置为 0.6 pu。通过仿真可得转子角偏移量、转子角速度随时间变化的曲线,如图 9-12 所示,从曲线图中可以看出该系统趋于稳定。

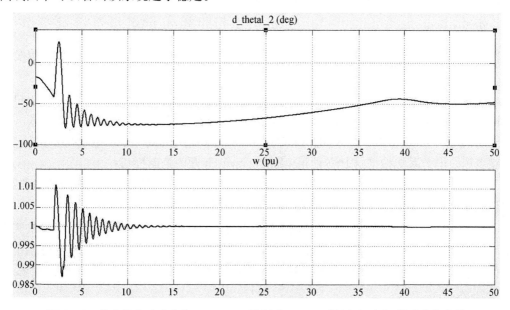

图 9-12 发电机有功功率为 0.737 6 pu 阶跃为 0.6 pu 时发电机功角、转速变化曲线

当取阶跃信号为 0.66 pu 即(0.737 6+0.66)pu＝1.397 6 pu＞1.387 9 pu,也就是扰动超过了换算后计算的功率极限 1.387 9 pu,仿真结果曲线如图 9-13 所示,从此时的曲线中可以看到系统失去了静态稳定性。

改变输入 Pm 端口的机械功率,也就是模拟小干扰信号的常数模块 Constant1,通过仿真可得,Constant1 设置为(0.737 6+0.66)pu 时发电机失去静态稳定性,在误差范围内与计算值 1.387 9 pu 接近。

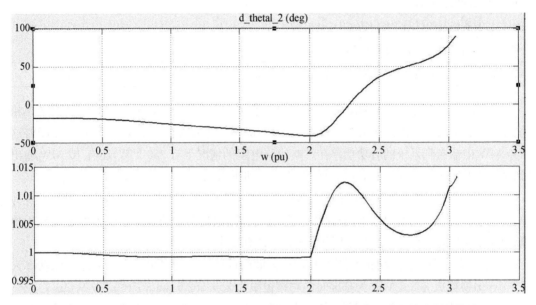

图 9-13　发电机有功功率为 0.737 6 pu 阶跃为 0.66 pu 时发电机功角转速变化曲线

9.4.3　影响电力系统静态稳定性的因素分析

本节在原有仿真模型图 9-8 的基础上加入用于分析验证多种因素对电力系统静态稳定性影响的模块,如:PSS 的投入与退出、自动励磁调节、励磁电压调节,此时仿真模型如图 9-14 所示。

图 9-15 中发电机模块上的 m 为发电机信号总线;Bus Selector 为总线选择器,可以选取总线信号中的某路或多路信号进行信号输出,这里我们选择的是发电机 q 轴和 d 轴的电压信号;"Vref1"为机端参考电压;"Pm"和"Pe"分别为机械功率和电磁功率;"Vf"为励磁电压。电力系统稳定器 PSS 通过 Manual Switch 开关控制投切。

图 9-16 为电力系统稳定器 PSS,它由一个低通滤波器、一般增益、冲刷高通滤波器、相位补偿系统和输出限制器组成,具体参数设置如图 9-16 所示。

图 9-17 为自动电压调节器 AVR 模块参数设置分解图及具体参数设置,该模块实现了三相同步发电机电压调节器的组合激励器。该模块的输出是应用于 V_f 的场电压 V_{fd},单位为 pu,连接三相同步发电机组 d 轴和 q 轴的电压测量信号至励磁系统模块的 V_d 和 V_q 的输入。

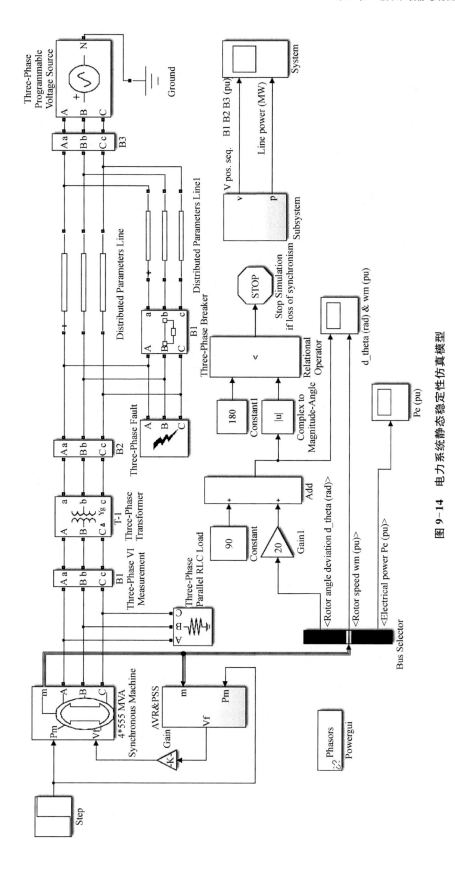

图 9-14 电力系统静态稳定性仿真模型

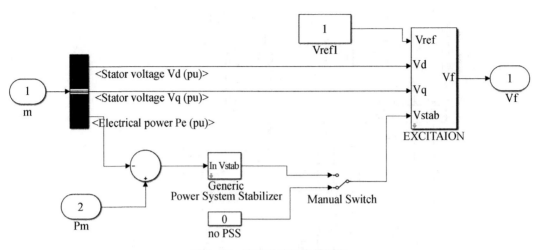

图 9-15　励磁系统仿真模型图

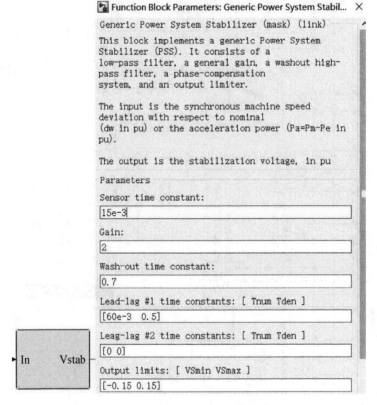

图 9-16　PSS 参数设置分解图

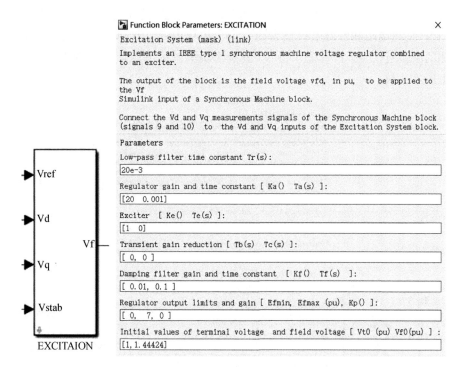

图 9-17 自动电压调节器 AVR 模块参数设置分解图

如图 9-18 所示为发电机模型及参数设置,等值隐极发电机 4×555 MVA,电力传输线路采用分布参数线路模型。发电机节点的类型为 PV 节点,机端电压 24 kV,打开菜单栏中"模拟"中的"配置参数"对话框,算法选 Ode23tb,仿真起始时间 0 s 终止时间 50 s。

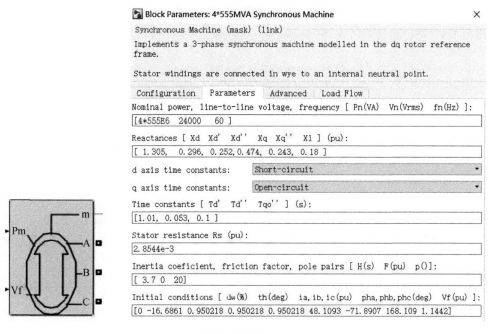

图 9-18 发电机模块参数设置分解图

如图 9-19 所示为双绕组变压器 T-1 模型及参数设置，容量为 3 000 MVA，变比为 24 kV/500 kV，励磁电阻和励磁电抗设为 500 pu。模块中变压器的短路阻抗主要在低压侧，在高压侧的阻抗近似为 0。系统中将 VI 测量模块测得的电压信号经内部传递函数处理与机端电压作比较。

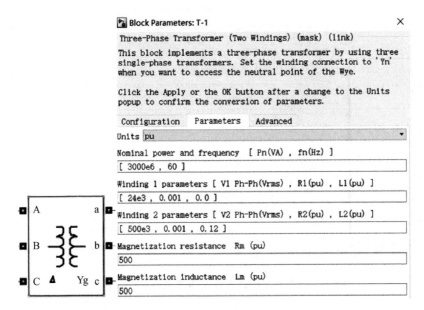

图 9-19　变压器模块参数设置分解图

如图 9-20 所示为无限大电源系统，其电压等级设为 500 kV，用三相可编程电压源 (Three-Phase Programmable Voltage Source) 模块来模拟。现设计小扰动在 $P = 0.5$ pu，观察发电机的转子角偏移量、转子角速度和电磁功率的变化情况。Powergui 模块用于设置模拟类型、模拟参数和首选项，具体参数设置如图 9-21 所示。

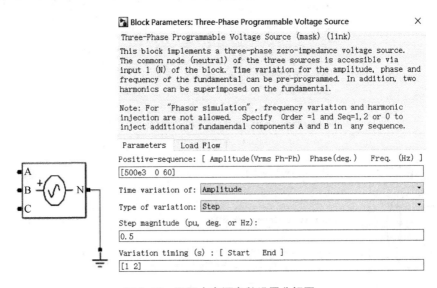

图 9-20　无限大电源参数设置分解图

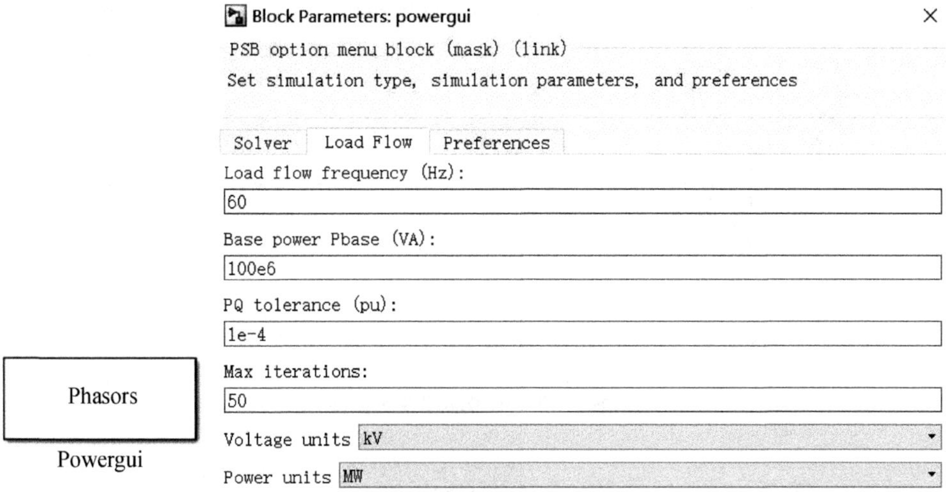

Block Parameters: powergui　　　　　　　　　　　　　　　×

PSB option menu block (mask) (link)

Set simulation type, simulation parameters, and preferences

| Solver | Load Flow | Preferences |

Load flow frequency (Hz):

60

Base power Pbase (VA):

100e6

PQ tolerance (pu):

1e-4

Max iterations:

50

Voltage units　kV

Power units　MW

Phasors

Powergui

图 9-21　Powergui 模块细节展示图

下面将对影响静态稳定性的三个因素——增加电力系统稳定器 PSS、增加励磁调节系统以及改变励磁电压增益做具体的分析说明。

（1）采用自动励磁系统

首先分析自动励磁调节系统对静态稳定性的影响，逐渐增大扰动量，分析该环节对系统的影响。对自动励磁调节（AVR）进行仿真分析，仿真时间设为 10 s。当 Step=3、initial value 为 0.3、final value 为 0.45 时，功角、转速、电磁功率、系统随时间变化曲线分别如图 9-22、图 9-23、图 9-24 所示。由这三组曲线可以看出，系统在 10 s 左右达到稳定。

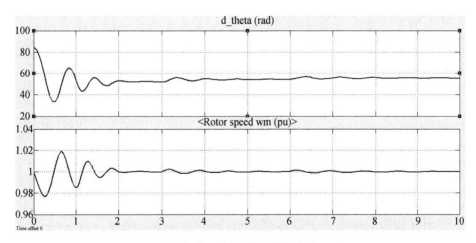

图 9-22　功角、转速变化曲线

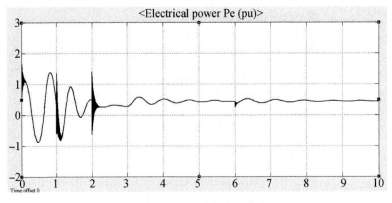

图 9-23 电磁功率变化曲线

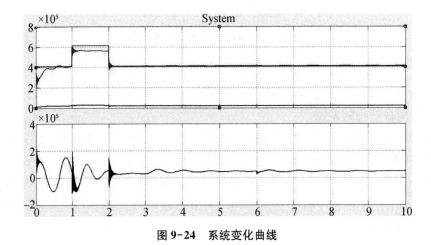

图 9-24 系统变化曲线

仿真时间增大为 15 s,控制 Step=3、initial value 为 0.3 不变,改变 final value 为 0.95 时,功角、转速、电磁功率、系统变化分别如图 9-25、图 9-26、图 9-27,可以看出,系统在 15 s左右达到稳定。

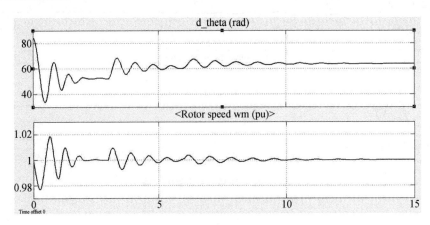

图 9-25 功角、转速变化曲线

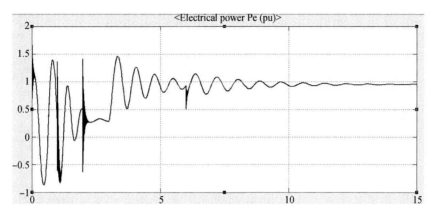

图 9-26　电磁功率变化曲线

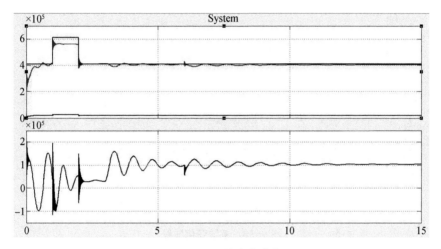

图 9-27　系统变化曲线

控制 Step=3、initial value 为 0.3 不变,改变 final value 为 1.5 时,功角、转速、电磁功率、系统变化分别如图 9-28、图 9-29、图 9-30 所示。此时系统发生等幅振荡,并会一直持续下去。由对自动励磁调节(AVR)仿真分析可见,励磁系统的调节能力随小扰动的增大而减小。

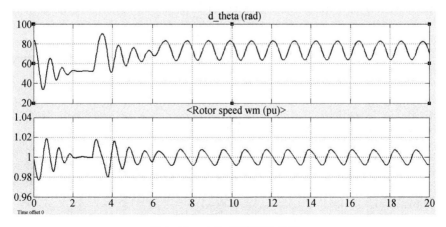

图 9-28　功角、转速变化曲线

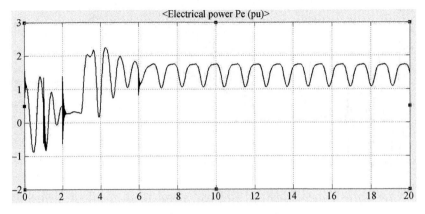

图 9-29　电磁功率变化曲线

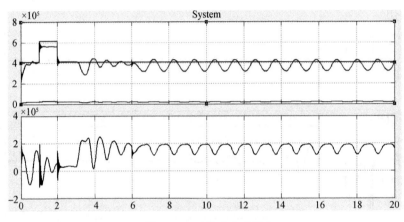

图 9-30　系统变化曲线

（2）装设电力系统稳定器 PSS

下面对该电力系统装设稳定器（PSS）后进行仿真分析。根据控制变量的研究方法，控制 Step＝3、令 initial value 为 0.3 不变，final value 为 0.45 时，得出功角、转速、电磁功率、系统变化分别如图 9-31、图 9-32、图 9-33 所示。由曲线可见系统在 8 s 左右达稳定，比只装设励磁调节系统的情况下趋于稳定的时间要短。

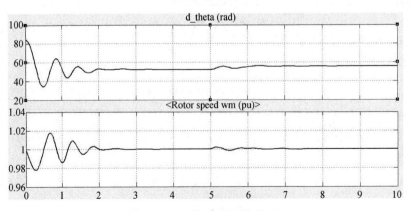

图 9-31　功角、转速变化曲线

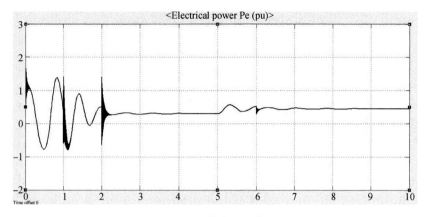

图 9-32　转速变化曲线

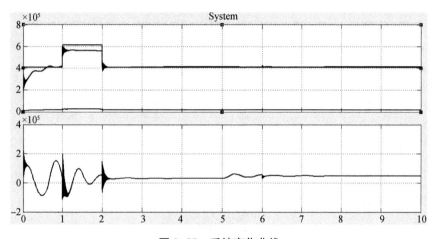

图 9-33　系统变化曲线

控制 Step=3、initial value 为 0.3 不变，改变 final value 为 0.95 时，功角、转速、电磁功率、系统变化分别如图 9-34、图 9-35、图 9-36 所示。由曲线可见，系统在 9 s 左右达到稳定，依旧比只装设自动励磁调节系统情况下趋于稳定的时间短。

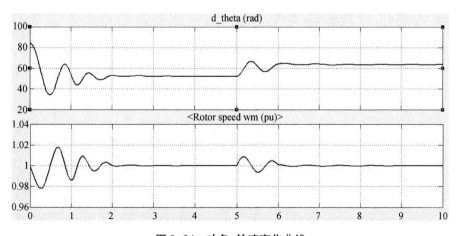

图 9-34　功角、转速变化曲线

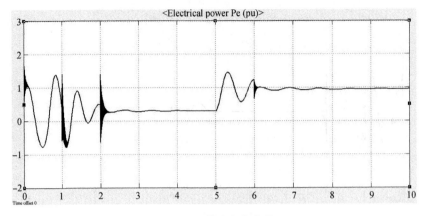

图 9-35　转速变化曲线

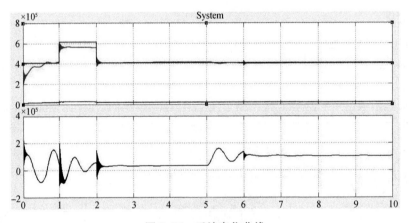

图 9-36　系统变化曲线

控制 Step＝3、initial value 为 0.3、final value 为 1.5 时，功角、转速、电磁功率、系统变化分别如图 9-37、图 9-38、图 9-39 所示。由曲线可见，系统在 18 s 左右达到稳定，和图 9-28对比可知只装设自动励磁调节系统的系统在此时已发生等幅振荡而不能趋于稳定。而由对电力系统稳定器 PSS 的仿真分析可以得出结论：PSS 可以有效地缓解系统稳定性，随扰动的增大，平衡点逐渐提高。

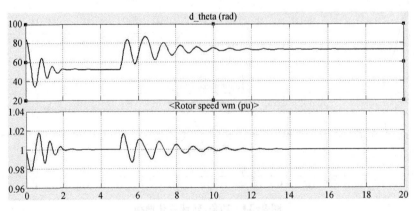

图 9-37　功角、转速变化曲线

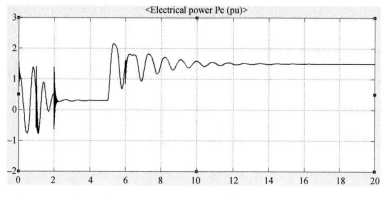

图 9-38 转速变化曲线

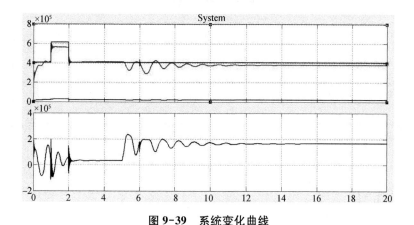

图 9-39 系统变化曲线

（3）改变电压增益

下面对励磁电压增益对电力系统静态稳定性的影响进行仿真分析,根据控制变量的分析方法,控制 Step＝3、initial value＝0.3 不变,由对只装设自动励磁调节系统的仿真可知,当 final value 为 1.5 时,系统发生等幅振荡,此时设置 gain 为 1 时,功角、转速、电磁功率、系统变化分别如图 9-40、图 9-41、图 9-42 所示。由曲线可见,系统发生等幅振荡,且没有减缓的趋势。

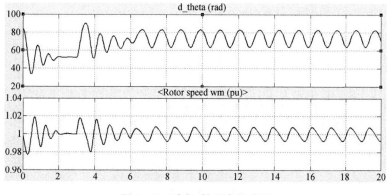

图 9-40 功角、转速变化曲线

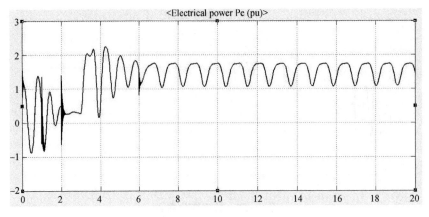

图 9-41　转速变化曲线

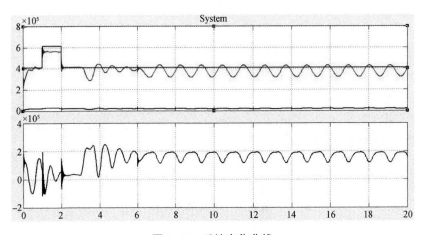

图 9-42　系统变化曲线

　　控制 Step＝3、initial value＝0.3、final value ＝1.5 不变,改变 gain 为 80 时,功角、转速、电磁功率、系统变化分别如图 9-43、图 9-44、图 9-45 所示。由曲线可见,在不加入 PSS 的情况下,在励磁电压增益的影响下,系统趋于稳定。

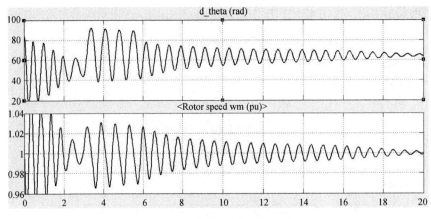

图 9-43　功角、转速变化曲线

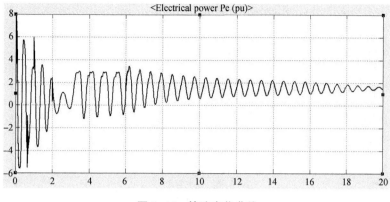

图 9-44 转速变化曲线

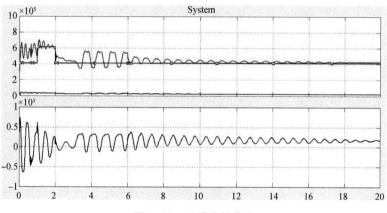

图 9-45 系统变化曲线

控制 Step=3、initial value=0.3、final value =1.5 不变,改变 gain 为 100 时,功角、转速、电磁功率、系统变化分别如图 9-46、图 9-47、图 9-48 所示。由图 9-46、9-47、9-48 可见,系统趋于稳定的时间变短,因为励磁电压增益变大,系统更易于稳定,由对励磁电压增益对电力系统静态稳定性的影响进行的仿真分析可以得出结论:励磁电压增益具有改善电力系统静态稳定性使系统趋于稳定的能力,对电力系统静态稳定性具有一定调节作用,但是作用没有前两种因素的作用明显。

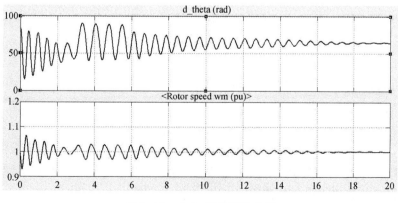

图 9-46 功角、转速变化曲线

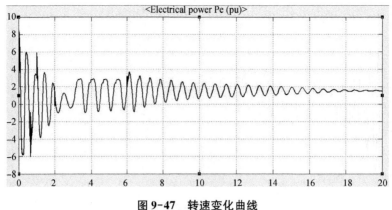

图 9-47　转速变化曲线

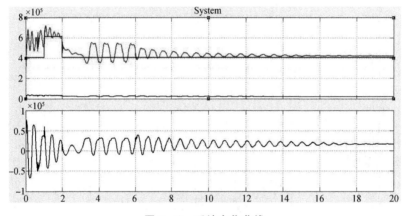

图 9-48　系统变化曲线

案例分析与仿真练习

（九）"0°接线"的方向阻抗继电器的距离保护建模与仿真（综合）

任务一：知识点巩固

1. 电力系统静态稳定性的定义是什么？

2. 电力系统静态稳定的实用判据是什么？

3. 用于分析电力系统静态稳定问题的小扰动法基本原理是什么？

4. 利用小扰动法判断系统静态稳定性的依据是什么？

5. 电力系统距离保护的工程应用是什么？

任务二：仿真实践与练习

1. 建立一个 500 kV 的输电线路仿真模型，电力线路结构如图 9-49 所示，输电线路全长 500 km，其参数如表 9-2 所示，系统仿真模型如图 9-50 所示。

2. 改变系统模型中 Fault 模块故障点位置，分析判断系统发生三相短路、两相短路和单相短路时，系统线路末端保护范围。

表 9-2　输电线路的参数

序分量	$R/(\Omega \cdot \mathrm{km}^{-1})$	$L/(\mathrm{mH} \cdot \mathrm{km}^{-1})$	$C/(\mathrm{nF} \cdot \mathrm{km}^{-1})$
正序	0.020 83	0.898 4	12.9
负序	0.114 8	2.288 6	5.23

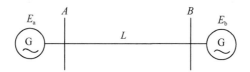

图 9-49　电力系统结构接线图

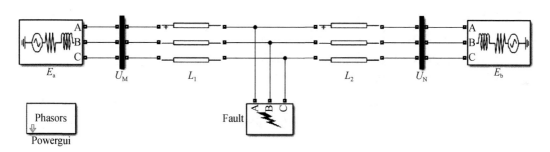

图 9-50　系统仿真模型

参考仿真参数：

（1）电源 E_a 和 E_b 采用"Three-Phase Source"三相电源模块，电压为 525 kV，频率为 50 Hz，两者的相位差为 60°，电源 E_a 在 Phase angle of A(degree)的数值为 0，电源 E_b 的数值则为 60。

（2）输电线路 L 采用"Distributed Parameters Line"分布式参数线路模块，根据频率和表 9-2 设置，具体如图 9-51 所示。其中线路 L_1 和 L_2 的线路长度(Line length)取决于故障点的选取。

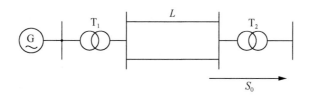

图 9-51

（3）采用 Three-Phase V-I Measurement 三相电压-电流测量模块 U_M 和 U_N 测量线路的电压和电流，相当于电流和电压互感器。其中 U_M 需要输出电流和电压以构建继电器。

（4）Powergui 模块用来分析故障时极化电压和补偿电压之间的相位变化，其参数设置为相位(Phasor)仿真方式。

（5）输电线路保护区为全长的 80%，可靠系数 $k^{\mathrm{I}}_{\mathrm{rel}}$ 取 0.8，线路感抗公式为 $2\pi fl_1 = 2\times$ $3.14\times50\times0.898\,4\times10^{-3}=0.282\,1$，则继电器模块的线路阻抗整定值 Z_{set} 为 $500\times0.8\times$ $(0.020\,83+\mathrm{j}0.2821)$。

（6）采用 Three-Phase Break 三相断路器 B_1 和 B_2 分别控制线路故障点。

（7）为便于数字显示器观察，仿真时长设为 1 s，又由于需要计算动作时限，示波器仿真时长设为 2 s。

习题

9-1 什么是电力系统的静态稳定性？电力系统静态稳定性的判据是什么？

9-2 小扰动法的基本理论是什么？实质是什么？

9-3 什么是电力系统电压稳定性？其判据是什么？

9-4 什么是电力系统的频率稳定性？其判据是什么？

9-5 提高电力系统静态稳定性的措施有哪些？

9-6 一个单机无穷大系统及其参数如图 9-52 所示，其中线路末端 $P_0=1$，$\cos\varphi=0.85$（滞后），试求系统静态稳定极限和静态稳定储备系数。

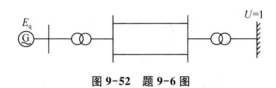

图 9-52 题 9-6 图

9-7 简单电力系统如图 9-53 所示，发电机无励磁调节器，已知各元件参数的标幺值：
发电机 G：$x_d=x_q=1.62$，$x'_d=0.24$，$T_J=10$ s，$T'_{d0}=6$ s，变压器电抗：$x_{T1}=0.14$，$x_{T2}=0.11$。线路 L：双回 $x_L=0.293$。

初始运行状态为：$U_0=1.0$，$S_0=1.0+\mathrm{j}0.2$。试求：

（1）运行初态下发电机受小扰动后的自由振荡频率。

（2）若增加原动机功率，使得运行角增加到 80°时的自由振荡频率。

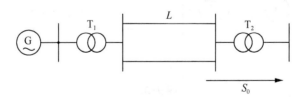

图 9-53 题 9-7 图

领域拓展

《电力系统安全稳定导则》简介

　　20 世纪 80 年代,我国电网还很薄弱,失稳事故多发,针对当时电网稳定破坏事故频发的局面,我国于 1981 年首次颁布《电力系统安全稳定导则》(以下简称《导则》),2001 年第一次修订,并上升为强制性行业标准(DL 755—2001)。自《导则》颁布以来,电网稳定破坏事故大幅减少,电网的安全稳定水平得到提高,《导则》的颁布、实施为满足国民经济发展和人民生活用电需求做出了巨大贡献。近年来,随着特高压电网的发展和新能源大规模持续并网,特高压交直流混联电网逐步形成,系统容量持续扩大,新能源装机不断增加,电网格局与电源结构发生重大改变,电网特性也发生深刻变化,给电力系统安全稳定运行带来全新挑战。

　　最新修订的《电力系统安全稳定导则》(GB 38755—2019)于 2020 年实施,该导则适用于电压等级为 220 kV 及以上的电力系统。《导则》包括保证电力系统安全稳定运行的基本要求、电力系统的安全稳定标准、电力系统安全稳定计算分析三个方面的内容。

　　1. 保证电力系统安全稳定运行的基本要求

　　(1) 为保证电力系统运行的稳定性,维持电网频率、电压的正常水平,系统应有足够的静态稳定储备和有功功率、无功功率备用容量。备用容量应分配合理,并有必要的调节手段。在正常负荷及电源波动和调整有功、无功潮流时,均不应发生自发振荡。

　　(2) 合理的电网结构和电源结构是电力系统安全稳定运行的基础。

　　(3) 在正常运行方式(含计划检修方式,下同)下,所有设备均应不过负荷、电压与频率不越限,系统中任一元件发生单一故障时,应能保持系统安全稳定运行。

　　(4) 在故障后经调整的运行方式下,电力系统仍应有规定的静态稳定储备,并满足再次发生单一元件故障后的稳定和其他元件不超过规定事故过负荷能力的要求。

　　(5) 电力系统发生稳定破坏时,必须有预定的措施,以防止事故范围扩大,减少事故损失。

　　(6) 低一级电网中的任何元件(如发电机、交流线路、变压器、母线、直流单极线路、直流换流器等)发生各种类型的单一故障,均不得影响高一级电压电网的稳定运行。

　　(7) 电力系统的二次设备(包括继电保护装置、安全自动装置、自动化设备、通信设备等)的参数设定及耐受能力与一次设备相适应。

　　(8) 送受端系统的直流短路比、多馈入直流短路比以及新能源场站短路比应达到合理的水平。

　　2. 电力系统的安全稳定标准

　　电力系统的安全稳定标准包括电力系统的静态稳定储备标准、电力系统承受大扰动能力的安全稳定标准、特殊情况要求三个方面的内容。

　　(1) 电力系统的静态稳定储备标准

　　在正常运行方式下,电力系统按功角判据计算的静态稳定储备系数(K_p)应满足

15%～20%，按无功电压判据计算的静态稳定储备系数（K_V）应满足 10%～15%。在故障后运行方式与特殊运行方式下，K_P不得低于 10%，K_V不得低于 8%。

（2）电力系统承受大扰动的安全稳定标准

电力系统承受大扰动能力的安全稳定标准分为三级。第一级标准：保持稳定运行和电网的正常供电。第二级标准：保持稳定运行，但允许损失部分负荷。第三级标准：当系统不能保持稳定运行时，必须防止系统崩溃并尽量减少负荷损失。

（3）特殊情况要求

① 向特别重要受端系统送电的双回及以上线路中的任意两回线路同时无故障或故障断开，导致两条线路退出运行，应采取措施保证电力系统稳定运行和对重要负荷的正常供电，其他线路不发生连锁跳闸。

② 在电力系统中出现高一级电压等级的初期，发生线路（变压器）单相永久故障，允许采取切机措施；当发生线路（变压器）三相短路故障时，允许采取切机和切负荷措施，保证电力系统的稳定运行。

③ 任一线路、母线主保护停运时，发生单相永久接地故障，应采取措施保证电力系统的稳定运行。

④ 直流自身故障或异常引起直流连续换相失败或直流功率速降，且冲击超过系统承受能力时，运行中允许采取切机、闭锁直流等稳定控制措施。

3. 电力系统安全稳定计算分析

（1）电力系统安全稳定计算分析应根据系统的具体情况和要求，对系统安全性分析，包括静态安全、静态稳定、暂态功角稳定、动态功角稳定、电压稳定、频率稳定、短路电流的计算与分析，并关注次同步振荡或超同步振荡问题。研究系统的基本稳定特性，检验电力系统的安全稳定水平和过负荷能力，优化电力系统规划方案，提出保证系统安全稳定运行的控制策略和提高系统稳定水平的措施。

（2）电力系统安全稳定计算分析应针对具体校验对象，选择下列三种运行方式中对安全稳定最不利的情况进行安全稳定校验。

① 正常运行方式：包括计划检修方式和按照负荷曲线以及季节变化出现的水电大发、火电大发、最大或最小负荷、最小开机和抽水储能运行工况、新能源发电最大或最小等情况下可能出现的运行方式。

② 故障后运行方式：电力系统故障消除后，在恢复到正常运行方式前所出现的短期稳态运行方式。

③ 特殊运行方式：主干线路、重要联络变压器等设备检修及其他对系统安全稳定运行影响较为严重的方式。

（3）应研究、实测和建立电力系统计算中的各种元件、装置及负荷的详细模型和参数，计算分析中应使用合理的模型和参数，以保证满足所要求的精度。计算数据中已投运部分的数据应采用详细模型和实测参数，未投运部分的数据应采用详细模型和典型参数。

（4）在互联电力系统稳定运行分析中，对所研究的系统应予保留并详细模拟，对外部系统进行必要的等效简化，应保证等效简化前后的系统潮流一致，动态特性基本一致。

第**10**章
电力系统暂态稳定性分析

大干扰（大扰动）是相对于静态稳定中所提到的小扰动而言，一般指系统发生短路故障、突然断线等。如果系统受到大扰动后仍能达到稳态运行状态，则系统在这种运行情况下是暂态稳定的。反之，如果系统受到大扰动后不能再建立稳态运行状态，而是各发电机组转子间一直有相对运动，相对角不断变化，导致系统的功率、电流和电压都不断振荡，最终整个系统不能再继续运行下去，则称系统在这种运行情况下不能保持暂态稳定。本章以一个简单电力系统为对象，分析故障扰动如何产生平衡功率驱动发电机转子角偏离平衡点，研究发电机受扰动时的计算方法和稳定判据，最后介绍提高电力系统暂态稳定性的措施。

10.1　电力系统暂态稳定性

10.1.1　暂态稳定性的基本概念

电力系统在某一运行方式下，受到外界较大的干扰后，经过一个机电暂态过程，系统能过渡到新的稳态运行方式或恢复到原来稳态运行方式，仍保持各发电机间的同步运行，则认为该电力系统是暂态稳定的。

引起电力系统大扰动的原因有很多，常见的有以下三种基本形式：

（1）电力系统的结构或参数突然发生变化，最常见的是短路，包括单相短路、两相短路、两相接地短路和三相短路。发生短路后，一般情况下电力系统的保护设备动作，由断路器断开故障的元件，一般装有的重合装置会进行次重合动作，如果是瞬时性的故障，重合成功，如果是永久性的故障，则重合不成功，故障线路被永久性切除。另外根据需要断开某一容量较大的线路也属于这种干扰。

（2）突然增加或减少发电机的输出功率，如切除一台容量较大的发电机。

（3）负荷的突然变化，如切除或投入大容量的用户引起较大的扰动。

仍以图 9-1(a)所示的简单电力系统来说明电力系统暂态稳定的基本概念，设一回输电线路由于某种原因在线路两侧断开，则系统的总等效电抗发生突变，以图 10-1(a)说明这个干扰对这个简单电力系统的功角特性曲线的影响。

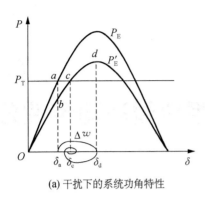
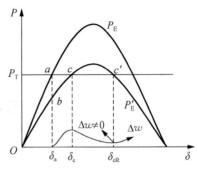

(a) 干扰下的系统功角特性 　　　　　　(b) 系统稳定性被破坏的功角特性

图 10-1　电力系统的暂态稳定过程分析

在正常运行时,原动机输入的机械功率 P_T 与发电机输出的电功率 P_E 是平衡的,系统运行在功角特性曲线 P_E 上的 a 点,切除一回线路后,系统的总电抗发生变化。

$$X'_{\Sigma} = X_G + X_{T1} + X_L + X_{T2} \tag{10-1}$$

$X'_{\Sigma} > X_{\Sigma}$,即总电抗增加,相应的电磁功率方程为:

$$P'_E = \frac{E_G U}{X'_{\Sigma}} \sin \delta \tag{10-2}$$

从功角特性曲线图上来看,原功角特性曲线 P_E 被新的功角特性曲线 P'_E 所取代。由于转子具有较大的机械惯性,所以在切除线路后的瞬间,功率角 δ 的值保持不变,发电机输出的电磁功率突然减小,运行点由 P'_E 曲线上的 b 点确定。

假设在这段时间,原动机的机械功率 P_T 还维持不变,即 $P_T = P_a$,这是因为原动机的调速器是根据转速的改变而起调节作用的,有一定的延时。此时原动机输入的机械功率大于发电机输出的电功率,发电机开始加速,发电机的角速度 W_G 开始大于原稳态时发电机的角速度 W_a,功率角 δ 开始增大,发电机的工作点从 b 点沿功角特性曲线 P'_E 向 c 点变动,同时发电机的输出功率也开始增大。

到达 c 点时,原动机输入的机械功率与发电机的输出功率相等,但过程并不到此结束,因为这时发电机转速已高于同步转速 W_a,由于转子的惯性,功率角将继续增大而越过 c 点。当角度 δ 再增大时,发电机输出功率将大于原动机的机械功率。因此,过剩转矩将变为减速性的,发电机开始减速,相对速度 Δw 也在逐渐减小并在 d 点达到零值,即 $w = W_a$。Δw 的变化见图 10-1(a) 中 Δw 曲线,当曲线在 δ 轴上部,表示 $\Delta w > 0$。

但是在 d 点($\delta_d = \delta_{max}$)发电机的输出功率仍大于原动机的输入功率,发电机仍继续减速,于是发电机的转速开始小于同步转速 W_a,$\Delta w < 0$,于是功率角 δ 减小,工作点将从 d 点沿着功角特性曲线 P'_E 向 c 点趋近,并越过 c 点,Δw 曲线在 δ 轴下部表示 $\Delta w < 0$。

这样反复振荡(这个过程与荡秋千的过程十分类似),在系统的阻尼作用下,最后到达稳态平衡点 c,如图 10-1(a)所示。所以这种情况下电力系统是暂态稳定的。

可能还有另外一种情况,如果电力系统初始运行状态的功率角 δ 较大,输出电功率

P_E 较大,或者 P'_E 的最大值比较小时,如图 10-1(b)所示,从 c 点开始发电机转子减速,Δw 逐渐减小,功率角 δ 增大,如果到达临界角 δ_{cR}(对应于 c' 点)时,Δw 还未降到零,如图 10-1(b)所示,功率角 δ 将继续增大,这样,发电机的输出功率又要小于原动机的输入功率,转子重新开始加速,Δw 又开始增大,角度继续增大,使发电机与受端系统失去同步,破坏了电力系统的稳定运行,这种情况下电力系统是暂态不稳定的。

10.1.2　简单电力系统暂态稳定性的定性分析

仍以图 9-1(a)所示的简单电力系统为例,分析它在正常运行、故障瞬间及故障切除后的暂态过程并进行比较。

一台发电机向无穷大功率系统送电的简单电力系统如图 9-1(a)所示。

(1) 正常运行

在系统正常运行时其等效电路如图 9-1(b)所示,其等效阻抗按式(10-3)计算。

$$X_{\mathrm{I}} = X_G + X_{T1} + X_L/2 + X_{T2} \tag{10-3}$$

发电机的电磁功率方程式为:

$$P_{\mathrm{I}} = UI\cos\varphi = \frac{E_G U}{X_{\mathrm{I}}}\sin\delta \tag{10-4}$$

式中,用下标"I"表示没出现故障时第一种情况,如果在某一瞬间在 T_1 的高压母线附近发生了不对称直接短路,则根据正序等效定则,在简单不对称短路故障的情况中,短路点电流的正序分量,与在短路点的每一相中加入附加阻抗 Z_A 而发生三相短路时的电流相等,这里忽略电阻,则有 $Z_A = jX_A$,其等效电路如图 10-2(a)所示。

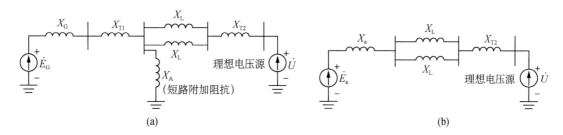

$$(a) \qquad\qquad (b)$$

图 10-2　故障瞬间等效电路

(2) 故障瞬间

根据戴维南定理可以把图 10-2(a)的等效电路化简成简单电路,如图 10-2(b)所示,其中

$$X_{\mathrm{a}} = \frac{(X_G + X_{T1}) \cdot X_A}{X_G + X_{T1} + X_A} \tag{10-5}$$

$$E_{\mathrm{a}} = \frac{E_G X_A}{X_G + X_{T1} + X_A} \tag{10-6}$$

则发电机此时输出的电磁功率为:

$$P_{\text{II}} = \frac{E_a U}{X_a + X_T/2 + X_{T2}} \cdot \sin\delta \qquad (10\text{-}7)$$

化简得：

$$P_{\text{II}} = \frac{E_G U}{X_{\text{II}}} \sin\delta \qquad (10\text{-}8)$$

其中：

$$X_{\text{II}} = X_{\text{I}} + \frac{(X_L/2 + X_{T2})(X_G + X_{T1})}{X_A} \qquad (10\text{-}9)$$

由上式可见，$X_{\text{II}} > X_{\text{I}}$，可见在同样功角 δ 下不对称短路时的发电机的电磁功率 P_{II} 要小于正常运行时的电磁功率 P_{I}。如果是三相短路，则 $X_A = 0$（没有附加阻抗），X_{II} 为无穷大，即三相短路时发电机与电力系统完全断开，发电机输出功率为零。

（3）故障切除后

短路发生后，电力系统的保护设备系统就要动作，切断短路的线路。切除故障线路后的等效电路如图 10-3 所示。

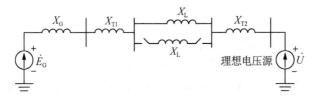

图 10-3　故障切除后的等效电路

此时功率特性为：

$$P_{\text{III}} = \frac{E_G U}{X_{\text{III}}} \sin\delta \qquad (10\text{-}10)$$

其中，$X_{\text{III}} = X_G + X_{T1} + X_L + X_{T2}$。一般情况下，$X_{\text{I}} < X_{\text{III}} < X_{\text{II}}$，因此 P_{III} 曲线介于 P_{II} 与 P_{I} 之间，如图 10-4 所示，分析过程如下：

设正常运行点为 a 点，对应于功率曲线 P_{I}，功角为 δ_a。故障后假定调速器没有动作则在短路故障发生瞬间功率曲线从 P_{I} 突变成 P_{II}，运行点从 a 点跳到 b 点，功角仍为 δ_a，这时，因为原动机输入的机械功率 P_T 大于在 P_{II} 曲线上相应的电磁功率，所以转子加速，δ 角增大，运行点沿 P_{II} 曲线移到 c 点。设运行点在 c 点这一瞬间故障切除，运行点即从 c 点跳到 P_{III} 曲线上的 d 点。此时在 P_{III} 曲线上相应 d 点的电磁功

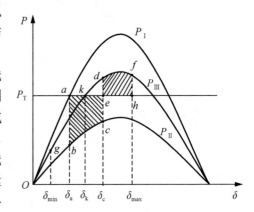

图 10-4　暂态过程分析

率大于 P_T，转子开始减速，一直到 f 点，角速度 $w=w_0$，功角达到最大 δ_{max}，此时虽然发电机恢复了同步运行，但此时的电磁功率仍小于 P_T，发电机的转速 w 继续下降，相对速度 $\Delta w < 0$，于是功角 δ 开始减小，电力系统运行点沿着 $f—d—k—g$ 进行，一直到 g 点，功角最小为 δ_{min}，此后电力系统的运行点以 k 点为中心来回振荡，因阻尼作用的存在，振荡逐渐衰减，最后电力系统在 k 点稳定运行，电力系统达到新的稳定平衡。也就是说系统在短路这个大干扰下保持了暂态稳定。

由以上分析可见，电力系统的初始运行状态、扰动的情况、何时排除扰动都会影响电力系统的暂态稳定性，必须通过定量分析计算确定，下面介绍几种分析计算的方法。

10.1.3　简单电力系统暂态稳定性的定量分析

（1）等面积定则

在不计及自动调节系统作用情况下，等面积定则是判断简单电力系统稳定性的一种近似方法。在前面讨论的图 10-4 中可以看到，故障发生后，运行点沿功率曲线 P_{II} 从 b 到 c，功角从 δ_a 到 δ_c 的过程中，原动机输入的能量大于发电机输出的能量，多余的能量将使发电机转速升高并转化为转子的动能而储存在转子中。

功角从 δ_a 到 δ_c 的过程中，过剩力矩所做的功为：

$$W_1 = \int_{\delta_a}^{\delta_c} \frac{(P_T - P_{II})}{w} \mathrm{d}\delta \qquad (10\text{-}11)$$

因发电机转速偏离同步转速很小，近似认为在这个过程中有 $w \approx w_n$，采用标幺值表示时取 $w_* \approx 1$，代入式（10-11）得到：

$$W_1 \approx \int_{\delta_a}^{\delta_c} (P_T - P_{II}) \mathrm{d}\delta \qquad (10\text{-}12)$$

从数学上来看，上式积分可以表示为 P-δ 图中面积，在图 10-4 所讨论的暂态过程中，如果不计能量损失，加速期间过剩转矩所做的功将全部转化为转子的动能。在标幺值计算中，转子在加速过程中获得的动能增量就等于图 10-4 中 a、b、c、e 四点所围的阴影部分面积 S_1，这块面积称为加速面积。

而故障切除后，运行点沿功率曲线 P_{III} 从 d 点到 f 点，功角从 δ_c 到 δ_{max} 的过程中，原动机输入的能量小于发电机输出的能量，不足的部分由发电机转速降低而释放的动能转化为电磁能来补充。

功角从 δ_c 到 δ_{max} 的过程中，能量的变化用标幺值表示为：

$$W_2 \approx \int_{\delta_c}^{\delta_{max}} (P_T - P_{III}) \mathrm{d}\delta \qquad (10\text{-}13)$$

注意到 W_2 是负值，表示这部分动能的增量为负值，即动能减少，同理在图 10-4 中所讨论的暂态过程中，如果不计能量损失，转子在减速过程中释放的动能就等于图 10-4 中 d、e、f、h 四点所围的阴影部分面积 S_2，这块面积称为减速面积。

当不计能量损失时，根据能量守恒原则，应当满足：

$$W_1 + W_2 = \int_{\delta_a}^{\delta_c} (P_T - P_{II}) d\delta + \int_{\delta_c}^{\delta_{max}} (P_T - P_{III}) d\delta = 0 \tag{10-14}$$

动能增量为零，即 $\Delta w = 0$，正如前面所分析的，到达 f 点时转子转速等于同步转速。直观地看，上式可以表示成加速面积与减速面积大小相等，这就是等面积定则。

$$S_1 = S_2 \tag{10-15}$$

从图 10-4 来看，如果已知 P_I、P_{II}、P_{III} 曲线，正常运行时的运行点 a（已知功角 δ_a），并已知排除故障时间（已知功角 δ_c），就可以根据等面积定则判断暂态过程的振荡范围。

（2）极限切除角

根据等面积定则就可以确定系统暂态稳定的临界条件（或称极限条件）。从图 10-5 可以看到，在给定的电力系统条件下，当故障切除角 δ_c 一定时，有一个最大可能的减速面积 $S(d$、e、h 围成的阴影面积）。

如果最大可能减速面积小于加速面积，运行点将沿 P_{III} 曲线越过 h 点（对应的功角为临界角 δ_{cR}），此时，发电机的转速仍高于同步转速，但输出的电磁功率却小于输入的机械功率，所以发电机又开始加速，将导致发电机失步（失去同步）。因此最大可能的减速面积大于加速面积是保持暂态稳定的必要条件。

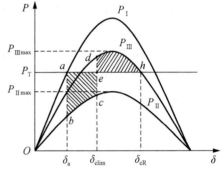

图 10-5 极限切除角

由图 10-5 可以看出，影响加速面积和减速面积，进而影响发电机的暂态稳定性的因素如下：

① 不同结构的电力系统、故障类型以及故障排除方法等因素确定的三条功角特性 P_I、P_{II} 和 P_{III}。

② 系统正常运行时的工作点 a，以及系统原动机输入的机械功率 P_T。

③ 系统故障切除时间 t 或故障切除的功角 δ_c。

由图 10-5 可知，若上述的三个因素中前两个因素已经确定，当最大可能的减速面积小于加速面积时，如果减小切除角 δ_c，就相当于减小加速面积又增大最大可能减速面积，这样使得原来不能保持暂态稳定的系统变成稳定了。同样，如果在某一切除角，最大可能的减速面积与加速面积大小相等，则系统处于暂态稳定的极限情况，若大于这个角度来切除故障，系统将失去稳定性，这个角度称为极限切除角 δ_{clim}。

根据等效面积定则点 a、b、c、e 围成的阴影部分面积应等于点 d、e、h 围成的面积，可以确定：

$$\int_{\delta_a}^{\delta_{clim}} (P_T - P_{II}) d\delta + \int_{\delta_{clim}}^{\delta_{cR}} (P_T - P_{III}) d\delta = 0 \tag{10-16}$$

对式（10-16）进行积分并整理得到极限切除角 δ_{clim} 的值为：

$$\delta_{clim} = \arccos \frac{P_T(\delta_{cR} - \delta_a) + P_{III max} \cos \delta_{cR} - P_{II max} \cos \delta_a}{P_{III max} - P_{II max}} \tag{10-17}$$

式中的角度均以弧度来表示，且临界角 δ_{cR} 表示为：

$$\delta_{cR} = \pi - \arcsin \frac{P_T}{P_{\text{III max}}} \tag{10-18}$$

接着可以通过求解故障时发电机转子运动方程来确定功角特性变化曲线 $\delta(t)$，在 $\delta(t)$ 上求出对应故障极限切除时间。若继电保护设备的实际切除时间小于故障极限切除时间，系统是暂态稳定的；反之，不稳定。

10.2　提高电力系统暂态稳定性的措施

10.2.1　改善电力系统元件的特性和参数

（1）原动机及其调节系统

在暂态稳定分析时提到，电力系统受大干扰后，在暂态稳定的第一个振荡周期内原动机输入功率基本不变，使发电机的转子轴上出现不平衡功率，这是因为原动机的调速系统具有较大的机械惯性和存在失灵区，所以其调节作用有一定的延时。改善原动机的调速系统可以加快调节原动机的输入功率，目前已有根据故障情况来快速调节原动机功率的装置，如在汽轮机上采用快速动作的汽门，能根据发电机功率变化的情况采取相应动作。当电磁功率变小时，快速关闭汽门（汽门动作后可在 0.3 s 内关闭 50% 以上的功率，可以使暂态稳定极限提高约 20%～30%），减小输入的机械功率，使发电机轴上不平衡转矩达到最小，加快振荡的衰减。

（2）发电机及其励磁系统

发电机本身的参数包括电抗、惯性时间常数等，参数对电力系统的静态、暂态稳定性都有影响，但一般汽轮发电机的制造是标准化的，只有水轮发电机是根据具体水电站定制的，可以提出参数要求。

一般发电机主要是用自动励磁调节器来提高电力系统的功率极限，当按运行参数的变化率自动调节励磁时，可以维持发电机的机端电压近似为常数，相当于使发电机的电抗趋于零，起到提高电力系统静态稳定性的作用。很多现代的自动调节器还能有效地抑制自发振荡、更好地维持电压。

另外，励磁系统对发电机电动势的上升速度有决定性作用，因此尽可能采用像晶闸管励磁等这一类快速励磁系统，有助于提高电力系统暂态稳定性。

（3）变压器

① 尽量减小变压器的电抗

为提高电力系统的稳定性，要尽量减小变压器的电抗，变压器的电抗在系统总电抗中占有相当的比重。特别是采用励磁调节系统后发电机的电抗已比较小，输电线路也已采取措施减小电抗，减小电抗后的超高压输电系统，变压器的电抗若能再减小，对提高输电线路的输送能力和系统的静态稳定性，仍有主导作用。目前在超高压远距离输电系统中，广泛采用自耦变压器，除了价格便宜和节省材料外，它的电抗比较小，对提高稳定性有良好的作用。当然采用自耦变压器会带来另外一些问题,如增大短路电流和增加继电保护和调压的困难等。

② 变压器中性点经小阻抗接地

对于中性点直接接地的电力系统,为了提高不对称短路时暂态稳定性,变压器的中性点可改为通过小阻抗接地,由表 8-1 可见,中性点经小阻抗接地时,其短路附加阻抗 Z 增大,因而导致短路后的等效电抗 X_n 减小,电磁功率的幅值 P 增大,从图 10-5 中可以看到加速面积减小有利于暂态稳定。

(4)输电线路

输电线路的电抗,在系统总电抗中占相当大的比例,为了提高电力系统的稳定性,设法减小输电线路的电抗也是一种措施。此外,如前面所讨论的,减小输电线路的电抗对降低电力网的损耗,提高输电系统的功率极限也有重要的作用。

① 提高输电线路的电压

输送功率确定后,输电线路的电抗的标幺值与电压的二次方成反比,所以提高输电线路的额定电压,可以提高电磁功率的幅值(功率极限)。

② 采用分裂导线

在前面已讨论过,采用分裂导线可以减小电抗,所以现在的超高压远距离输电线路,绝大多数都采用分裂导线,一般分裂根数不超过 4 根。一种紧凑型的分裂输电导线已在一些国家投入使用,我国也建设了这种线路,这种线路能更大幅度地减小电抗,但线路结构比较复杂。

③ 采用串联电容补偿

在输电线路中串联电容可以减小电抗,但在超高压传输线中串联电容时,选择补偿度时,还应考虑经济性和其他技术问题。近年来,一些国家已开始应用可控串联补偿装置(TCSC),它由电容器与晶闸管控制的电抗器组成,调节晶闸管的导通角可以改变通过电抗器的电流,使补偿装置的等效电抗在一定范围内连续变化,不仅可以进行参数补偿,还可向系统提供阻尼,抑制振荡,提高系统的静态稳定性和暂态稳定性。

(5)开关等附加设备

① 输电线路设置开关站

系统发生故障后,双回输电线路被切除一回,线路阻抗将增大一倍,使排除故障后的 P_{III} 功率曲线的幅度降低,如果在远距离传输线路上设置一些开关站,如图 10-6 所示,只切除一部分故障的线路,可以使 P_{III} 的幅度下降少一些,从而提高暂态稳定性。一般按每 300~500 km 设一个开关站。

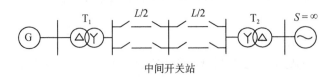

图 10-6　输电线路设置开关站

② 发电机采用电气制动

如果在系统发生短路故障瞬间,有控制地在加速的发电机端投入电阻负荷,如图 10-

7(a)所示,同时打开时间控制器,可以增加发电机的电磁功率,产生制动作用,经一段(预先设定的)时间后切除制动电阻从而达到提高暂态稳定性的目的。

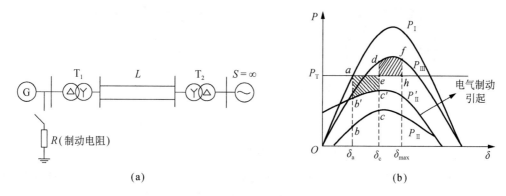

图 10-7　电气制动提高发电机的暂态稳定性

若在短路发生的瞬间立即投入电气制动,并在切除故障的同时也切除制动电阻,则其功角特性曲线变化如图 10-7(b)所示,投入电气制动后 P_{II} 曲线改变为 P'_{II} 曲线,减小了加速面积,使系统保持暂态稳定。

10.2.2　改善电力系统运行的条件和参数

(1) 合理选择电力网结构

有多种方法可以改善系统的结构,加强系统的联系,例如采用多回路并联或分组接线等方式。此外,将输电线路与途经的中间电力系统连接起来也是有利于改善系统结构的。

(2) 切除部分发电机及减少部分负荷

发电机轴上的不平衡功率,还可以从减少原动机输入功率方面入手,如果系统备用容量足够,在切除故障线路的同时,连锁切除部分发电机也是一种简单可行的提高暂态稳定性的措施。

(3) 采用中间补偿设备

在输电线路的中间变电所内装设无功功率补偿装置,可以起到稳定电压的作用,现在用得比较多的是静止补偿器,可以进行双向补偿。

(4) 快速切除故障

快速切除故障对提高电力系统的暂态稳定性有决定性的作用,在图 10-8 中可以看到快速切除故障可以减小加速面积,增加减速面积,提高发电机与电力系统并列运行的稳定性。目前已能做到在短路发生后 0.06 s 切除故障,其中 0.02 s 为保护装置的动作时间,0.04 s 为断路器的动作时间。

(5) 自动重合闸

电力系统中的故障,特别是高压架空输电线路的故障,大多是由瞬时性的电弧放电造成的短路故障。自动重合闸装置是指在发生故障的线路上,先断开线路,经过一段时间(约 2～3 s)后再自动重新合上断路器,如果故障消失则重合闸成功,如果故障没有消失,就再次断开。

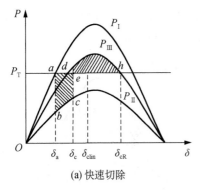
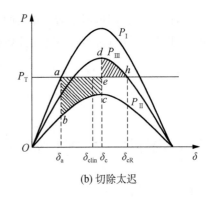

(a) 快速切除   (b) 切除太迟

图 10-8　快速切除故障提高系统暂态稳定性

现仍用图 9-1(a)所示的简单电力系统说明自动重合闸对提高系统暂态稳定性的作用。设电力系统原运行在 a 点,设短路后双回线路中的一回发生短路故障,在 c 点切断故障线路,其加速面积为由 $abcd$ 围成的面积,如图 10-9(a)所示,从图中可以看出,加速面积甚至有可能大于减速面积,若在功角为 δ_R 时系统自动重合闸成功,则运行点将从 P_{III} 上的 e 点跃到 P_{I} 上的 f 点,减速面积增大了,所以能保持系统的暂态稳定性。

对于高压电力输电线路,出现最多的是单相接地短路,而且大多数单相接地短路为瞬时性短路,对此可采用自动单相重合闸。这种自动重合闸装置可以自动地确定故障相,切除故障相并自动单相重合闸。这样因切除单相(故障相)引起电力系统的电磁功率变化比较小,其功角特性曲线如图 10-9(b)所示,从图中可以看出,单相切断大大减小了加速面积,提高了电力系统的暂态稳定性。

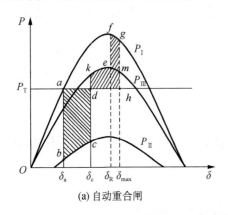
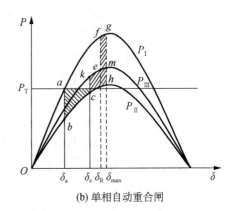

(a) 自动重合闸   (b) 单相自动重合闸

图 10-9　自动重合闸对暂态稳定性的影响

采用自动重合闸装置不仅可以提高系统供电的可靠性,而且可以大大提高系统的暂态稳定性。实际应用中重合闸的成功率是很高的,可达 90% 以上。

(6) 采用高压直流输电

高压直流输电作为两大电力系统互连的重要手段,在我国已逐步得到应用,例如从重庆到上海的 ±500 kV 的高压直流输电线路把西南电力网与华东电网连接在一起,直流输电是将发送端的交流电经升压整流后,通过超高压远距离直流线路,送到接收端再逆变成交流电,并入电网。由于直流输电的电压及传输功率与两端系统的频率无关,所以通过直流输电相联系的两大系统间,不存在同步并列运行的稳定性问题。此外还可以利用直流输电的快速调控能力来提高交流系统的稳定性。

10.2.3　防止系统失去稳定性的措施

当电力系统出现了超过设计规定的严重干扰或故障时,系统可能会失去稳定性,稳定性的破坏,可能会波及整个电力系统,给国民经济造成不可估量的损失,所以还要事先考虑一些最后的应急措施。

（1）设置解列点

有计划地在电力系统中安置解列点,把电力系统分解成几个可以相对独立的子系统,尽量做到这些子系统中的电源和负荷的基本平衡,在解列点设置手动或自动断路器,一旦电力系统的稳定性遭到破坏时,断开解列点,从而使各子系统之间不再保持同步,但各子系统的频率和电压能保持基本正常。这种把系统解列的措施是不得已时的临时措施,将各部分的运行参数调整好后,就要尽快将各部分重新并列运行。

（2）允许短时间异步运行并采取措施实现再同步

当个别发电机由于励磁系统故障而失磁时,只要故障不危及发电机的继续运行,并且电力系统有足够的无功功率,允许不立即切除失磁发电机,而让它在系统中做短时间异步运行,待励磁系统故障排除后重新投入励磁,使该发电机恢复同步运行。

10.3　单机无穷大系统暂态稳定性建模与验证分析

10.3.1　单机无穷大系统仿真模型的建立

本节设计一个单机无穷大系统,当在某一点发生两相接地短路后,对故障点所在这段线路的两侧同时断开切除故障,对故障切除后系统的暂态稳定性进行分析,具体系统接线及相关参数如图 10-10 所示。

变压器参数:
T_1: S_{N1}=360 MVA, U_K%=14%, K_1=10.5/242,
T_2: S_{N2}=360 MVA, U_K%=14%, K_2=220/121。

发电机参数: S_{GN} = 352 MVA, P_{GN} = 30 MW, U_{GN} = 10.5 kV, x_d=1, x_d'=0.25, x_d''=0.252,
x_q = 0.6, x_q''= 0.243, x_1'= 0.18, T_d = 1.01, T_d''= 0.053, T_{q0}''= 0.1,
R_s = 0.002 8, $H(s)$ = 4 s, T_{JN} = 8 s, 负序电抗值: x_2 = 0.2

线路参数: L = 250 km, U_N = 220 kV, x_L = 0.41 Ω/km,
r_L = 0.07 Ω/km, 零序电抗为正序电抗的5倍。

图 10-10　单机无穷大系统

在这个单机无穷大系统仿真模型中,发电机采用 p.u.标准同步发电机模块;两台变压器均采用"Three-Phase Transformer(Two Wind)"模块;输电线路采用三相分布参数线路模块;负荷模型采用恒功率负荷模块;故障点采用三相线路故障模块"Three-Phase Fault",并根据故障模块的参数设置对两个断路器进行设置来相应的切断故障线路。"电抗"(Reactance),其参数分别代表 d 轴同步电抗、暂态电抗、次暂态电抗、q 轴同步电抗、暂态电抗(对于实心转子)、次暂态电抗,漏抗,所有的参数均为标幺值,本次参数设置为 [1,0.25,0.252,0.6,0.243,0.18]。

(1) 同步发电机模块

本次仿真采用 p.u.标准同步发电机,模块如图 10-11 所示。

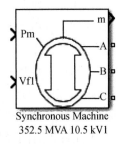

图 10-11　同步发电机模块

具体参数设置中,"直轴和交轴时间常数"(d axis time constants,q axis time constants),其参数定义了 d 轴和 q 轴的时间常数类型,分为开路和短路两种类型,其中 d 轴选择短路,q 轴选择开路。"时间常数"(Time constants),其参数分别代表 d 轴和 q 轴的时间常数,具体包括 d 轴开路暂态时间常数和短路暂态时间常数,d 轴开路次暂态时间常数和短路次暂态时间常数,q 轴开路时间常数和短路暂态时间常数,q 轴开路次暂态开路时间常数和短路次暂态时间常数,这些时间常数必须与时间常数中的定义一致,本次参数设置为[1.01,0.053,0.1]。具体参数设置如图 10-12 所示。

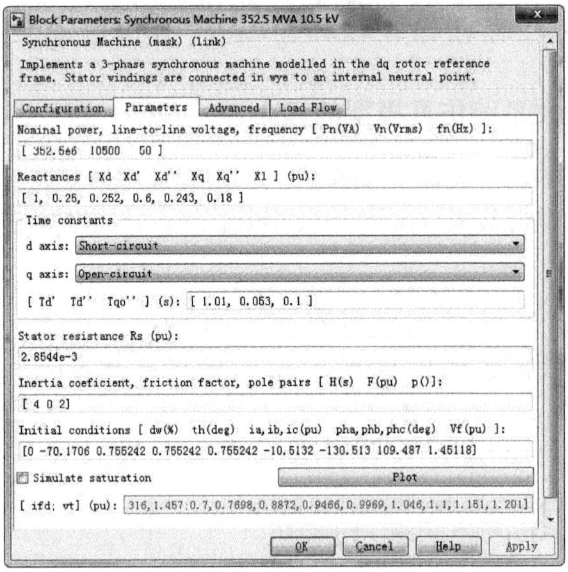

图 10-12　同步发电机参数

在图 10-12 中"定子电阻"(Stator resistance),其参数代表定子电阻值,本次参数设置为 2.854 4e-3。"机械参数"(Inertia coeficient, friction factor, pole pairs),其参数代表衰减系数 C、摩擦系数 F 和极对数 P,本次参数设置为[4 0 2]。"初始条件"(Initial conditions),其参数分别代表初始角速度偏移、转子初始角位移、线电流幅值、相角和初始励磁电压,本次参数设置为[0 −70.1706 0.755242 0.755242 0.755242 −10.5132 −130.513 109.487 1.45118]。"饱和仿真"(Simulate saturation),其参数用来设置定子和转子铁芯是否饱和,在应用时,若需要考虑定子和转子的饱和情况,则选中该复选框,本次不需要考虑则不选取。

（2）三相故障模块

三相故障模块是由三个独立的断路器组成的可以对各种短路情况进行模拟的模块,这个模块图标如图 10-13 所示,双击打开这个模块的参数对话框,可以进行各种短路设置。

图 10-13　三相故障模块

"A 相故障"(Phase A Fault),其参数选中后表示允许 A 相断路器动作,否则 A 相断路器将保持初始状态。

"B 相故障"(Phase B Fault),其参数选中后表示允许 B 相断路器动作,否则 B 相断路器将保持初始状态。

"C 相故障"(Phase C Fault),其参数选中后表示允许 C 相断路器动作,否则 C 相断路器将保持初始状态。

"故障电阻"(Fault resistances Ron),其参数代表断路器投合的内部电阻,断路器投合时的内部电阻不能为 0,本次参数设置为 0.001。

"接地故障"(Ground Fault),其参数选中表示允许接地故障,通过和各个开关配合可以实现多种接地故障。

"大地电阻"(Ground resistance),其参数代表接地故障时的大地电阻,大地电阻不能为 0,本次参数设置为 0.01。

"外部控制"(External control of fault ting),其参数如果选中,三相故障模块上将增加一个外部控制信号输入端。开关时间由外部逻辑信号(0 或 1)控制,因此设置为不选中。

"切换时间"(Switching times),其参数用来设置断路器的动作时间,[0.1,5]表示故障时间设置为 0.1 s 发生,5 表示仿真时间一共 5 s。

具体参数设置如图 10-14 所示。

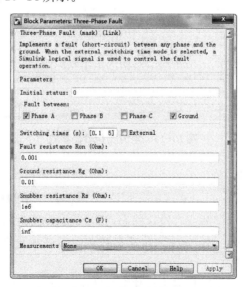

图 10-14　三相故障模块参数

（3）电力负荷模块

负荷模型的选择对电力系统分析具有很大影响。由于电力系统的负荷相当复杂，不但数量大、分布广、种类多，而且其工作状态带有很大的随机性和时变性。连接各类用电设备的配电网结构也可能发生变化，因此，如何建立一个既准确又实用的负荷模型，至今仍是一个尚未被很好解决的问题。

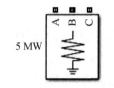

通常负荷模型分为静态模型和动态模型，其中静态模型表示稳态下负荷功率与电压和频率的关系；动态模型反映电压和频率急剧变化时负荷功率随时间的变化。常用的负荷有恒阻抗、恒功率、恒电流和三者组合的综合负荷模型。本设计中的恒功率负荷模块如图 10-15 所示。

图 10-15　电力负荷模块

负荷模型的选择对系统动态过程和稳定问题都有很大的影响。在潮流计算中，负荷常用恒定功率表示，必要时也可以采用线性化的静态特性。在短路计算中，负荷可表示为含源阻抗支路或恒定阻抗支路。在稳定计算中，综合负荷可表示为恒定阻抗模型。为了方便分析，本次暂态稳定性仿真选用恒功率负荷模型。

具体参数设置如图 10-16 所示。

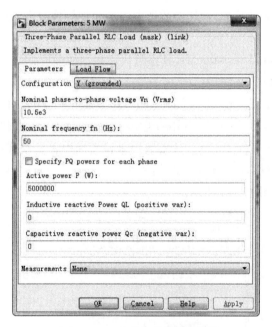

图 10-16　电力负荷模块参数

（4）三相断路器模块

"断路器初始状态"（Initial status of breaker）：断路器三相的初始状态相同，选择初始状态后，图标会显示相应的切断或者投合状态，初始状态设置为闭合状态。

"A 相开关"（Switching of phase A），其参数选中后表示允许 A 相断路器动作，否则 A 相断路器将保持初始状态。

"B 相开关"（Switching of phase B），其参数选中后表示允许 B 相断路器动作，否则 B

相断路器将保持初始状态。

"C 相开关"（Switching of phase C），其参数选中后表示允许 C 相断路器动作，否则 C 相断路器将保持初始状态。

三相断路器模块如图 10-17 所示。

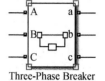

Three-Phase Breaker

"切换时间"（Switching times），当没选中这个参数时，采用内部控制方式，输入一个时间向量以控制开关动作时间。如果选中外部控制方式，该文本框不可见，本次设置[0.2]，代表故障切除时间为 0.2 s。

图 10-17　三相断路器模块

具体参数设置如图 10-18 所示。

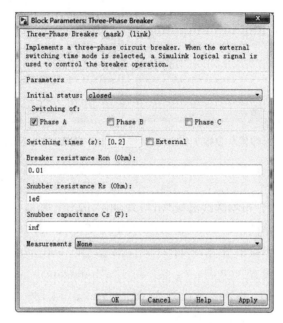

图 10-18　三相断路器模块参数

（5）变压器模块

本次仿真两个变压器均采用"Three-Phase Transformer (Two Wind)"模块，模块如图 10-19 所示。

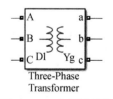

Three-Phase Transformer

变压器采用三个单相变压器仿真，用的模型为 Three-Phase Transformer(Two Wind)模块，变压器的一端采用接地形式，另一端采用星形连接，参数如图 10-20 所示。

图 10-19　变压器模块

单击 Parameters，在这个对话框下进行相关变压器的额定容量、电压、频率的设置，变压器采用 p.u.形式，标准电压设置为 360 kV，额定频率为 50 Hz。在"Winding 1 Parameters"处设置变压器 1 端的电压、电阻和电感参数，设置为[10.5e3　0.002 7　0.08]。在"Winding 2 Parameters"处设置变压器 2 端的电压、电阻和电感参数，设置为 [242e3　0.002 7　0.08]。在"Magnetization resistance Rm"处设置变压器励磁电阻，设置为 500。在"Magnetization inductance Lm"处设置变压器励磁电感，设置为 500。具体参数设置如图 10-21 所示。

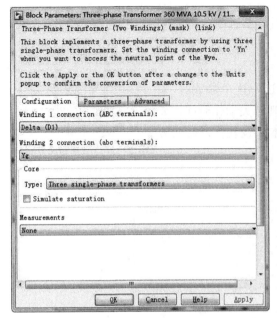

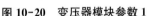

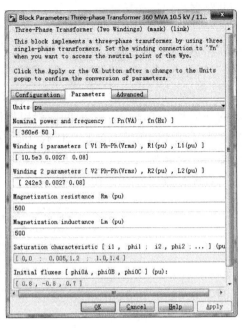

图 10-20　变压器模块参数 1　　　　　图 10-21　变压器模块参数 2

（6）输电线路模块

输电线路采用三相分布参数线路模块，模块如图 10-22 所示。模块参数中"Number of phases"用来设置线路的条数，本次参数设置为 3；"Frequency used for "用来设置线路所处系统的频率，本次参数设置为 50 Hz；"Resistance per unit length"用来设置平均每千米线路的电阻值，本次设置为[0.012 73　0.386 4]；"Inductance per unit length"用来设置平均每千米线路的电感值，本次参数设置为[0.933 7e - 3　4.126 4e - 3]。"Line length"用来设置线路长度，本次参数设置为 350 km。

（7）无穷大系统模块

无穷大系统采用"Three-phase source"模型来模拟，模型如图 10-23 所示。具体参数设置："Phase-to-Phase voltage"表示相对相电压，设置为无限大；"Frequency used for "设置频率为 50 Hz；"3-phase short-circuit level at base voltage"表示额定容量，本次参数设置为 10 000 MW，设置大数值是用来模拟无穷大系统；"Configuration"用来设置接线方式，Yg 代表三角形接法，有中性线引出；"Base voltage"表示额定电压，设置为 110 kV。

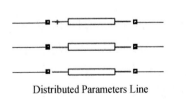

Distributed Parameters Line

图 10-22　输电线路模块

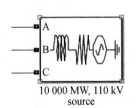

10 000 MW, 110 kV
source

图 10-23　无穷大系统模块

（8）仿真运行

将各个模块从库中双击加入，并将其参数按照上节内容设置好后，用导线依次连接好，仿真图如图 10‐26 所示。通过模型窗口菜单中的"Simulation"→"Configuration Parameters"命令打开设置仿真参数对话框，选择离散算法，仿真时间从 0 开始，仿真 5 s 后结束，具体参数设置如图 10‐24 所示。然后利用 Powergui 模块设置采样时间为 1e‐5，其他参数采用默认设置，最后在故障模块中设置系统在 0.1 s 发生三相故障，0.2 s 后切除故障线路，如图 10‐25 所示。

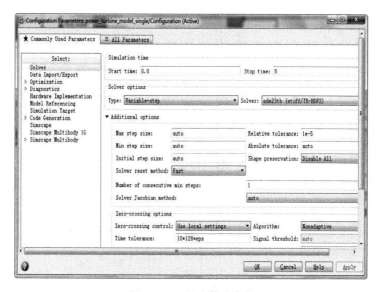

图 10-24　仿真算法参数

图 10-25　Powergui 模块参数

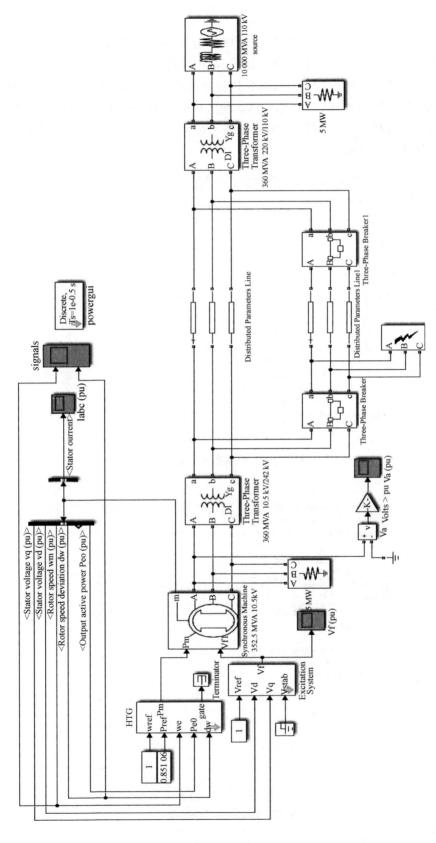

图 10-26　单机无穷大系统暂态分析仿真模型

10.3.2 短路故障仿真分析

（1）三相故障

设置三相故障模块，双击此模块，勾中 A、B、C 即设置为发生三相故障，设置故障发生时间为 0.1 s，仿真时间 5 s。参数设置如图 10-27 所示。

然后单击断路器模块，在打开的对话框中，设置切除故障线路时间为 0.2 s，参数设置如图 10-28 所示。

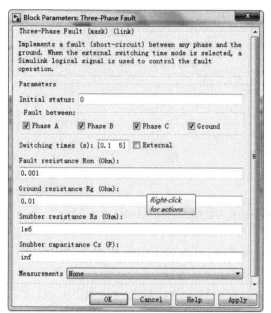

图 10-27 三相故障模块参数对话框

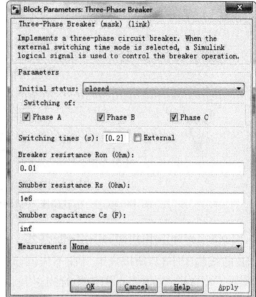

图 10-28 断路器参数对话框

然后单击开始仿真按钮，双击示波器模块，观察发生三相故障时电机转速及功角曲线，发电机转速及功角曲线如图 10-29 所示。

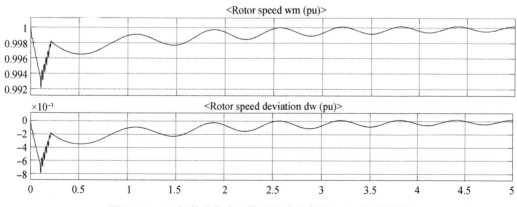

图 10-29 三相故障发电机转速及功角曲线(0.2 s 切除故障)

由发电机功角曲线和转速曲线可知,0.1 s 发生三相故障,0.2 s 断路器工作切除故障线路,发电机转速及功角曲线趋于平稳,发电机可以在不失同步的情况下过渡到新的运行状态,并在新的运行状态下稳定运行。

增大断路器切除故障线路时间至 0.32 s,模块参数设置同上,不再赘述。观察发生三相故障时发电机转速及功角曲线,发电机转速及功角曲线如图 10-30 所示。

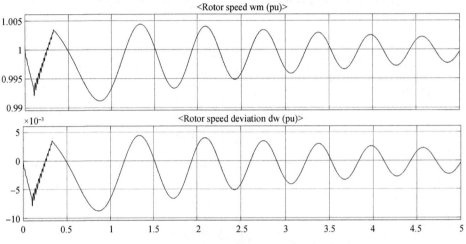

图 10-30 三相故障发电机转速及功角曲线(0.32 s 切除故障)

0.1 s 发生三相故障,0.32 s 断路器工作切除故障线路,由发电机转速及功角曲线可知,曲线趋于平稳,所以发电机在不失同步的情况下过渡到新的运行状态,并在新的运行状态下稳定运行,但是由于切除时间更长,所以发电机转速及功角曲线波动更大,趋于平稳的时间比 0.2 s 切除故障的更长。

增大断路器切除故障线路时间至 0.33 s,模块参数设置同上,不再赘述。观察发生三相故障时发电机转速及功角曲线,发电机转速及功角曲线如图 10-31 所示。

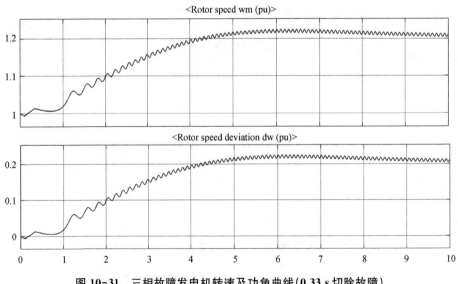

图 10-31 三相故障发电机转速及功角曲线(0.33 s 切除故障)

0.1 s 发生三相故障,0.33 s 断路器工作切除故障线路,由发电机转速及功角曲线可知,曲线没有趋于平稳,所以此时系统不能稳定运行,发电机无法在不失同步的情况下过渡到新的运行状态,并在新的运行状态下稳定运行。

此时发电机的三相电流图如图 10-32 所示。

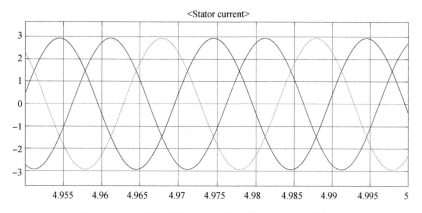

图 10-32　三相故障发电机电流曲线(0.32 s 切除故障)

综上分析可知,当发生三相短路故障时,越早切除故障,发电机越能尽早稳定运行。当 0.32 s 断路器工作切除故障,系统可以稳定运行,0.33 s 断路器工作切除故障,系统无法在新的运行状态下稳定运行,所以此时发生三相短路的极限切除时间为 0.32 s。

（2）单相故障

设置三相故障模块,双击此模块,勾中 A、B、C 中的任意一相即设置为发生单相故障,设置故障发生时间为 0.1 s,仿真时间 5 s。参数设置同前文三相故障类似,此处不再赘述。

同样地,然后单击断路器模块,在打开的对话框中,设置切除故障线路时间为 0.33 s,参数设置同前文三相故障类似,此处不再赘述。最后单击开始仿真,双击示波器模块,观察发生单相故障时发电机转速及功角曲线,如图 10-33 所示。

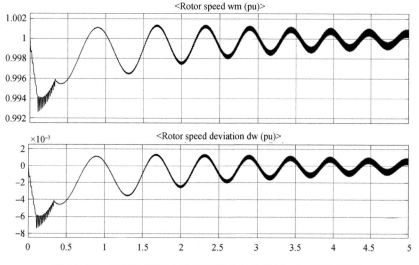

图 10-33　单相故障发电机转速及功角曲线(0.33 s 切除故障)

0.1 s 发生单相故障,0.33 s 断路器工作,切除故障线路,发电机在仿真结束时间 5 s 时已经趋于平稳,说明此时系统暂态稳定。

增大断路器切除故障线路时间至 0.55 s,模块参数设置同上,不再赘述。观察发生单相故障时发电机转速及功角曲线,发电机转速及功角曲线如图 10-34 所示。

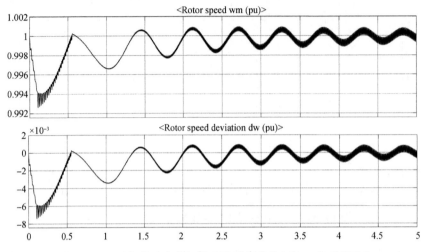

图 10-34 单相故障发电机转速及功角曲线(0.55 s 切除故障)

0.1 s 发生单相故障,0.55 s 断路器工作切除故障线路,由发电机转速及功角曲线可知,曲线趋于平稳,所以发电机能在不失同步的情况下过渡到新的运行状态,并在新的运行状态下稳定运行。虽然切除时间更晚,但是发电机转速及功角曲线波动变化幅度不大,趋于平稳的时间与 0.33 s 切除故障时几乎一致。

接下来仍然设置三相故障模块,设置单相故障发生时间为 0.1 s,仿真时间 5 s,但是断路器不工作,此时发电机的三相电流图如图 10-35 所示。由于 0.1 s 发生单相故障,断路器不工作,虽然系统稳定运行,但是发电机转速及功角曲线不是均匀的曲线,此时发电机是不正常运行,必须及时切除故障,否则会减少发电机的寿命,这种情况也符合小电流接地系统发生单相故障仍然可以带故障运行 2 h 的原则,观察电机的三相电流图可知,故障相电流增大,非故障相电流不变。

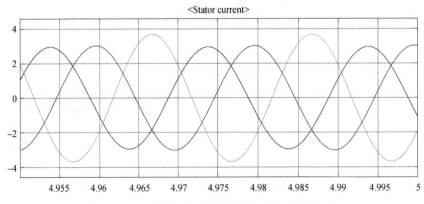

图 10-35 单相故障发电机电流曲线(不切除故障)

（3）两相故障

设置三相故障模块，双击此模块，勾中 A、B、C 中的任意两相即设置为发生两相故障，设置故障发生时间为 0.1 s，仿真时间 5 s。参数设置同前文三相故障类似，此处不再赘述。

同样地，然后双击断路器模块，在打开的对话框中，设置切除故障线路时间为 0.2 s，参数设置同前文三相故障类似，此处不再赘述。最后单击开始仿真，双击示波器模块，观察发生两相故障时发电机转速及功角曲线，如图 10-36 所示。

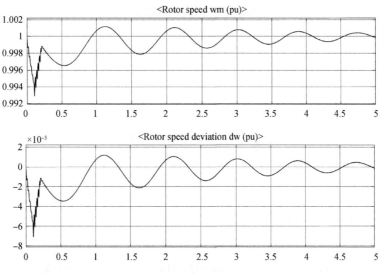

图 10-36 两相故障发电机转速及功角曲线(0.2 s 切除故障)

0.1 s 发生 A、B 两相故障，0.2 s 断路器工作切除故障线路，由发电机转速及功角曲线趋于平稳可知系统稳定运行。增大断路器切除故障线路时间至 0.56 s，观察发生两相故障时发电机转速及功角曲线，发电机转速及功角曲线如图 10-37 所示。

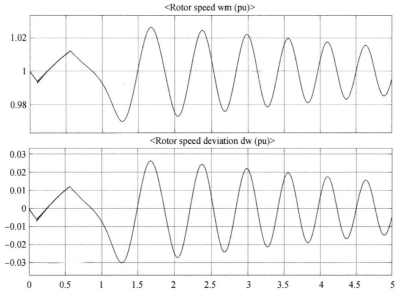

图 10-37 两相故障发电机转速及功角曲线(0.56 s 切除故障)

由发电机转速及功角曲线图可知,0.1 s 发生 A、B 两相故障,0.56 s 断路器工作,切除故障线路,系统稳定运行,但是切除故障时间延后,导致发电机转速及功角曲线的波动幅度变大,发电机稳定运行时间延后。

继续增大断路器切除故障线路时间至 0.57 s,模块参数设置同上,不再赘述。观察发生两相故障时发电机转速及功角曲线,发电机转速及功角曲线如图 10-38 所示,此时发电机的三相电流图如图 10-39 所示。

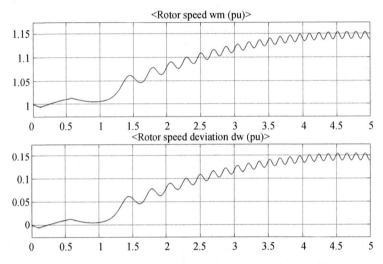

图 10-38　两相故障发电机转速及功角曲线(0.57 s 切除故障)

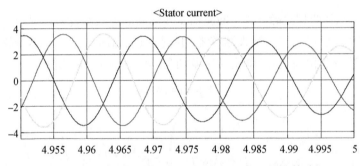

图 10-39　两相故障发电机电流曲线(0.57 s 切除故障)

0.1 s 发生 A、B 两相故障,0.57 s 断路器工作,切除故障线路,由发电机转速及功角曲线可知,曲线没有趋于平稳,所以此时系统不能稳定运行,发电机无法实现在不失同步的情况下过渡到新的运行状态,并在新的运行状态下稳定运行,所以此时发生两相短路的极限切除时间为 0.56 s。观察发电机的三相电流图可知,发电机电流逐渐降低,无法稳定运行。

综上分析可知,无论发生哪种短路故障,越早切除故障线路,发电机越能尽早稳定运行,当故障切除时间对应的切除角大于极限切除角时,系统不能稳定运行,反之系统能在短路故障线路切除后稳定运行。本章中阐述的提高暂态稳定性的措施第一条是快速切除故障和采用自动重合闸,本小节通过仿真也验证了该条措施的正确性,快速切除故障是最有效和经济的方法。

10.3.3　提高系统暂态稳定性仿真验证

从本章的学习中可以知道提高暂态稳定性的相关措施,本小节分别通过改变发电机励磁参数、改变输电线路参数和改变负荷参数来验证分析系统暂态稳定性。

（1）改变发电机的励磁参数

改变发电机励磁比,增加发电机的电磁功率,可以减小原动机的机械功率与发电机的电磁功率之间的差异,更有利于电力系统的稳定。双击打开"Excitation System"模块参数对话框,如图 10-40 所示,通过修改"Regulator gain and time constant"可以改变发电机的励磁比。

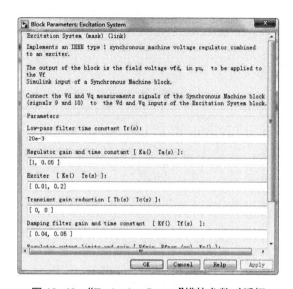

图 10-40　"Excitation System"模块参数对话框

为了更明显地看出参数对暂态稳定性的影响,仿真时间延长至 10 s,故障模式选择两相接地短路故障,短路时间不变还是 0.1 s,断路器模块切除故障时间为 0.55 s,因为必须在系统处于稳定的情况下才能探讨发电机励磁参数对暂态稳定性的影响。

首先将"Regulator gain and time constant"参数设置为 1。观察发电机的转速及功角曲线,如图 10-41 所示。

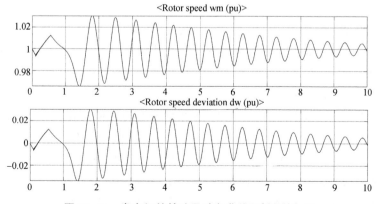

图 10-41　发电机的转速及功角曲线(励磁比为 1)

由发电机的转速及功角曲线可知,发电机在仿真时间达到 10 s 时,仍然存在很大的波动,发电机可以稳定运行,但是还尚未达到稳定运行的状态。

然后将"Regulator gain and time constant"参数设置为 1 000。观察发电机的转速及功角曲线,如图 10-42 所示。

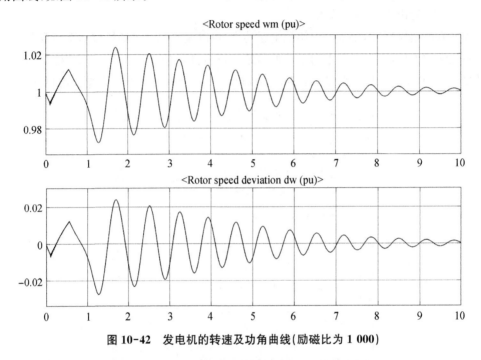

图 10-42　发电机的转速及功角曲线(励磁比为 1 000)

由发电机的转速及功角曲线可知,发电机在仿真时间达到 10 s 时,其转速及功角波动幅度很小,几乎处于稳定运行状态,且相较于励磁参数设置为 1 时波动幅度更小。

综上仿真分析可知,可以改变发电机强励倍数,通过改变励磁比,增加电机的电磁功率,从而增大系统的暂态稳定性。

故而本章中阐述的提高暂态稳定性的措施第二条是强行励磁,本小节通过仿真也验证了这一措施的正确性,强行励磁有利于快速提高发电机内电势,从而增加输出功率,减少加速能量,有利于提高暂态稳定性。

(2) 改变输电线路的参数

此处探讨输电线路的电阻和电抗对暂态稳定性的影响,通过改变输电线路的电阻、电抗和电容并观察发电机的功角曲线和转速曲线的前后变化来判断输电线路的参数是否对暂态稳定性有影响,并进一步研究输电线路的电阻、电抗和电容对暂态稳定性有何种影响,哪一个参数的变化对暂态稳定性影响更大。

双击打开"Distributed Parameters Line"模块参数对话框,如图 10-43 所示,通过修改"Resistance per unit length"可以改变输电线路的电阻、电抗和电容。

同样,为了明显看出参数对暂态稳定性的影响,仿真时间延长至 10 s,故障模式选择两相接地短路故障,短路时间不变还是 0.1 s,断路器模块切除故障时间为 0.55 s,因为必须在系统处于稳定的情况下才能探讨输电线路参数对暂态稳定性的影响。

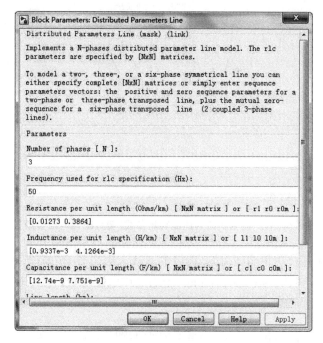

图 10-43　"Distributed Parameters Line"模块参数对话框

　　首先按照正常情况的输电线路阻抗参数进行仿真,得出发电机的转速及功角曲线,如图 10-44 所示。

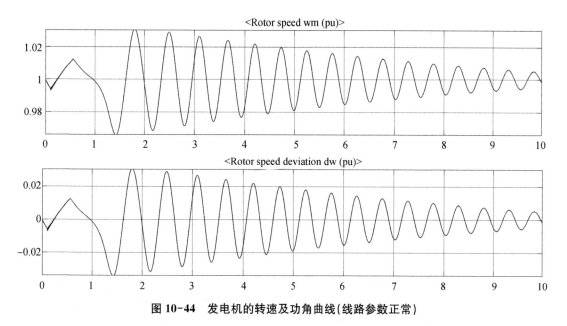

图 10-44　发电机的转速及功角曲线(线路参数正常)

　　由发电机转速及功角曲线图可知,0.1 s 发生 A、B 两相故障,0.55 s 断路器工作,切除故障线路,系统可以稳定运行。然后将"Resistance per unit length"中电阻参数增大,最后观察发电机的转速及功角曲线的变化,如图 10-45 所示。

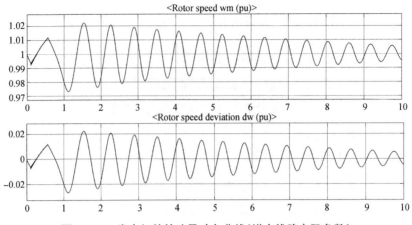

图 10-45　发电机的转速及功角曲线(增大线路电阻参数)

由发电机的转速及功角曲线可知,两者的曲线大致一样,仿真至 10 s 时,曲线的波动都比较小。接下来将"Resistance per unit length"中电感参数增大,观察发电机的转速及功角曲线的变化,如图 10-46 所示。

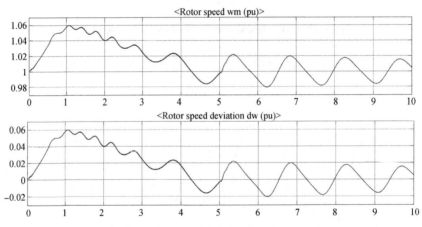

图 10-46　发电机的转速及功角曲线(增大线路电感参数)

由发电机的转速及功角曲线可知,发电机在仿真时间达到 10 s 时处于稳定运行状态,发电机的转速及功角波动幅度很小,相较于增大电阻而言,增大电感对于发电机的初始转速和功角有较大影响。

在上一个仿真参数的基础上,进一步修改输电线路的电容参数观察发电机的转速及功角曲线的变化,如图 10-47 所示。

由发电机的转速及功角曲线可知,发电机在仿真时间达到 10 s 时可以稳定运行,发电机的转速及功角波动幅度相较于没有增大线路电容时更大,相较于增大电阻而言,增大电容对于发电机的初始转速和功角有较大影响。

综上所述,输电线路增大电感和对地电容值对暂态稳定性的影响比增大电阻值更大,通过发电机的转速和功角曲线可以得知增大电感值对于暂态稳定性的初始摆角是不利的,但是可以缩短稳定所需要的时间,提高稳定的速度,而增大对地电容值对暂态稳定性

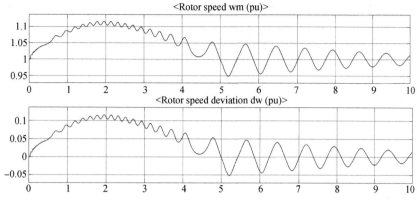

图 10-47 发电机的转速及功角曲线(增大线路电容参数)

也是不利的。当然具体对于暂态稳定性是有利还是有弊端还需要进一步研究,只通过比较发电机的转速和功角曲线也是不够严谨的。

(3) 改变负荷的参数

此处探讨负荷的参数对暂态稳定性的影响,通过改变负荷模块的相关参数并观察发电机的功角曲线和转速曲线的前后变化来判断输电线路的参数是否对暂态稳定性有影响。常用的负荷有恒阻抗、恒功率、恒电流和三者组合的综合负荷模型,为了方便研究,本次暂态稳定性分析选用恒功率负荷模型。

断路器、三相故障模块的参数不变,和上一节中一致,仍然采用两相接地故障,故障时间为 0.1 s,0.55 s 切除故障,仿真时间延长至 10 s。

本次研究负荷模块参数对暂态稳定性的影响只需双击负荷模块,打开负荷模块参数对话框,将负荷的功率设置成 10 MW,如图 10-48 所示。

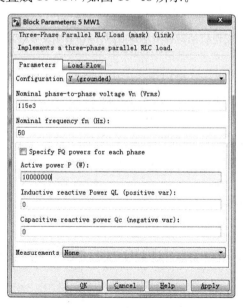

图 10-48 恒功率负荷模块参数

观察发电机的转速及功角曲线的变化,如图 10-49 所示。然后双击负荷模块,打开负荷模块参数对话框,将负荷的功率修改成 5 MW,观察发电机的转速及功角曲线的变化,如图 10-50 所示。

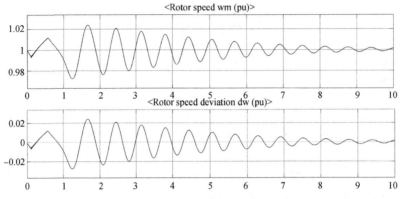

图 10-49　发电机的转速及功角曲线(恒功率模块参数为 10 MW 时)

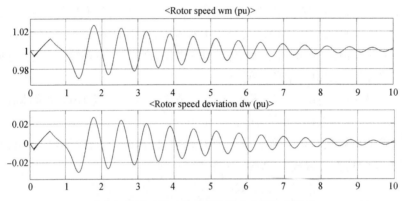

图 10-50　发电机的转速及功角曲线(恒功率模块参数为 5 MW 时)

观察两张发电机的转速及功角曲线图,可以发现几乎毫无差别,仿真时间达到 10 s 时,发电机转速和功角波动幅度几乎一致。

综上分析可知,改变恒功率负荷模块的参数对暂态稳定的影响不大,甚至没有影响,当然此处单指恒功率负荷模块,至于恒阻抗、恒电流或者组合的综合负荷模型的参数改变是否对暂态稳定有影响,本次仿真并未做更深一步研究。

案例分析与仿真练习

(十)环形电网输电线路故障行波计算与分析(综合仿真)

任务一:本章知识点巩固

1. 电力系统暂态稳定性的概念是什么?

2. 等面积法则的内容是什么? 极限切除角是什么?

3. 提高系统暂态稳定性的措施有哪些?(列出四种)

4. 引起电力系统产生较大扰动的原因是什么?

任务二:综合仿真实践与练习

简介:雷电是自然界的气体放电现象,可能危及人类和动物的生命,破坏各类建筑。分析由雷电引起的故障行波具有一定的工程实践意义。目前雷电仿真模型分为 Heidler 函数模型、双指数函数模型、脉冲函数模型等。此外也可分为雷电流模型和雷电压模型。为简化模型结构的复杂性,本次仿真要求搭建较为简单的模型实现环形电网的雷击事故仿真。(参考采用脉冲函数的雷电流模型,具体模型参考图 10-51,所需模块见表 10-1。)

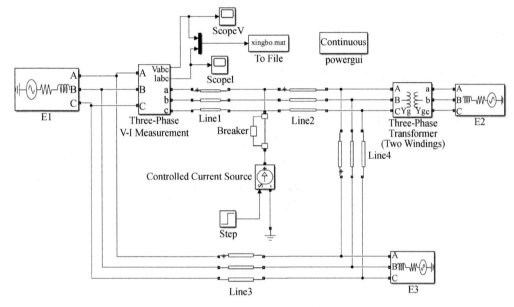

图 10-51　环形电网模型

要求:1. 搭建环形电网模型,环形电网平均额定电压等级为 500 kV。

2. 雷电流模块安放在线路 1 和线路 2 之间。

3. "step"模块中的阶跃信号的发生时间在 0.035 s,继电器的断开动作时间在 0.036 s。所以冲击电流的持续时间是 0.001 s,电流作用在 A 相上,模拟雷击的高幅值、短时的特点。

4. 分析冲击电流为 100 A 时的母线电压、电流波形,以及测量点的故障电压行波。

表 10-1　仿真模块

模块	功能
Three-Phase Source	为环形电网供电
Three-Phase VI Measurement	测量母线电压电流值
Distributed Parameters Line	分布参数线路模型
Scope	显示电压电流波形
Three-Phase Fault	模拟短路故障

(续表)

模块	功能
Three-Phase Transformer	变压器
To File	把仿真数据传输到 MATLAB 处理
Breaker	继电器
Controlled Current Source	把函数信号转换成电流信号输出
Step	产生阶跃函数信号

习题

10-1 电力系统暂态稳定性是如何定义的?

10-2 引起电力系统产生较大扰动的因素有哪些?

10-3 电力系统暂态分析和计算过程中采用哪些基本假设条件?

10-4 什么是极限切除角?如何确定极限切除角?

10-5 提高电力系统暂态稳定性的主要措施有哪些?如何改善电力系统运行的条件和运行参数?改善系统中哪些元件的具体参数可以提高系统的稳定性,其原理是什么?

10-6 防止系统失去稳定性的措施有哪些?

技术前沿

提高交直流混联电力系统暂态稳定性措施概述

当前,交流输电由于其巨大的优越性,在我国电力系统中仍占据着主导地位,但随着国民经济的增长,用电需求不断增加,越来越多的直流输电工程投入运营,我国已经形成全国性的大规模交直流互联电力系统。因此,对交直流混联电力系统的暂态稳定性的研究具有重要意义。

1. 受端电网交流系统短路故障影响

在各种类型的交流系统故障中,受端电网交流系统短路故障通常对交直流电力系统暂态稳定性的影响最为显著。当受端电网交流系统发生短路故障时,短路点附近直流系统的逆变站会发生换相失败。在逆变站换相失败期间,直流系统的输送功率会大幅下降。这将导致送端电网大量功率过剩、受端电网大量功率不足,继而引发交流系统内部大范围潮流转移,进而威胁送、受端同步联网结构交直流电力系统的暂态功角稳定。

2. 直流系统永久性闭锁故障

在各种类型的直流系统故障中,直流系统永久性闭锁故障通常对交直流电力系统暂态稳定性的影响最为显著。直流系统被闭锁后,直流系统的输送功率下降为 0。因此与受端电网交流系统短路故障造成直流系统换相失败的后果类似,这将造成送端电网大量功率过剩、受端电网大量功率不足,继而引发交流系统内部大范围潮流转移。

目前关于交直流电力系统暂态稳定改善措施的研究内容非常广泛,根据研究对象的不同主要分为交流系统侧的暂态稳定改善措施和直流系统侧的暂态稳定改善措施,具体如下:

(1) 交流系统侧的暂态稳定改善措施

交流系统侧的暂态稳定改善措施是从交流系统角度出发改善交直流电力系统的暂态稳定性,大致可以细分为三类。第一类措施是通过提高交流系统短路故障切除速度提高暂态稳定性;第二类措施是通过改善电网结构提高暂态稳定性,具体包括调整区域电网间的互联方式、调整局部交流系统的接线方式、增加关键输电断面的交流线路、优化交流系统电源布局、加装动态无功补偿装置等;第三类措施是通过交流系统侧电力设备的紧急控制提高暂态稳定性,具体包括切机、快关气门、强励控制、电气制动、切负荷和解列控制等。

(2) 直流系统侧的暂态稳定改善措施

直流系统侧的暂态稳定改善措施是从直流系统角度出发改善交直流电力系统的暂态稳定性,大致可以细分为四类。第一类措施是通过采用新型直流输电技术提高暂态稳定性,如采用电容器换相换流器或电压源换流器代替传统直流输电系统的电网换相换流器;第二类措施是通过优化直流落点的位置、规模和接入方式提高暂态稳定性;第三类措施是通过改进直流系统恢复策略来改善直流系统自身的恢复特性,避免交流系统故障后直流系统发生后续换相失败,从而达到提高暂态稳定性的目的;第四类措施是通过直流系统的调制控制和紧急功率提升控制对交流系统进行功率支援、改善交直流系统故障后交流系统的恢复特性,从而达到提高暂态稳定性的目的。

科技的发展与国家的稳定发展亦是密不可分的,由上述可知保证电力网络运行的安全、稳定是对电力系统运行的基本要求,一个国家的稳定与安全也是一切科技创新与改革发展的首要之重。

我国经过改革开放后的四十多年建设,目前煤电发电占比近 60%,同时有着良好的风力、水利、光伏能源储备,能源可替代空间巨大,形成了我国发展光伏、风电、水电等实现能源转型的特色路线。这些是中国特有的能源特征,因此,中国能源科研必然会选择一条不同于欧美国家的具有中国特色的发展道路。我们电气工作者更应该瞄准这些国家的重大需求进行深入研究,不盲目跟随一些并不符合中国实际国情的"国际热点"方向,要树立自身责任感和大局观,将个人发展与民族复兴紧密联系在一起,为国家强盛、民族复兴凝聚磅礴力量。

附录 I

常用电气参数

附表 I-1　常用架空导线的规格

额定截面 (mm²)	导线型号									
	TJ 型		LJ、HLJ、HL₂J 型		LGJ、HL₂GJ 型		LGJQ 型		LGJJ 型	
	计算外径 (mm)	安全电流 (A)	计算外径 (mm)	安全电流 (A)	计算外径 (mm)	安全电流 (A)	计算外径 (mm)	安全电流 (A)	计算外径 (mm)	安全电流 (A)
10	4.00		4.00		4.4					
16	5.04	130	5.1	105	5.4	105				
25	6.33	180	6.4	135	6.6	135				
35	7.47	220	7.5	170	8.4	170				
50	8.91	270	9.0	215	9.6	220				
70	10.7	340	10.7	265	11.4	275				
95	12.45	415	12.4	325	13.7	335				
120	14.00	485	14.0	375	15.2	380			15.5	
150	15.75	570	15.8	440	17.0	445	16.6		17.5	464
185	17.43	645	17.5	500	19.0	515	18.4	510	19.6	543
240	19.88	770	20.0	610	21.6	610	21.6	610	22.4	629
300	22.19	890	22.4	680	24.2	770	23.5	710	25.2	710
400	25.62	1 085	25.8	830	28.0	800	27.2	845	29.0	965
500			29.1	980			30.2	966		
600			32.0	1 100			33.1	1 090		
700							37.1	1 250		

注:1. TJ—铜绞线;

　　LJ—裸铝绞线;

　　HLJ—热处理型铝镁硅合金绞线;

　　HL₂J—非热处理型铝镁硅合金绞线;

　　LGJ—钢芯铝绞线;

　　HL₂GJ—非热处理型钢芯铝镁硅合金绞线;

　　LGJQ—轻型钢芯铝绞线;

　　LGJJ—加强型钢芯铝绞线。

2. 安全电流系数为当周围空气温度是 25℃ 时的数值。

附表 I-2　电流修正系数

周围空气温度(℃)	−5	0	5	10	15	20	25	30	35	40	45	50
电流修正系数	1.29	1.24	1.20	1.15	1.11	1.05	1.00	0.94	0.88	0.81	0.74	0.67

短路电流运算曲线

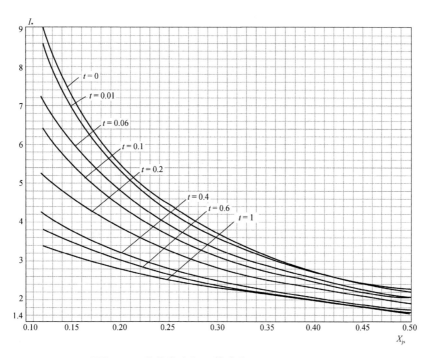

附图Ⅱ-1　汽轮发电机运算曲线（$X_{js}=0.12\sim0.50$）

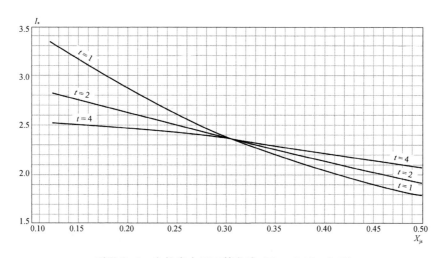

附图Ⅱ-2　汽轮发电机运算曲线（$X_{js}=0.12\sim0.50$）

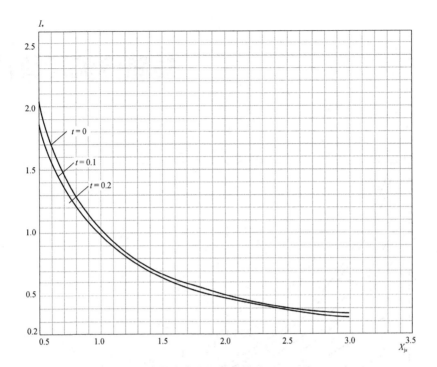

附图Ⅱ-3 汽轮发电机运算曲线（X_{js}＝0.50～3.45）

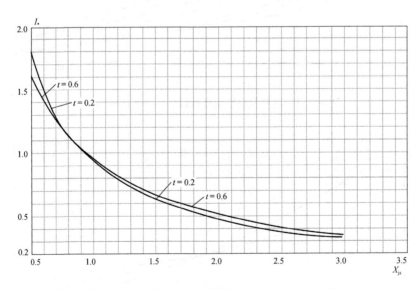

附图Ⅱ-4 汽轮发电机运算曲线（X_{js}＝0.50～3.45）

参考文献

［1］穆钢.电力系统分析［M］.北京:机械工业出版社,2021.

［2］李庚银.电力系统分析基础［M］.北京:机械工业出版社,2011.

［3］于永源,杨绮雯.电力系统分析［M］.北京:机械工业出版社,2007.

［4］于群,曹娜.MATLAB/Simulink 电力系统建模与仿真［M］.北京:机械工业出版社,2011.

［5］何仰赞,温增银.电力系统分析:上［M］.4 版.武汉:华中科技大学出版社,2016.

［6］何仰赞,温增银.电力系统分析:下［M］.4 版.武汉:华中科技大学出版社,2016.

［7］朱一纶.电力系统分析［M］.北京:机械工业出版社,2012.